国防科技图书出版基金

红外热波检测及其 图像序列处理技术

Infrared Thermal Wave Testing and Images Sequence Processing Technology

张金玉　杨正伟　田干　张炜　著

国防工业出版社
·北京·

图书在版编目（CIP）数据

红外热波检测及其图像序列处理技术/张金玉等著.—北
京:国防工业出版社,2015.6
　ISBN 978-7-118-10183-6

Ⅰ.①红...　Ⅱ.①张...　Ⅲ.①红外线检测—图
形处理　Ⅳ.①TN215

中国版本图书馆 CIP 数据核字（2015）第 116614 号

※

*国防工业出版社*出版发行
（北京市海淀区紫竹院南路 23 号　邮政编码 100048）
北京嘉恒彩色印刷有限责任公司
新华书店经售
*
开本 710×1000　1/16　印张 17½　字数 316 千字
2015 年 6 月第 1 版第 1 次印刷　印数 1—3000 册　定价 85.00 元

（本书如有印装错误,我社负责调换）

国防书店:（010）88540777　　　　发行邮购:（010）88540776
发行传真:（010）88540755　　　　发行业务:（010）88540717

致 读 者

本书由国防科技图书出版基金资助出版。

国防科技图书出版工作是国防科技事业的一个重要方面。优秀的国防科技图书既是国防科技成果的一部分,又是国防科技水平的重要标志。为了促进国防科技和武器装备建设事业的发展,加强社会主义物质文明和精神文明建设,培养优秀科技人才,确保国防科技优秀图书的出版,原国防科工委于1988年初决定每年拨出专款,设立国防科技图书出版基金,成立评审委员会,扶持、审定出版国防科技优秀图书。

国防科技图书出版基金资助的对象是:

1. 在国防科学技术领域中,学术水平高,内容有创见,在学科上居领先地位的基础科学理论图书;在工程技术理论方面有突破的应用科学专著。

2. 学术思想新颖,内容具体、实用,对国防科技和武器装备发展具有较大推动作用的专著;密切结合国防现代化和武器装备现代化需要的高新技术内容的专著。

3. 有重要发展前景和有重大开拓使用价值,密切结合国防现代化和武器装备现代化需要的新工艺、新材料内容的专著。

4. 填补目前我国科技领域空白并具有军事应用前景的薄弱学科和边缘学科的科技图书。

国防科技图书出版基金评审委员会在总装备部的领导下开展工作,负责掌握出版基金的使用方向,评审受理的图书选题,决定资助的图书选题和资助金额,以及决定中断或取消资助等。经评审给予资助的图书,由总装备部国防工业出版社列选出版。

国防科技事业已经取得了举世瞩目的成就。国防科技图书承担着记载和弘扬这些成就,积累和传播科技知识的使命。在改革开放的新形势下,原国防科工委率先设立出版基金,扶持出版科技图书,这是一项具有深远意义的创举。此举势必促使国防科技图书的出版随着国防科技事业的发展更加兴旺。

设立出版基金是一件新生事物,是对出版工作的一项改革。因而,评审工作需要不断地摸索、认真地总结和及时地改进,这样,才能使有限的基金发挥出巨大的效能。评审工作更需要国防科技和武器装备建设战线广大科技工作者、专家、教授,以及社会各界朋友的热情支持。

让我们携起手来,为祖国昌盛、科技腾飞、出版繁荣而共同奋斗!

国防科技图书出版基金
评审委员会

前　言

　　红外热波无损检测技术是近二十年来迅速发展并广泛应用的新型无损检测技术,具有检测速度快、非接触测量、结果形象直观、适用面广等特点,广泛应用于航空、航天、汽车、军工、新材料、石油化工、核工业及电力等众多领域,已逐步发展成为导弹、飞机等航空航天武器系统无损检测领域中一项最有发展前途的无损检测新技术。它的理论和应用研究,对于提高武器装备的安全可靠性具有重要的意义。红外热波检测的图像处理与识别技术作为红外热波无损检测与评定中的共性关键技术,对提高热波检测的速度、增加检测深度、改善检测效果,具有十分重要的意义,因而得到了世界许多国家的重视,美、加、法、日等国都对其进行了深入研究,并开发了相关检测设备。近几年来,随着高精度、高性能红外热像仪器的快速发展,其热像处理的理论与应用研究更加深入,成为学术界十分重视的研究课题。

　　在我们国家,该项技术也一直是无损检测和装备管理等领域的一个重要研究方向,20 世纪 80 年代初,南京大学就开始这方面的研究工作;90 年代,在国家自然科学基金的资助下,西安交通大学与北京交通大学等也开展了相关研究,并研制了相关设备;2003 年该项技术的应用研究列入国家高技术研究发展计划(863 计划),成立了热波检测技术联合实验室,相关研究更加活跃;近年来,国家自然科学基金等加大了该类课题的资助力度,有更多的大学和研究部门加入到红外热波无损检测技术的研究之中。

　　所谓的红外热波无损检测技术,事实上是通过外部热激励源对被测试件进行主动式加热,使物件内部的缺陷(如裂纹、腐蚀、脱粘等)以表面温度场异常分布的形式表现出来,通过红外热像仪实时记录这种表面温度分布随时间的变化情况并将其转换为可见光图像序列显示出来,再利用专门的红外热波图像分析处理方法,实现对含缺陷物件的无损检测和探伤。从这段定义中不难看出热波图像处理技术在热波无损检测中的地位和重要作用。红外热波图像的基本处理手段是滤波和增强,这是普通红外图像处理中都讨论的问题,但在热波检测中,其研究的重点则完全不同,不仅要研究热像的对齐和非均匀性校正,更重要的是研究热像数据的拟合、压缩与重构,研究热波数据的变化规律和热波传递模型,探讨多帧热像的信息融合与分离,进而研究更准确的图像分割和缺陷的定量识别方法。

目前,国外这方面的专著主要有 2010 年 Michael Vollmer 等的《红外热成像:原理、方法与应用》(Wiley)、2010 年 Otwin Breitenstain 的《锁相热像法》(Springer)和 2012 年 Raghu V. Prakash 的《红外热像法》(InTech)等。国内有 2006 年李晓刚著的《红外热像检测与诊断技术》(电力出版社)、2011 年邢素霞著的《红外热成像与信号处理》(国防工业出版社)等。总的来说,国外出版的相对比较新,著作较多,内容丰富,且有多次出版;国内出版的则侧重于工程应用、案例和硬件介绍,对红外热像处理与识别技术的专门论述较少,还未见到相关专门著作的出版。本书正是基于这样的考虑,将热波图像处理与识别的相关技术集结起来,做一个系统化的总结和概括。

全书共分为 8 章。第一章是绪论,主要介绍热波检测与图像处理的国内外发展情况及发展趋势;第二章是红外热波检测的基本原理,主要介绍热波原理和热传导机理,推导热波检测的公式,并作数值仿真和实际热波检测研究;第三章是热波图像序列数据的拟合、压缩与重建方法,这是本书的一个重点和特色所在,将讨论三种新型热波图像压缩与重构算法;第四章介绍热波图像序列专门处理方法,不仅有常用热波图像处理算法的介绍和比较,也有最新出现的算法的讨论;第五章讨论热波图像序列的配准与增强技术,重点介绍三种新的热波图像增强方法及其实验;第六章研究热波图像序列的融合与分离技术,将信息融合与盲源分离看成是信息提纯的两个方面,探讨多帧热波图像序列综合处理方法;第七章探讨热波图像分割技术,讨论几种新的红外热像分割技术;第八章论述热波图像的缺陷特征提取及定量识别技术,探讨一般缺陷的提取方法,并用神经网络模型研究缺陷的定量识别方法。

全书的主要内容是作者在国家自然科学基金(51275518、51075390、51305447)、省自然科学基金(2013SJJJJ010、2011QNJJ003)以及军队多个重点项目的支持下,经过多年的红外热波无损检测技术研究、系统开发并进行工程应用而取得的成果的总结。本书的第一、三、四、五、六章由张金玉完成,第二、六、七、八章由杨正伟、田干、张炜完成。全书的许多内容是源自张勇、黄建祥、金国峰、宋远佳、王冬冬、罗文源、黄小荣、陈焱等的硕士和博士学位论文及其研究工作,在此对他们表示感谢!此外还要感谢课题组的其他成员所做的贡献。

由于作者水平有限,再加上时间仓促,错误与不当之处在所难免。我们诚恳地欢迎广大读者批评指正。

作 者

2014 年 12 月

目　　录

Contents

第一章 绪 论

1.1 目的和意义

随着科学技术的发展和战争形态的转变,现代战争对武器装备的要求越来越高,新型武器装备日趋复杂化、集成化、高速化、自动化和智能化。武器装备的整体效能的发挥主要取决于两个方面:一是武器装备设计与制造的各项技术指标的实现;二是武器装备的安装、运行、管理、维修和诊断措施的实施。装备技术保障作为部队战斗力的重要组成部分,与作战性能居于同等重要的地位。为了保障武器装备时刻处于良好的战斗准备状态,武器装备的性能检测和故障诊断成为了综合技术保障的核心[1,2]。

由于现代化武器装备在其制造中采用了大量的复合材料和各种涂层、夹层,以及承载结构,其在运输、管理和使用过程中难免会出现各种类型的损伤和缺陷,如脱粘、分层、开裂、脱焊等。这些损伤和缺陷的存在和扩展,将极大地影响装备的可靠性和使用寿命。因此,必须采取有效的检测手段,对这些损伤和缺陷进行判定和识别,确保装备随时处于安全可靠状态。目前,常用的无损检测方法有超声(UT)、射线(RT)、磁粉(MT)、渗透(PT)、涡流(ET)五大常规技术,以及声发射(AE)、红外检测(IR)、激光全息检测(HNT)等几种比较新的无损检测方法。

红外热波检测技术是近二十年来迅速发展并广泛应用的新型无损检测技术。它通过外部热激励源对被测试件进行主动式加热,使试件内部的缺陷(如裂纹、腐蚀、脱黏等)以表面温度场异常分布的形式表现出来,通过红外热像仪实时记录这种表面温度分布随时间的变化情况并将其转换为可见光图像序列显示出来,再利用特定的分析处理方法实现对含缺陷试件的无损检测和探伤。由于红外热波无损检测技术具有适用范围广、非接触测量、检测速度快、检测精度高、便于定性定量分析以及显示直观等突出特点,已经成为继五大常规无损检测技术之后发展最为迅速的无损检测新方法,目前已被广泛应用于航空、航天、汽车、军工、新材料研究、石油化工、核工业及电力等领域[3,4]。它的理论和应用研究,对于提高武器装备的安全性与可靠性具有重要的意义。

近年来,热波无损检测技术已成为导弹、飞机等航空航天武器系统无损检测领域中一项最有发展前途的无损检测新技术。实际应用结果表明[5-10],热波检测技术能够有效地对具有重大安全隐患的各型火箭发动机复合材料壳体、喷

1

管结构缺陷和损伤、喷口绝热涂层等进行快速检测;同时为新型导弹发射筒内壁复合结构材料损伤、大型火箭结构、推进剂储罐、飞机发动机、装备的新型复合结构、特种功能涂层和其他复合材料的检测提供了一种新型、快速、实用及高效的检测和评估方法。

对装备进行热波无损检测时获取的结果,往往是反映装备部件表面不同时刻温度分布情况的等间隔热波图像序列(简称热像序列),其图像的灰度值大小及分布情况一般直接反映了装备表面对应的温度值大小及分布情况。由于缺陷的存在,使得热波在装备部件内的传播出现异常,进而导致装备零部件表面的温度分布场随时间发生变化。不同时刻的热波图像反映了试件内部不同深度处的热力学性质,因此对热波图像序列的分析与处理,成为利用热波无损检测技术进行缺陷的定性、定量分析与识别的关键环节。

在热像序列处理技术中,由于高帧频的热像数据量巨大,且随机干扰较多,必须先进行压缩和重建等初步处理工作,以便运用其他更先进的各种算法进行缺陷的检测和识别,因此,热波图像数据的压缩和重建是热波无损检测中最为基础和关键的共性技术之一[11-14]。据不完全统计,目前已有 30 ~ 40 种图像压缩编码算法面世,其中比较成熟的 AVI、MPEG 等标准可以使用。不过这些算法由于没有充分利用热波传输和红外热像本身的性质和规律,其压缩比很难达到热波无损检测的要求。

目前,美国 Thermal Wave Imaging(TWI)公司的 Steven M. Shepard 在这方面做了大量的工作,提出了独到的图像重建理论 TSR,掌握了热波图像序列压缩存储的关键技术。其技术路线是运用多项式拟合算法对热像序列上每个像素点的数据都进行一次五阶数据拟合,实现数据平滑和除噪,用其拟合系数作为该热波数据序列的特征进行压缩存储和重构计算[15,16]。国内,北京航空航天大学的郭兴旺、北京航空材料研究院的杨党纲、首都师范大学的张存林等人及北京维泰凯信新技术有限公司的金万平等人,利用脉冲热激励方法和国外进口的热波无损检测系统与设备,开展过许多相关的研究,对其基础理论和关键技术进行过深入探索,取得了许多可喜的成果[2-11]。

然而,近年来,随着精密热像仪的精度、速度和空间分辨率的迅速提高,640 ×480 及 1024×768 等高像素高精度热像仪逐步投入使用,原来国外采用的空间分辨率较小的热波处理系统,如美国 TWI 公司的 EchoTherm 热波无损检测系统,采用的是 SC3000 型 320×240 像素热像仪,需要服务器作为其热像处理计算机,一般需要 20 ~ 30s 的计算和图像处理时间。现在如仍然采用原来的算法和服务器,同样帧频和长度的热像序列处理的时间是原来的 4 倍和 8 倍。显然,这很难满足现场的热波无损检测的要求,因此,必须要在处理算法上作重大的改进和创新。

目前,对热波图像序列的处理技术主要分为单帧图像处理技术和多帧图像处理(序列图像处理)技术两大类。由于单帧热波图像反映的仅仅是试件表面某一时刻的温度分布情况,不能充分反映出缺陷的全部信息,因而基于单帧热波图像的处理技术效果一般较差。同时热波图像在采集过程中,由于加热不均、环境和设备自身的红外辐射、被检试件表面和内部结构的不均匀等因素的不利影响,导致采集到的热波图像序列存在着噪声大、对比度低、缺陷显示效果差等问题,单帧图像处理技术无法有效地消除这些不利因素的影响。采用硬件的升级、性能提升等方法虽然能够在一定程度上消除加热不均、热噪声等对缺陷检测与识别的影响,但是成本高、周期长、效率低、受制造工艺和技术的制约也比较大。

热波图像序列中帧与帧热像之间的变化关系,直接对应着试件表面不同时刻的温度分布的变化关系,而这种变化关系的根源就在于装备零部件内部存在的异常结构(缺陷),因而不同时刻采集到的热波图像之间的变化关系,直接反映了装备内部的结构特征(也即缺陷信息)。很明显运用多帧图像处理技术对热波图像序列进行分析处理,可以获得更多的与结构损伤有关的信息,其检测效果将明显优于单帧图像处理技术。通过连续多帧图像的综合处理不仅能获取缺陷的多方面信息,保证检测的准确性、科学性和完整性,有利于制定最优的维修解决方案,提高检测效率和检测质量。同时由于对不同时刻的信息(包括缺陷信息和背景噪声信息)进行了综合利用和信息互补,还能够显著地降低热噪声、加热不均等不利因素的影响,增强缺陷特别是微弱缺陷的显示效果。因此可以说,基于多帧热波图像的分析和处理是热波检测技术当中最重要也是最有效的处理方法[2-20]。

单帧热波图像处理和普通的数字图像处理技术基本一致,方法也比较多,研究也十分充分。而多帧热波序列处理技术由于还处于快速发展期,其理论基础和算法都还不够成熟,方法也不多,对其进行系统、深入地探索和研究,显得十分必要。正是基于上述这种考虑,本书在深入分析和研究热波检测原理、热传导理论和脉冲热像形成机理的基础上,对热波图像序列分析处理技术当中的图像压缩、重建、配准、增强、融合、分割与识别等关键性技术环节展开深入和系统的研究,以期发现影响热波检测效果的关键因素,揭示各种热像处理和检测算法的内在规律和应用,针对不同的检测对象和环境,采取必要和合理的技术措施,提高红外热波图像序列处理的质量和速度,增强热波图像算法的实用性和稳定性。

1.2　红外热波无损检测技术的研究现状与发展

1.2.1　红外热波无损检测技术的研究现状

1. 红外热波无损检测方法

美国、加拿大、德国等发达国家从 20 世纪 90 年代就开展了红外热波成像基础理论、关键技术和应用等方面的研究,到目前为止,根据热激励源的不同,主要发展了以下几种检测方法：

1）脉冲热像法（PT）

该方法是利用高能脉冲闪光灯激发出毫秒级的可见光热波,根据热波在被检测对象内部传播过程中表面的温度异常判断和识别材料内部的缺陷,该种加热方式结构简单、检测速度快、效率高,因此研究比较深入、应用也最广泛。最具有代表意义的就是美国 TWI 公司开发研制的 EchoTherm（见图 1 – 1（a））、ThermoScope II（见图 1 – 1（b））两套检测系统,TWI 公司是目前全世界唯一研发红外热波检测系统的实用化产品的公司。目前的主要工作集中在如何提高脉冲热像法的检测能力和该技术的应用推广。

2）锁相热像法（MT）

为了扩展红外热波成像方法的使用范围,瑞典的 AGEMA 公司研究了调制热像检测方法（又称"LOCK – IN"热像技术）,采用热波强度按照正弦或余弦规律进行热加载,通过分析被检测对象表面各点温度对应的相位和幅值,判断缺陷的存在和相应的特征参数。该方法的优势在于所提取的相位信息与被检测对象表面的辐射率无关,并且加热温度较低对表面不会造成损伤、测量的深度可以进行调节等。但是缺点是加热时间较长,硬件系统控制和实现均比较困难,后期处理任务较重,不利于现场快速检测。

3）超声热像法（UT）

Favro L D 等人利用低频、高能功率超声波作为激励源,引起缺陷界面的摩擦、滑移等现象,将超声能量衰减并转化为热能,从而根据温度的异常判断缺陷的存在。这种方法对缺陷区域进行了选择性的加热,具有较高的检测灵敏度,特别适用于形状不规则物体或结构的微裂纹检测。但是超声换能器和被检测对象接触部位的接触力难以准确控制,检测结果稳定性差、定量检测比较困难。

4）持续加热法（ST）

目前该种方法主要应用于钢筋混凝土结构以及建筑物内外墙饰砖的检测,根据昼夜温差的变化引起表面温度的异常从而实现对建筑物或混凝土道路内部结构的检测,具有代表意义的是维吉尼亚大学所做的工作。但这种方法受到外界的干扰因素较多,仅适用于传热性能较差的材料,检测时间太长。

除了上述几种热成像方法外,还有人[21-23]提出利用激光、机械振动、太赫兹波等作为热激励源的检测方法,均取得了一些初步的应用。为进一步拓展热波成像技术的应用范围,TWI 公司开发了如热吹风、自动化以及专用于涡轮叶片的多套检测系统（见图 1 – 1（c）、（d）、（e）、（f））。

上述几种典型激励热波成像方法,充分反映了目前热波成像技术的国际发展现状和最高水平,显示出了美国、德国、加拿大等一些发达国家较高的研究水准,特别是美国一直处于该技术的世界领先地位。但是从目前实用化角度来看,超声、持续和锁相等热激励方式均不太适宜于现场实时检测,并且应用的范围也

(a) EchoTherm   (b) ThermoScope II型   (c) Voyage IR便携式吹风机
　脉冲检测系统　　　　　　便携式脉冲检测系统　　　　　热激励检测系统

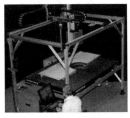

(d) EchoTherm VT超声   (e) 自动扫描检测系统   (f) 涡轮叶片专用红外
　红外热波检测系统　　　　　　　　　　　　　　　　　热波检测系统

图 1-1　美国 TWI 公司开发的各种红外热波成像检测系统

具有较大的局限性,而脉冲热像法具有对被检测对象无特殊限制、缺陷信息携带的完整性、对各类缺陷的敏感性以及检测结果易于处理和分析等明显的优势,受到了国内外学术界和工程界的普遍重视,已成为目前红外无损检测领域重点研究和应用的一种新技术,经过 20 多年的发展,该技术已经相对成熟,应用范围和领域不断扩大。

2. 热波无损检测的主要研究内容

目前,围绕着热像法的研究和应用主要集中在以下几个方面:

1)热波与含缺陷材料相互作用的机理问题[24-26]

热波成像的实质是瞬态热波在被检测对象内部的传播、反射以及散射等问题,即热激励后产生的瞬态热波与被检测对象内部结构以及界面相互作用的机理和作用后的表征问题,在上述研究的基础上实现缺陷信息的完整携带和高保真解读,从而为缺陷的定量识别奠定理论基础。目前的理论研究主要集中在各向同性平板结构的规则缺陷上,把三维导热微分方程简化为一维理想状态,推导出脉冲热激励后表面温度场的一维理论公式,能够定量地研究缺陷的深度与表面温度分布的表征关系。对于复杂材料或结构的三维传热问题难以求得精确的解析解,主要借助于数值分析的手段来开展研究。

2)红外图像序列处理和分析问题[27-30]

热波成像检测过程中获取的红外热图序列含有丰富的缺陷信息,但是由于受到各种因素的干扰,原始热图噪声较大,特别是对于较深或者较小的缺陷由于所产生的温差较小,很容易被淹没在周围的噪声中。目前,主要采用通用的红外图像处理和分析方法,包括红外图像非均匀性校正、增强、降噪、分割等。这些方法大都是对单幅图像进行处理,在一定程度上能够提高缺陷的显示效果,提高信噪比。然而,热波成像检测过程中获取的是动态热图序列,序列图像含有更为丰富的缺陷信息,因此需要深入研究动态序列图像的特征,从而进行序列图像的处理和分析,有望得到更好的效果。很多学者尝试采用奇异值分解、主分量分析、能量累积法等图像序列处理方法,取得了较好的效果。

3)缺陷的定量判别问题

缺陷的定量判别问题属于导热反问题的范畴,主要是根据红外热图的异常区域来定量判断缺陷的类型、大小、深度等参数[30-40]。目前一般利用装备表面温度场的空间和时间分布来识别缺陷深度和大小的方法,通过研究热对比度、温度时域信息及相位信息来识别和测量缺陷,对缺陷参数进行定性、定量分析。实际上,装备表面的最大温差及最佳检测时间,与缺陷的深度、厚度、大小以及缺陷传热系数、材料本身的物性参数等因素之间存在着非常复杂的非线性关系,用简单的线性模型来研究会有很大误差,因此,必须借助于非线性理论来进行研究。

3. 国内外研究与应用现状

目前,红外热波无损检测技术已开始被广泛应用于检测各种材料的缺陷,如金属、合金、塑料、陶瓷及各种复合材料或结构[17-22]。美国空间动力系统 GDSS从 1992 年起就用该技术对 Atlas 空间发射舱复合材料的脱粘、航天飞机耐热保护层潮湿以及 A3 火箭等进行无损检测[23];美国无损检测协会还制定了 ASNT标准,其编写的《无损检测手册》——"红外与热检测"分册里,对热波检测在航空航天、电子、汽车、石化、建筑、军工、核工业和新材料研究等许多领域的应用进行了大量的论述。美国多家大公司(如 GE、GM、波音、福特、洛克希德、西屋等)及政府机构(如 NASA、FAA、空军、海军)等已经在广泛应用和推广该项技术。自 20 世纪 90 年代中期以来,这些政府机构和大公司纷纷设立了红外热波无损检测技术实验室,用于研究解决各自独特的无损检测问题。如美国 NASA 应用该技术检测航天飞机的蒙皮缺陷,波音公司应用红外热波技术检测蒙皮内部的加强筋开裂和锈蚀,用该方法检测各种飞行器的液体燃料发动机和固体燃料火箭发动机的喷口绝热层附着问题、各种镀膜、涂层的探伤问题等。

此外,英国、法国、日本、加拿大、瑞典和丹麦等国家也已将这种技术广泛应用于飞机复合材料构件内部缺陷及胶接质量检测、蒙皮铆接质量检测和高压输电线路的检测等;俄罗斯也成功应用该项技术,对塑料—金属—塑料胶接结构中 1mm × 10mm 的脱粘缺陷,进行无损检测。

国内对该项技术的研究起步较晚,首都师范大学、北京维泰凯信新技术有限公司、北京航空材料研究院等在首都师范大学物理系建立了一个红外热波联合实验室,随着研究的深入,发表相关的论文数十余篇,并取得多项国家发明专利,逐渐赶上并接近国外先进水平。该项技术的应用研究被列入我国国家863高科技发展计划,同时还获得了国家自然科学基金、军队211工程重点学科建设等经费的支持。目前国内从事热波检测技术研究和应用单位主要包括航空、航天、核工业、新材料等研究、设计、开发单位,以及北京航空航天大学、北京交通大学、北京科技大学、第二炮兵工程大学、西安交通大学、清华大学、621所、205所等科研院校和中科院的许多相关院所。此外,一些学者通过对预埋缺陷的不锈钢、聚丙烯管道、复合材料、玻璃钢等多种材料进行了实验研究,获得了较好的检测结果。从上述分析不难发现,红外热波无损检测技术发展十分迅速,应用范围也在不断地拓展。

4. 发展趋势

纵观国内外红外热波无损检测技术的研究领域和研究成果来看,红外热波检测技术正在向精确化、自动化、智能化、便携化和标准化方向发展,具体主要包括如下几个方面:

(1) 从定性向定量化方向发展;

(2) 系统的空间、时间及温度分辨率越来越高,从而使检测结果更加精确;

(3) 信息处理方法越来越丰富,包括幅值和相位信息的提取,热像层析分析方法,小波分析法以及神经网络等智能化方法的应用;

(4) 热加载方式的多样化、方便化和精确化;

(5) 向便携式、集成化等更适应现场检测的方向发展;

(6) 向智能化和自动化方向发展,逐步实现缺陷性质和程度的自动判别。

1.2.2 热波图像处理的研究现状

红外热波无损检测的图像处理主要分为单帧图像的处理和连续多帧图像的处理。

1. 单帧热波图像处理技术

单帧热波图像处理技术主要包括非均匀性校正、对比度调整和图像增强等。非均匀性校正主要是指校正因红外探测器单元响应存在的较大差异导致图像产生的空间不均匀,主要分为线性和非线性校正方法,其中线性校正又包括基于参照元的校正和基于场景的校正;而非线性校正则是指神经网络法和时域高通滤波器法。对比度调整是指如何将A/D转换器输出的12Bit或14Bit数据有效地映像成8Bit数据,使人眼能看到具有良好对比度且信息丰富的图像,比如直方图均衡算法(Histogram Equalization, HE)、直方图投影法(Histogram Projection, HP)等。图像增强是指消除成像器件本身和环境红外辐射的影响,提高图像的信噪比,主要有帧内滤波法、运动补偿法、伪彩色法,以及近年来发展起来的模糊算法、Retinex算法、小波算法等。

2. 多帧热波图像处理技术

近年来,基于多帧热波图像的处理方法逐渐得到重视,并逐渐成为热波图像序列的主要处理方法和研究热点,已研究出许多能够降低噪声干扰、增强缺陷对比度的基于图像序列的处理算法,比如微分法、多项式拟合方法、奇异值分解法[10,11]、PCA方法[7,8]、脉冲相位法(Pulsed Phase Thermography,PPT)、最大温度对比度法、相关系数法、正则化方法、去除拟合背景法等,这些方法都在一定程度上综合利用了不同时刻采集到的热波图像所包含的不同信息,处理效果明显优于单帧热波图像处理方法。比如,微分法通过对不同时刻获取的热波图像进行微分操作,能够更清楚地反映图像缺陷处的变化情况,增强缺陷的显示效果;多项式拟合法通过对各个采样点在整个采样周期内不同时刻的温度值组成的时间序列信号进行拟合,利用拟合系数构成系数图,不仅可以消除加热不均的影响,而且能够显著降低图像的存储空间;脉冲相位法通过对图像序列进行傅里叶变换而得到图像序列幅值图和相位图,具有速度快、抗干扰能力强的特点,而且无需事先知道试件的无缺陷区域,对加热不均的影响不敏感。

然而这些热像处理方法也存在着不少缺陷,如微分法和奇异值分解法丢失了图像序列的时间信息;多项式拟合法易受噪声的干扰;脉冲相位法的频率选择需要人为地加以判断;正则化方法无法消除加热不均匀等因素的影响,而且视觉效果较差;相关系数法得到的图像信噪比较差;最大温度对比度法和相关系数法要求事先知道试件的无缺陷区域,以便选取参考点。因此,研发一种有效的、可以应用于多种场合的热波图像序列处理方法是十分必要的。此外,针对工程实际应用中由于操作人员的失误导致的热波图像序列的几何形变,大尺寸装备表面分区检测时图像的拼接、配准以及如何在一幅热波图像上直观地显示出所有缺陷等问题的研究还比较少。

红外热波无损检测获取的热像,通常都是在热激励下的装备表面不同时刻温度分布情况的红外热波动态图像序列,图像的灰度值大小及其分布情况直接反映了装备表面对应的温度值的大小及分布。由于缺陷的存在使得热量在物体内部传播出现异常,进而导致物体表面的温度分布场随时间发生变化。通过红外热像仪等仪器就可以将其转换为可观测的动态图像信息。与普通红外图像相比,红外热波图像是在热源主动激励下获取的动态图像,因此存在着热激励不均匀、热波流动的特点,但仍然具有红外图像普遍具有的对比度低、噪声大和图像模糊的特点。虽然目前红外图像处理算法很丰富,但运用最广的还是基于直方图的红外图像增强算法,很多学者在此基础上提出了改进算法。如平台直方图的红外图像自适应增强算法、基于灰度分层的红外图像分割增强算法。这两种方法对红外图像有较好的效果,但前者的关键是很难确定平台的阈值,而后者的计算量较大,仍有一定的改进空间;也有学者试图将小波变换和Retinex结合处理红外图像,该方法处理后的图像的亮度具有更大的动态范围,光照更加均匀;

徐军等则提出了一种红外图像增强新方法,利用双门限分割后再进行灰度变换,该方法主要针对的是改善图像的显示效果。

红外热波图像是红外图像中比较特殊的一种,红外图像的处理方法的研究对于红外热波图像处理的研究具有很好的借鉴意义。针对红外热波图像的特点,除了常用的图像处理方法外,一些学者也在不断寻找更为有效的方法。张炜等提出了一种基于数学形态学的分水岭方法[41],用于红外热波图像的特征提取。实验结果表明,该方法具有很强的去噪能力,并实现了对缺陷的位置和面积进行定量分析,具有较强的应用价值。郭永刚研究了红外热波图像的畸形校正与拼接技术[42],针对畸形校正提出了基于控制点自动提取的快速校正,解决了控制对象的校正,加快了图像畸变校正的速度,并针对配准提出了基于傅里叶变换的热波图像拼接技术,实验表明该方法是有效的。由于红外热波无损检测的发展起步较晚,红外热波图像增强的研究也较少,我们将针对红外热波图像存在对比度低、噪声大及加热不均匀等问题进行研究探讨。

盲源分离(Blind Source Seperation, BSS)算法是一种新的信号处理方法。随着盲源分离算法本身的深入研究以及在信号处理领域的成功应用,盲源分离在图像处理中应用越来越多,并取得令人满意的结果[7,12]。其获取的红外图像中大部分重要的特征信息,如图像的边缘信息,与图像的像素的高阶统计特性有着密切的联系,而盲源分离算法提取的就是这些高阶信息,因此,可以将盲源分离中的独立分量算法用于图像的特征提取。Hyvarinen等综合运用稀疏编码(Sparse Coding)和独立分量分析方法成功提取了图像的特征[43];Bell则认为自然图像的边缘是独立分量[44];孙锐等对自然图像进行独立分量分析,获取具有空间、频域的局部特性以及局部方向选择的视觉滤波器,所输出的独立元就是图像的特征[45];范羚等运用独立分量提取图像特征[46];Cheng等应用独立分量分析提取彩色图像的局部彩色特征和纹理特征并进行图像分割[47]。这些都是BSS算法在图像处理中的成功应用。

由于图像和噪声之间一般是相互独立的,因此也适合于运用BSS方法。传统的去噪方法是将图像数据和噪声数据等同看待,认为图像和噪声在某个变换域里分布在不同的区域内,通过滤除设定的噪声区间的信息来去除噪声。这些方法虽然取得了一定的效果,但由于噪声和图像通常不会在某个域上完全处在相互不同的地方,而是交叠在一起,因此存在两个方面的问题:一是不能很好地滤除设定噪声区间外的噪声,二是同时去除了该区间的图像信息。利用独立分量分析算法将独立的噪声数据从图像中去除,可以很好地保留原有图像数据不被破坏。郭武等利用独立分量结合软门限算子,实现了图像中的高斯噪声的去除[48];Haritopoulos等利用基于非线性独立分量分析的自组织神经网络,成功进行了去噪处理[49];王黎等提出了二维小波变换与独立分量分析的自适应图像混合噪声消除方法[50];卢晓光等提出二维小波变换和独立分量分析的SAR图像的去噪方法,对 MSTAR 实测 SAR 图像进行了试验,结果表明,该方法能够很好地抑制图像中的斑点噪声[51]。

独立分量分析算法作为盲源分离中一种重要的方法,源于对包含了相互独立信号的多路观测信号的自动分离,在图像盲分离上有着不少成功的应用。图像可以看成为二维信号,因此通过图像预处理,可以转换成一维信号,然后很自然地可以进行图像的独立分量分析。Cichocki 和 Bell 是较早将独立分量分析方法用于自然图像分离的学者[52,53];陈艳等提出了基于小波变换的独立分量分析方法,对混合图像进行了分离[54];吴小培等对含有运动目标的序列图像进行了独立分量分离,从而获得运动目标的轨迹[55]。由此可知,盲源分离算法用于普通数字图像处理已经有很多报道。

近年来,独立分量分析在红外热波图像处理方面也有报道。如郭兴旺等提出基于奇异值分解的红外热波图像序列处理,结果表明该方法可以消除加热不均,提高图像的信噪比,且方法对缺陷的位置没有影响[10];他们还研究了主分量分析法在红外数字图像序列处理中的应用,通过实验证实了独立分量分析方法也是红外热波图像序列处理的一种有效方法。这两种方法都成功地将 BSS 用于红外热波图像处理,取得了一定的成果;此外,孙延春等提出了改进 PCA 在热波图像处理中的应用[8],该方法首先对热波图像进行小波变换,提取低频分量,再将高频分量置零,达到抑制图像噪声的目的。实验结果表明,该算法提高了图像的显示质量和信噪比,加快了处理速度。尽管如此,这类算法也存在着不少现实的问题,如计算量很大、算法本身存在幅值和相位不确定性、需要人为选择图像等。ICA 算法这几年发展很快,新的算法不断出现,将其应用于热波图像处理,对于推动 ICA 在热波图像处理中的应用具有积极的意义。

3. 缺陷图像的定量识别技术

热波图像处理的重要目的之一是缺陷的定量识别,热波图像序列为定量分析缺陷的大小及深度提供了丰富的信息。

美国兰利研究中心的 Plotnikov 等人基于脉冲热像法研究了缺陷识别的问题[23],提出利用表面温度场的空间和时间分布来判断缺陷深度和大小的方法,研究了热对比度、温度时域特征及相位特征和缺陷参数的关系,得出了一些结论。事实上,热波检测获取的表面最大温差及最佳检测时间与缺陷的深度、大小、厚度以及缺陷的传热系数、被检测对象本身的特性参数等因素间存在着非常复杂的非线性关系,因此可以借助于非线性理论来进行研究。有些学者把神经网络、粒子群优化等智能算法用于缺陷的识别上,获得了一定的效果[25,57,58]。

上述研究的缺陷识别方法大都只考虑到缺陷大小和深度因素对检测参数的影响,实际上影响热波检测因素还有很多,除了上述因素外还有缺陷类型、厚度及形状、环境温度与辐射、热像仪的精度等。所以,如何获得所有因素对检测参数的影响,并建立检测参数与上述因素之间的定量关系模型,实现对缺陷的准确检测目前还是一个难点。因此,在通用红外图像处理技术的基础上,研究适合缺陷定量识别的图像处理方法,获取更准确的缺陷信息也是研究的关键。

1.3 存在的主要问题

综上所述,在热波无损检测领域,相关关键共性理论和技术多为工业发达国家所掌握,高性能设备完全为他们所垄断,我国对红外热波技术研究起步较晚,且由于高端热像仪的进口限制,目前还是停留于中低档检测设备跟踪研究和应用开发层面上。

由于缺乏系统的热波检测理论与技术支撑,已严重制约我国发展高性能自动化在线热波无损检测技术的创新能力。同时,尽管国际上已掌握的技术处于较高的水准,但是目前的理论基础还是局限于普通材料规则型缺陷的热波检测及热波图像处理上,还缺乏系统地利用现代信号与图像处理等先进技术成果,来改进和提升热波图像检测的精度与效果方面的研究,更缺少热波图像处理方面的专著。在热波的准确检测与缺陷定量识别方面,其理论、技术和系统集成方面均存在亟待解决的问题。特别是已有的缺陷识别方法大都只考虑到缺陷大小及深度等因素对检测参数的影响,实际上影响热波检测因素还有很多,除了上述因素外还有缺陷类型、缺陷厚度、环境温度与辐射、热像仪的精度等,对于复合材料的影响因素则更多。因此,有必要深入开展基于热波理论的装备无损检测理论与热像处理、识别等关键技术的研究。

鉴于此,本书在深入分析热波检测机理的基础上,针对热波无损检测与缺陷定量识别目前存在的一些问题,对红外热波图像序列一般处理方法及图像的增强、融合、分离、分割、特征提取、缺陷检测以及识别等关键技术进行系统论述,重点阐述红外热像处理的新理论、新方法和新的应用。

1.4 红外热波检测的特点与应用

1.4.1 红外热波无损检测的技术特点

红外热波无损检测是近年来发展较快的一种新型无损检测技术,作为一门跨学科、跨应用领域的通用型实用技术,热波无损检测是对一些传统无损检测方法的替代和补充,也可以与各种现有的无损检测方法相结合,以提高检测诊断的可靠性。与超声检测、射线检测、渗透检测、磁粉检测等传统无损检测方法相比,红外热波探伤技术具有以下特点:

(1)使用范围广,可用于检测所有金属、非金属材料以及复合材料等。

(2)检测效率高,红外热波无损检测系统的热响应时间都以微秒或毫秒计,计算也不是特别复杂,因而检测速度快,同时还可以成片快速检测,故而有比较高的检测效率。

（3）观测面积大,一次测量可覆盖至平方米量级。

（4）测量结果形象直观,红外热像仪是以伪彩色或者是灰度图像的方式输出被测目标表面的动态温度场的,不仅比单点测温提供更为完整、丰富的信息,而且非常形象、直观,便于理解和判断。

（5）定量测量,可以直接探测缺陷的深度、厚度,还可以对表面下的缺陷进行识别。

（6）非接触测量,检测过程中不需要接触被测物体。

（7）操作安全,由于红外热像仪采集的是被测物体本身的红外辐射,检测过程对检测人员和被测物体不构成任何危害。又因为在检测过程采用非接触测量,即使被测目标对人类健康有害,也由于非接触测量而避免危险,这一特点在检测带电设备、转动设备及高空设备等方面显得非常突出。

（8）热波无损检测系统移动方便,红外热像仪轻便灵活,适合外场应用和在线在役检测。

1.4.2 红外热波无损检测主要应用领域

红外热波无损检测技术通常被应用在以下几个方面:

（1）检测航空、航天器铝蒙皮加强筋开裂与锈蚀,机身蜂窝结构材料;

（2）碳纤维和玻璃纤维增强多层复合材料缺陷的检测、表征、损伤判别与评估;

（3）火箭液体燃料发动机和固体燃料发动机的喷口绝热层附着检测,涡轮发动机和喷气发动机叶片的检测;

（4）新材料特别是新型复合结构材料的研究,对其从原材料到工艺制造、在役使用研究的整个过程中进行无损检测和评估;

（5）材料加载、冲击损伤或破坏性试验过程及其破坏后的评估;

（6）多层结构和复合材料结构中,脱粘、分层、开裂等损伤的检测与评估;

（7）各种压力容器、承载装置表面及表面下疲劳裂纹的探测;

（8）各种粘结、焊接质量检测,涂层质量检测,各种镀膜、夹层的探伤;

（9）检测装备各种特种功能涂层、夹层的厚度与涂覆质量;

（10）表面下材料和结构特征识别与表征;

（11）运转设备的在线、在役检测。

参 考 文 献

［1］张金玉,张炜.装备智能故障诊断与预测［M］.北京:国防工业出版社,2013.

[2] 郭兴旺,邵威,郭广平,等.红外无损检测加热不均时的图像处理方法[J].北京航空航天大学学报,2005,(11):1204-1207.

[3] J. N. Zalameda, N. Rajic, W. P. Winfree, A comparison of image processing algorithms for thermal nondestructive evaluation, in: Thermosense XXV, SPIE Proc., vol. 5073, 2003, pp. 374–385.

[4] 梅林,吴立德,王裕文,等.脉冲加热红外无损检测中的图像处理[J].红外与毫米波学报,2002,(10):372-376.

[5] 黄小荣.基于遗传算法的红外热波图像序列处理技术研究[D].西安:第二炮兵工程学院,2010.

[6] B. Franke, Y. H. Sohn, X. Chen. Monitoring damage evolution in thermal barrier coatings with thermal wave imaging[J]. Surface & Coatings Technology 200,2005.

[7] 郭武,张鹏,王润生.独立分量分析及其在图像处理中的应用现状[J].计算机工程与应用,2008,44(23):123-127.

[8] 孙延春,马齐爽,刘跃明.改进PCA在热波图像处理中的应用[J].北京航空航天大学学报,2008,34(9):55-59.

[9] 陈钱,张保民,顾国华.红外图像序列动态帧间滤波技术[J].南京理工大学学报,2003,27(5).

[10] 郭兴旺,高功臣,吕珍霞.基于奇异值分解的红外热图像序列处理[J].北京航空航天大学学报,2006,32(8).

[11] 赵璟媛,王黎明,刘宾,基于SVD算法的红外序列图像增强技术研究[J].红外技术,2009,31(1).

[12] 张金玉、黄先祥,机械信号处理的BSS算法及其比较研究[J].振动工程学报,2008,21(4).

[13] Tse, Peter W; Zhang, J Y; Wang, X J, Blind source separation and blind equalization algorithms for mechanical signal separation and identification[J]. Journal of Vibration and Control,2006, 12(4).

[14] Rajic N. Principal component thermography for flaw contrast enhancement and flaw and depth characterization in composite structures [J]. Composite Structures. 2002, 58: 521–528.

[15] Steven M. Shepard. Temporal Noise Reduction,Compression and Analysis of Thermographic Image Data Sequence [P]. 2003-02-04.

[16] Steven M. Shepard,James R. Lhota. Flash Duration and Timing effects in Thermographic NDT [C]. SPIE, 2005(5782):352-358.

[17] Patel P M, Almond D P. Thermal wave testing of plasma-sprayed coatings and a comparison of the effects of coating microstructure on the propagation of thermal and ultrasonic waves [J]. Journal of Material Science, 1985, 20(3).

[18] Bento A C., Brown S R, Almond D P, et al, Thermal wave nondestructive thickness measurement of hydroxyapatite coating applied to prosthetic hip stems [J], Journal of Materials Science: Material in Medicine, 1995, 6(6).

[19] Sargent J P, Almond D P, Gathercole N, Thermal wave measurement of wet paint film thickness [J]. Journal of Material Science. 2006, 41(2).

[20] Franke B. Sohn Y H, Chen X, et al. Monitoring damage evolution in thermal barrier coating with thermal wave imaging [J]. Surface & Coatings Technology. 2005. 200(5-6).

[21] Marinetti S, Robba D, Cernuschi F, et al., Thermographic inspection of TBC coated gas turbine blades discrimination between coating over-thicknesses and adhesion defeats [J]. Infrared Physics & Technology, 2007, 49(3).

[22] Liu H N. Sakamoto M, Kishi K, et al., Detection of defeats in thermal barrier coatings by thermography analyses [J]. Material & Transactions, 2003, 44(9).

[23] Yuri A. Plotnikov and William P. Winfree. Advanced image processing for defect visualization in infrared thermography[R]. NASA Langley Research Center, M. S. 231, Hampton, VA 23681-0001.

13

[24] YANG Zheng－wei, ZHANG Wei, Tian Gan. Infrared Thermography Applied to Detect Glue Deficiency of Adhesion Structure in SRM, NDT&E Internatinal.

[25] JIN Guo－feng, Zhang Wei, YANG Zheng－wei. Image Segmentation of Thermal Waving Inspection based on Particle Swarm Optimization Fuzzy Clustering Algorithm, Measurement Science Review, 2012,12(6): 296－301.

[26] JIN Guo－feng, Zhang Wei, YANG Zheng－wei. Numerical Analysis of Influencing Factors and Capability for Thermal Wave NDT in Liquid Propellant Tank Corrosion Detection, Measurement Science Review.

[27] YANG Zheng－wei, ZHANG Wei, Tian Gan. Debond Detection of Shell/Insulation in SRM by Thermal-Wave NDT, AIAA, January 4－7, 2010, Orlando, American.

[28] 杨正伟,张炜,田干,等.小曲率壳状粘结结构脱粘缺陷热波定量检测,材料工程,2010(12):39－43.

[29] 杨正伟,张炜,田干,等.导弹发动机壳体粘接质量红外热波检测,仪器仪表学报,2010,31(12): 2781－2787.

[30] 杨正伟,张炜,王焰,等.同态增晰技术在红外热波探伤图像校正中的应用,红外与激光工程,2011, 40(1):22－27.

[31] 杨正伟,张炜,田干,等.红外热波方法检测壳状结构脱粘缺陷,红外与激光工程,2011,40(2): 186－191.

[32] 杨正伟,张炜,田干,等.SRM复合材料壳体/绝热层界面脱粘热波检测,深圳大学学报。

[33] 杨正伟,张炜,田干,等.固体导弹发动机脱粘的热波检测,无损检测,2010,32(4):277－279.

[34] 宋远佳,张炜,杨正伟.固体火箭发动机壳体脱粘缺陷的热波检测,深圳大学学报,2012,29(6): 252－257.

[35] 宋远佳,张炜,田干,等.基于超声红外热成像技术的复合材料损伤检测,固体火箭技术,2012,35 (4):559－564.

[36] Zhang Wei, Liu Tao, Yang Zheng－wei. Study of Quantitative Identification of Infrared Thermal Wave Testing Based on BP Neural Networks, The5th SPIE International Symposium on Advanced Optical Manufacturing and Testing Technologies, dalian, April 26－29, 2010.

[37] ZHANG Wei, SONG Yuan－jia, YANG Zheng－wei, TIAN Gan. Infrared Thermal Wave Nondestructive Technology on the Defect in the Shell of Solid Rocket Motor, The5th SPIE International Symposium on Advanced Optical Manufacturing and Testing Technologies, dalian, April 26－29, 2010.

[38] 张勇,张金玉,黄小荣,黄建祥.基于遗传算法的红外热像数据拟合方法研究[J].无损检测,2012,34 (10).

[39] 张勇,张金玉,黄建祥.基于红外热波检测理论模型的红外热像数据拟合方法[J].红外,2012,33 (4):38－41.

[40] 黄建祥,张金玉,张勇.基于小波变换的独立分量及其在红外热波图像中的应用[J].无损检测, 2012,34(5):40－43.

[41] 张炜,蔡发海,马保民,等.基于数学形态学的红外热波图像缺陷的定量分析[J].无损检测,2009,31 (8):596－599.

[42] 郭永刚.红外热波图像畸变校正与拼接技术研究[D].首都师范大学,2006.

[43] Hyvarinen A, Oja E. Image feature extraction by sparse coding and independent component analysis [C]. ICPR'98,Brisbane, Australia,1998.

[44] Bell A J, Sejnowsky J. The "independent components" of natural scenes are edge filters[J]. Vision Research, 1997, 37:3327－3338.

[45] 孙悦,施泽生,郭立,等.独立分量分析在图像特征提取中的应用[J].模式识别和人工智能,2004,17 (1):114－115.

［46］范羚,吴小培,等.基于独立分量分析的图像特征提取及去噪［J］.计算机工程与应用.2003,(9): 107－109.

［47］Cheng J, Chen Y W, Lu H Q, et al. Color－and texture－based image segmentation using local feature analysis approach［C］. Third International Symposium on Multi－spectral Image Processing and Pattern Recognition, 2003, 5286: 600－604.

［48］郭武,王润生,张鹏,等.基于独立分量分析的图像去噪研究［J］.信号处理.2008.6.24(3): 381－385.

［49］Haritopoulos M, Yin H J, Allinson N M. Image denoising using self－orgnizing map－based nonlinear independent component analysis［J］. Neural Network.2002,15:1085－1098

［50］王黎,孙云莲.二维小波变换及 BSS 消除图像混合噪声［J］.武汉大学学报.信息科学版.2008,33 (2):136－138.

［51］卢晓光,韩萍,吴仁彪,等.基于二维小波变换和独立分量分析的 SAR 图像去噪方法［J］.电子与信息学报,2008.5,30(5):1052－1055.

［52］Bell A J, Sejnowsky J. The "independent components" of naturalscenes are edge filters［J］. Vision Research, 1997, 37: 3327－3338.

［53］Cichocki A, Kasprzak W. Nonli near learning algorithms for blind separation of natural images［J］. Neural Network World, 1996, 4:515－523.

［54］陈艳,何英,朱小会.基于小波变换的独立分量分析及其在图像分离中的应用［J］.现代电子技术. 2007,24(263):131－134.

［55］吴小培,冯焕清,周荷琴,等.基于独立分量分析的图像分离技术及应用［J］.中国图像图形学报, 2001,6A(2):133－137.

［56］郭兴旺,高功臣,吕珍霞.主分量分析法在红外数字图像序列处理中的应用［J］.红外技术,2006,28 (6):311－314.

［57］李大鹏,赵元松,杨天任.有限元与 BP 神经网络在红外检测信号处理中的应用［J］.无损检测,2006 (1):1－6.

［58］寇蔚,孙丰瑞,杨立.粒子群优化算法用于缺陷的红外识别研究［J］.激光与红外,2006(8): 710－714.

第二章　脉冲激励红外热波检测基本原理

红外热波检测的理论基础是热波理论和热辐射普朗克定律。热波理论描述的是变化的温度场与材料之间的相互作用,红外热波检测是通过施加不同形式的热波,使得被检测对象的内部结构通过表面的温度变化差异而表现出来。表面的温度变化与材料内部结构息息相关,只有对热波在材料内部的传导规律有清楚的认识,才能设计出更为有效的热激励源,进而根据表面的温度变化准确地判断材料内部的结构信息。

2.1　红外热波检测的基本原理及关键技术

2.1.1　红外热波检测基本原理

红外热波检测是一种主动式检测技术,通过对被检测对象主动施加可控的热激励(脉冲、周期、持续加热等),使材料内部的缺陷或损伤以表面温度变化差异的形式表现出来,采用红外热像仪连续观测和记录物体表面的温度场变化,通过对红外序列热图进行采集、分析和处理后,实现对物体内部缺陷的快速检测和定量识别。红外热波检测原理如图2-1所示[1]。对于常见的裂纹、气孔、脱粘、分层、夹杂等缺陷,缺陷的热传导系数都小于材料本身,因此缺陷对应的表面温度要高于正常区域,通过表面的温度异常很容易发现缺陷。对于导热性缺陷,表面将出现温度过低区域,如蜂窝复合材料结构中的积水缺陷。

由图2-1可知,红外热波检测硬件系统主要包括计算机处理系统、一台高

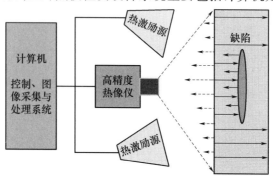

图2-1　红外热波检测原理框图

分辨率红外热像仪、热激励源、控制系统和电源等。其软件主要包括快速检查规范和判别程序、图像处理软件系统、系统数据库及其管理系统等内容。

1. 热激励装置

热激励源是为了激发材料内部的缺陷信息,对于不同的被检测物、检测环境和条件,需要针对性地设计不同的热激励源,目前主要有闪光灯、超声波、激光、电流、THz波、热风等热激励手段。

目前得到广泛应用的是脉冲式闪光灯进行加热,脉冲宽度为2ms,每个闪光灯最大能量为2.4kJ,并且能量可调,可以根据不同的检测对象对加热能量进行调整,达到准确检测的目的。

2. 高精度的热像仪

热像仪是热波检测的核心设备,它的性能直接影响着对缺陷的准确检测。热像仪是一种利用红外扫描原理测量物体表面温度分布的光电设备,是以普朗克定律为理论依据,通过光机扫描,把二维的温度场转变为可见光图像显示出来。光机扫描是第一代热像仪的基本特征,目前得到广泛应用的是非致冷红外焦平面阵列热像仪,这种热像仪具有非常高的温度分辨率,可以达到0.01℃,基本上能够满足热波检测的需要。

3. 控制与图像采集及处理系统

控制热激励的加热强度和时间,保证能够有效地激发出材料的内部信息。对红外热像仪检测的温度序列图进行处理,还原为视觉可见的图像,就可以在图像上分辨出有缺陷处与正常区域的差异,从而发现缺陷的位置。同时根据建立的缺陷判断标准,对缺陷的类型、大小和深度作出正确的判断。

2.1.2 红外热波检测关键技术

从图2-1还可以看出,红外热波检测主要包含4个过程:热激励源加载,热波在被检测对象内部的传导,热图序列采集、处理和分析以及缺陷参数的定量判别等,其中最为核心的机理是热波在材料内部的传导规律,也是影响热激励源加载和参数优化的决定因素,热图序列的采集、处理和分析以及缺陷参数的判别等问题是涉及到被检测对象内部缺陷检测和评估的关键问题。因此,制约红外热波检测方法的应用和技术水平发展的关键技术主要有以下4个:

(1)热激励源加载及参数优化技术;

(2)红外热图序列采集、处理和分析技术;

(3)缺陷参数定量判别技术;

(4)红外热波检测系统集成技术。

本书主要致力于红外热图序列的快速处理和分析技术,以及缺陷参数的定量判别等关键技术的研究。

2.2 脉冲激励红外热波检测理论分析

2.2.1 导热微分方程

热波理论描述的是变化的温度场与介质之间的相互作用,即热波与介质之间的能量传递和交换。热交换是一个非常复杂的过程,它主要由三种可复合叠加的基本模式来实现:热传导、热对流和辐射。而普朗克定律揭示了温度场的空间和时间信息是可以被测量的,如果能够掌握温度分布并能准确地测量,就可以反推材料内部的信息及结构参数。

为了确定热波在固体内传导引起的温度场分布,通常通过微分方程来建立材料物性参数和热波之间的关系[2],三维导热微分方程如公式 2 - 1 所示:

$$\frac{\partial T}{\partial x}\left(\lambda_x \frac{\partial T}{\partial x}\right) + \frac{\partial T}{\partial y}\left(\lambda_y \frac{\partial T}{\partial y}\right) + \frac{\partial T}{\partial z}\left(\lambda_z \frac{\partial T}{\partial z}\right) + \varphi_s = \rho c \frac{\partial T}{\partial t} \quad (2-1)$$

式中 ρ ——材料密度;

c ——材料比热;

t ——时间;

φ_s ——均匀内热源的生热率;

$\lambda_x, \lambda_y, \lambda_z$ ——分别为材料在 x, y, z 方向的热传导系数。

式(2-1)是三维热传导的热量平衡微分方程。等式左边第 1、2、3 项分别是 x, y, z 方向传入单元体内的热量,第 4 项是单元体内热源产生的热量,等式右边表示单元体内能的增加。上述微分方程表明:微元体内能的增加应与传入微元体的热量以及微元体内热源产生的热量平衡。

当材料的物性参数 ρ、c 已知,对于各向同性材料($\lambda_x = \lambda_y = \lambda_z = \lambda$),传热微分方程可以简化为

$$a\left(\frac{\partial^2 T}{\partial x^2} + \frac{\partial^2 T}{\partial y^2} + \frac{\partial^2 T}{\partial z^2}\right) + \frac{\varphi_s}{\rho c} = \frac{\partial T}{\partial t} \quad (2-2)$$

或者写成:

$$\alpha \nabla^2 T + \frac{\varphi_s}{\rho c} = \frac{\partial T}{\partial t} \quad (2-3)$$

式(2-3)中:∇^2 为拉普拉斯运算符。

$\alpha = \lambda/\rho c$ 为材料的热扩散系数,单位是 m^2/s,它是材料的物性参数,α 对非稳态热传导过程是很重要的。由式(2-3)可见,材料内任意一点的温度随时间的变化率正比于热扩散率,亦即 α 愈大,温度变化的速度也愈快。因此,在其他条件相同时,具有较大热扩散率的物体中,空间各点温度也较快地趋于均匀一致。所以说,热扩散率 α 表征物体内各部分温度趋于均匀一致的能力,它是物

18

体热惯性的度量。

2.2.2 脉冲热激励条件下的瞬态热传导分析

假定被检测对像是各向同性、均匀的材料,几何条件为无限大平板结构(厚度远小于长度和宽度),无内热源,则三维导热微分方程可以近似为一维方程,表示为

$$\alpha \nabla^2 T = \frac{\partial T}{\partial t} \tag{2-4}$$

脉冲热激励是目前应用最广泛的一种热激励技术,它是利用高能闪光灯对样本表面施加一脉冲热流,把脉冲的能量记为

$$q = q_0 \delta(x) \delta(t) \tag{2-5}$$

式中,$\delta(x)$、$\delta(t)$分别为单位脉冲函数,又称为 Dirac 函数,即

$$\int_{-\infty}^{+\infty} \delta(t) = 1, \ \text{且} \ t \neq 0, \delta(t) = 0 \tag{2-6}$$

初始条件:$T(x,0) = T_0$

边界条件:$-\lambda \left. \frac{\partial T}{\partial x} \right|_{x=0} = q \left|_{x=0} = q_0 \delta(t) \right.$

忽略表面的对流换热$\left. \frac{\partial T}{\partial x} \right|_{x=l} = 0$

在这里引入拉普拉斯变换的概念,便于进行求解。记温度 $T(x,t)$ 的拉普拉斯变换为 $\Theta = \Theta(x,s)$,对公式(2-4)两边进行拉普拉斯变换,可得:

$$s\Theta(x,s) - T(x,0) = \alpha \frac{\mathrm{d}^2 \Theta(x,s)}{\mathrm{d}x^2} \tag{2-7}$$

根据常微分方程的通解,可解得式(2-7)的通解为

$$\Theta(x,s) = A(s)\mathrm{e}^{-\sqrt{\frac{s}{\alpha}}x} + B(s)\mathrm{e}^{\sqrt{\frac{s}{\alpha}}x} + \Theta_0(s) \tag{2-8}$$

式中,函数 $A(s)$、$B(s)$ 可由边界条件计算得出,$\Theta_0(s)$ 是方程(2-7)的特解,可由初始条件来确定:

$$T(x,0) = T_0 \Rightarrow \Theta_0(s) = \frac{T_0}{s} \tag{2-9}$$

在无限远处,物体的温度为初始值 $T(\infty,t) = T_0$,用数学表达式可表示为

$$\forall t, x \rightarrow \infty, T(\infty,t) = T_0 \Rightarrow \forall s, \Theta(\infty,s) = \frac{T_0}{s} \tag{2-10}$$

因此可推得:

$$\Theta(\infty,s) = \Theta_0(s) \Rightarrow \Theta(\infty,s) - \Theta_0(s) = 0 \Rightarrow B(s) = 0 \tag{2-11}$$

公式(2-9)可写为

$$\Theta(x,s) = A(s)e^{-x\sqrt{\frac{s}{\alpha}}} + \frac{T_0}{s} \tag{2-12}$$

对公式(2-12)进行求导:

$$\frac{\partial\Theta}{\partial x} = -\sqrt{\frac{s}{\alpha}}A(s)e^{-x\sqrt{\frac{s}{\alpha}}} \tag{2-13}$$

式中:$A(s)$由边界条件$-\lambda\left.\frac{\partial T}{\partial x}\right|_{x=0} = q$求得:

$$-\lambda\left.\frac{\partial\Theta}{\partial x}\right|_{x=0} = L(q_0\delta(t)) \Rightarrow \lambda\sqrt{\frac{s}{\alpha}}A(s) = q_0 \Rightarrow A(s) = \frac{q_0}{\lambda}\sqrt{\frac{\alpha}{s}}$$
$$\tag{2-14}$$

将其代入公式(2-12)得:

$$\Theta(x,s) = \frac{q_0}{\lambda}\sqrt{\frac{\alpha}{s}}e^{-\sqrt{\frac{s}{\alpha}}x} + \frac{T_0}{s} \tag{2-15}$$

对公式(2-15)进行拉普拉斯反变换:

$$T(x,t) - T_0 = L^{-1}\left(\frac{q_0}{\lambda}\sqrt{\frac{\alpha}{s}}e^{-\sqrt{\frac{s}{\alpha}}x}\right) = \frac{q_0}{\sqrt{\pi\rho c\lambda t}}e^{-\frac{x^2}{4\alpha t}} \tag{2-16}$$

因此,样本任意位置的温度变化为

$$T(x,t) = T_0 + \frac{q_0}{\sqrt{\pi\rho c\lambda t}}e^{-\frac{x^2}{4\alpha t}} \tag{2-17}$$

对$T(x,t)$求导,可得$x=x_0$位置的温度在$t = \frac{x_0^2}{2\alpha}$时达到最大。

而样本表面温度变化为

$$T(0,t) = T_0 + \frac{q_0}{\sqrt{\pi\rho c\lambda t}} \tag{2-18}$$

2.2.3 含缺陷半无限大平板结构脉冲热激励条件下的表面温度场分析

采用脉冲热激励源进行加热,针对半无限大平板结构,含缺陷结构的数学模型可简化为一维模型(见图2-2),不考虑热在材料内部的损失,则缺陷与材料界面边界条件满足温度连续和能量守恒:

$$T_s = T_d = T_h \tag{2-19}$$

$$\lambda_s\left(\frac{\partial T_s}{\partial x}\right)_s = \lambda_d\left(\frac{\partial T_d}{\partial x}\right)_d \tag{2-20}$$

式中:下标 s 和 d 分别代表正常区域与缺陷的交界面(s 代表正常区域界面,d 代表缺陷界面),h 代表缺陷深度。

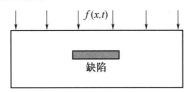

图 2 - 2   含缺陷半无限大平板结构

对于没有缺陷的区域,按照半无限大结构的热传导进行分析,其表面的温度变化为(见公式 2 - 18)

$$T(0,t) = T_0 + \frac{q_0}{\sqrt{\pi \rho c \lambda t}} \qquad (2-21)$$

如果存在缺陷,当热波传输到缺陷表面时,热波将受到缺陷表面的影响,其中一部分热波将会反射回去,继续向着相反方向传播,进而传播到材料表面再次反射,然后按照相同的传播规律周期地反射直至衰减完毕,也就是说,材料表面的温度包括两部分:一部分是按照半无限大区域对应的表面的温度衰减部分,另一部分是经过缺陷表面不断反射累加的部分,两部分就构成了缺陷的表面温度场的分布。在这里,假定缺陷对于热波的反射系数为 r,则反射回来的热波应为表面热波经过了 $2h$、$4h$、$6h$、$\cdots$、$2nh$ 等距离衰减后的累积值:

$$T_{\text{reflect}}(0,t) = r \sum_{n=1}^{\infty} \frac{q_0}{\sqrt{\pi \rho c \lambda t}} e^{-\frac{(2nh)^2}{4\alpha t}} \qquad (2-22)$$

则表面的温度分布为

$$T(0,t) = T_0 + \frac{q_0}{\sqrt{\pi \rho c \lambda t}} + r \sum_{n=1}^{\infty} \frac{q_0}{\sqrt{\pi \rho c \lambda t}} e^{-\frac{(2nh)^2}{4\alpha t}} \qquad (2-23)$$

由于热波的高衰减性,可以忽略高次衰减,同时近似认为缺陷对热波的反射系数为常数 1(即全反射),可得:

$$T(0,t) = T_0 + \frac{q_0}{\sqrt{\pi \rho c \lambda t}} \left(1 + e^{-\frac{h^2}{\alpha t}}\right) \qquad (2-24)$$

因此,有缺陷区域与无缺陷区的温差为

$$\Delta T = \frac{q_0}{\sqrt{\pi \rho c \lambda t}} e^{-\frac{h^2}{\alpha t}} \qquad (2-25)$$

对上式进行求导,可得当 $t_{\text{best}} = \dfrac{2h^2}{\alpha}$ 时,表面温差将达到最大值:

$$\Delta T_{\text{max}} = \frac{q_0}{h \rho c \sqrt{2\pi e}} \qquad (2-26)$$

因此,试验中获取了最佳检测时间 $t_{best} = \dfrac{2h^2}{\alpha}$,即可求得缺陷深度为

$$h = \sqrt{\frac{\alpha t_{best}}{2}} \qquad (2-27)$$

如图 2-3 所示,为某玻璃纤维复合材料中深度为 5mm 的分层缺陷的表面温度变化及与正常区域的温差变化曲线,可以清楚地观察到缺陷的存在减缓了表面温度的下降趋势,有缺陷区与正常区域的温差在开始阶段慢慢增大,到 24s 左右温差达到最大的 0.18℃,而后又逐渐降低,最终正常区域与缺陷区域的温度将趋于平衡。因此,在试验过程中通过观察和提取表面各点的温度变化及温差变化曲线,即可得到表面温差对应的时间(最佳检测时间),即可按照公式(2-27)对缺陷深度进行判断。

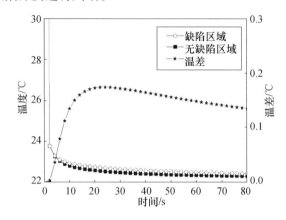

图 2-3　含分层缺陷脉冲热激励后表面温度及温差变化曲线

2.3　脉冲激励红外热波检测数值分析

实际检测过程中,由于被检测对象结构及材料的复杂性,往往难以求得其解析解,通常采用有限元数值分析方法进行研究。下面主要利用数值分析方法来研究复合材料内部夹杂(气孔)热波检测的传热过程,进而研究缺陷类型、大小、深度等参数与热波检测的 3 个重要物理量之间的关系,以及通过模拟研究影响热波检测的因素,从理论的角度揭示热波检测的原理,为定量地分析缺陷信息提供重要的参考。

2.3.1　数学模型及简化

复合材料选择玻璃纤维增强复合材料,为了简化计算,近似认为材料为各向同性。材料的物性参数为:密度 2160kg/m³,比热容 1378J/(kg·K),热传导系

数为 0.76W/m·K。为了研究缺陷的大小对表面温度场的影响,建立如图 2-4 所示模型,预制了 4 个直径相等均为 20mm,深度分别为 0.5mm,1mm,1.5mm, 2mm 的气孔缺陷;空气的物性参数为:密度 $1.1kg/m^3$,比热容 1300 J/(kg·K), 热传导系数为 0.0251 W/m·K。

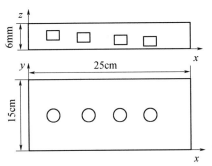

图 2-4 4 个直径相同深度不同的缺陷

2.3.2 初始条件及边界条件

假定环境温度 T_e 保持不变,为 20℃,热激励选择热流密度为 10 000W/m^2 脉冲热流,脉冲时间为 0.1s。加热以后冷却过程中材料的表面对流换热系数约为 10W/(m^2·℃),检测过程无内部热源。由于材料的厚度相对于长度和宽度来说比较小,不考虑表面的辐射换热和侧面的对流传热(侧面绝热)。

根据脉冲热波的检测特点,计算过程分为两步。

第一步(瞬态加热过程):$t = 0 \sim 0.002s$

初始条件:$T|_{t=0} = 20℃$

边界条件:

$$q = -\lambda \frac{\partial T}{\partial z}\bigg|_{z=0.006} = 100\ 000\ \text{W/m}^2 \tag{2-28}$$

$$\lambda \frac{\partial T}{\partial z}\bigg|_{z=0} = -h_c(T - T_e),\ T_e = 20℃,\ h_c = 10\text{W/m}^2·℃ \tag{2-29}$$

式中,h_c 代表对流换热系数。

$$\frac{\partial T}{\partial x}\bigg|_{x=0, x=0.025} = \frac{\partial T}{\partial y}\bigg|_{y=0, y=0.015} = 0(侧面绝热) \tag{2-30}$$

第二步(冷却过程):$t = 0.002 \sim 100s$

初始条件为第一步的计算结果,为保证计算精度,时间步长取 0.1s。

边界条件:

$$\lambda \frac{\partial T}{\partial z}\bigg|_{z=0.006} = h_c(T - T_e) \tag{2-31}$$

其余边界条件同第一步。

2.3.3　划分网格及求解

对于上述建立的含缺陷的计算模型,为了保证计算精度,选用 SOLID70 单元,这样计算节点较少,且计算精度要高于四面体单元。由于热传导主要是沿着厚度方向,所以采用扫掠划分网格的方法,可以保证划分的网格在厚度方向上比较均匀,减少由于网格自身的不均匀导致的计算误差。网格划分的结果如图 2 - 5所示。

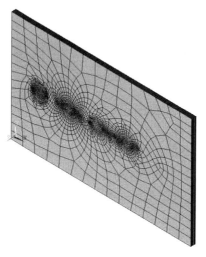

图 2 - 5　网格划分结果

由于热波主要在厚度方向上传播,所以划分网格时在厚度上进行了细化;缺陷对应表面是热波检测的重点区域,因此也进行了细化。后面的数值分析结果表明,这种细化的方法是比较有效的,减少了由于网格划分给计算带来的误差。根据上面的边界和初始条件,对划分好网格的模型进行加载求解,对结果进行分析。

2.3.4　数值计算结果与分析

为了定量测量检测过程中表面温度场的变化,根据模拟分析的结果,求出 4 个缺陷中心对应的表面点与非缺陷区域对应表面在整个检测过程中的温差,然后计算出检测灵敏度和最佳检测时间,计算材料表面温度场云图如图 2 - 6 所示。

由上面 8 幅图所示,脉冲热流加热后,在时间 $t = 0.1s$ 时,热流还没有传播到缺陷区域,材料表面温度均匀;当时间 $t = 1s$ 时,深度最浅的第一个缺陷影响到热波在材料内部的传播,表现为对热流的阻挡,因此材料表面出现热点;随着

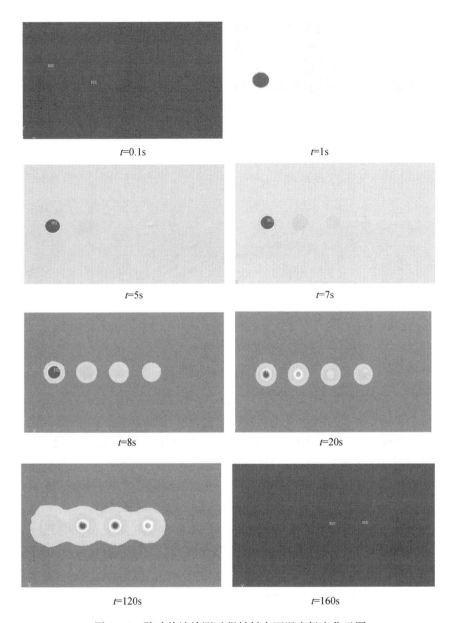

t=0.1s   *t*=1s

t=5s   *t*=7s

t=8s   *t*=20s

t=120s   *t*=160s

图2-6　脉冲热波检测过程材料表面温度场变化云图

时间的推移,其他3个深度不同的缺陷也开始对热流的传播产生影响,在时间 $t=8\text{s}$ 时,4个缺陷已经完全能够通过表面的热点观察出来。由于热扩散的影响,材料表面的温度场逐渐趋于平衡,在 $t=120\text{s}$ 时,表面的热点已经开始模糊,到 $t=160\text{s}$ 时,表面温度完全达到平衡,温度场趋于稳定,已经无法通过表面的温度场来确定材料内部的信息。而在实际的热传导过程中,由于材料表面的辐射以及材料的不均匀等因素的影响,在相同的条件下,表面温度场稳定的时间要小于数值分析的时间。因此,还需要对检测结果进行修正和误差分析。

为了定量地描述缺陷的信息,分别提取 4 个缺陷中心对应的表面温度与无缺陷区的温度变化情况,如图 2 - 7 所示。

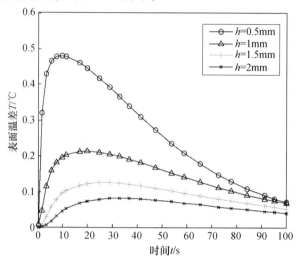

图 2 - 7　表面温差随时间变化关系

通过图 2 - 7 可以看出,在开始一段时间内,热流还没有传导到缺陷区域,因此材料表面各点的温升基本一致。在冷却过程中,随着热流在内部的传播,距离表面越近的缺陷,对热流的阻碍作用越明显,表面温度下降越慢。因此,可以通过表面的温度变化来判断材料内部的缺陷。

2.4　脉冲激励红外热波检测试验

采用项目组自主开发的脉冲激励红外热波检测系统分别对金属、金属粘接结构以及复合材料的常见缺陷进行了检测试验。

2.4.1　钢材料平底洞试件

试件由钢材料制成(见图 2 - 8),长 285mm,宽 223mm,厚 5mm,背面加工有 8 个平底洞,其中上面 4 个深度均为 1mm,直径分别为 18mm、14mm、10mm、6mm;下面 4 个直径均为 18mm,深度分别为 4mm、3mm、2mm、1mm。采用脉冲激励红外热波检测系统对上述试件进行检测,检测结果如图 2 - 9 所示。

由图 2 - 9 可以看出,加热后瞬间表面的温度场保持平衡,大约在 0.14s 左右,有 6 个损伤开始显现,下方 4 个损伤因为深度较浅(1mm),因此直径最小的损伤也能被检测到。随着时间相对推移,到 0.38s 左右,8 个损伤均以热斑的形式显示出来,上方4个损伤中,至左往右深度依次变浅,其热斑亮度也随之变亮。到0.73s时,由于金属材料的热传导能力较强,又同时受到横向热扩散的影响,直径最小损伤对应的热斑消失,其余热斑也逐渐变暗,边缘变模糊,直到难以通过肉眼再观察到。

| (a) 试件正面 | (b) 试件背面 | (c) 试件尺寸 |

图2-8　板状钢材料平底洞试件

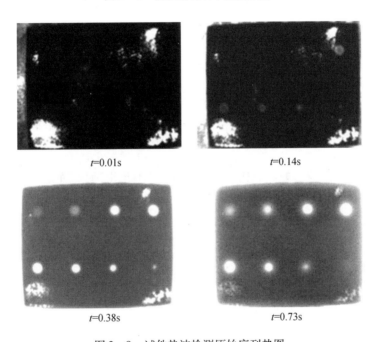

图2-9　试件热波检测原始序列热图

2.4.2　钢板/绝热层粘接界面缺陷试件

试件由钢材料和橡胶粘接制成,长255mm,宽155mm,其中钢材料厚4mm,橡胶厚3mm,背面加工有5个深度均为4mm,直径分别为30mm、20mm、15mm、10mm和5mm的平底洞(见图2-10),图2-11为其红外热波检测结果。

从图中可以看出,在0.67s左右表面出现了3个热斑,其中两个较大的热斑

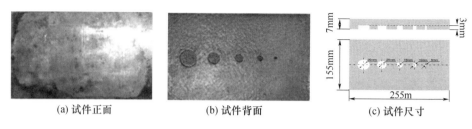

(a) 试件正面   (b) 试件背面   (c) 试件尺寸

图 2 – 10   板状钢材料平底洞试件

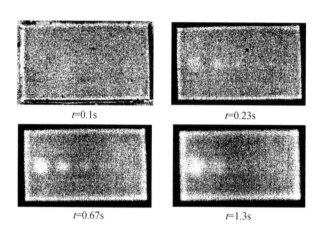

t=0.1s t=0.23s

t=0.67s t=1.3s

图 2 – 11   试件热波检测原始序列热图

比较清楚,第 3 个较小的热斑比较暗,显示效果不是很理想,而最小的两个损伤通过热图观察不到,这是由于缺陷信号信噪比较低的缘故。

2.4.3   复杂钢结构平底洞试件

试件由钢材料制成,形状为圆柱形(部分),其中弧长为 225mm,宽为 200mm,弦长为 220mm,半径为 307mm,曲率约为 3.25。钢材料厚度为 4mm,橡胶厚度为 1mm,2 个平底洞直径均为 16mm(见图 2 – 12)。

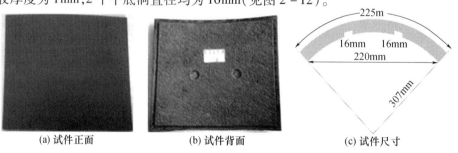

(a) 试件正面   (b) 试件背面   (c) 试件尺寸

图 2 – 12   柱状钢材料平底洞试件

图 2－13 为原始热图序列,试件在加热后大约 0.88s 时,表面出现了两个热斑,随着时间的推移,热斑与周围的对比度越来越大,显示的越来越清晰,大约在 1.49s 左右,热斑与周围环境的对比度达到最大,而后对比度逐渐降低,表面温度场趋于均匀,无法观察到损伤。

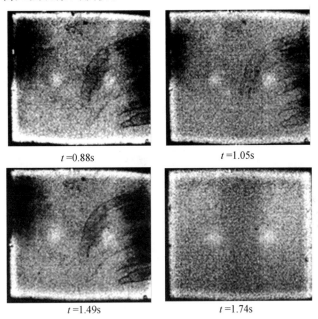

t =0.88s   t =1.05s

t =1.49s   t =1.74s

图 2 － 13　试件热波检测原始序列热图

2.4.4　玻璃纤维复合材料分层试件

试件由玻璃纤维复合材料制成,长 281mm、宽 281mm、厚 7mm,采用聚四氟乙烯夹层模拟了 3 个不同大小的正方形分层损伤(见图 2 － 14),损伤深度均为 5mm,3 个损伤的边长分别为 20mm、30mm 和 40mm。

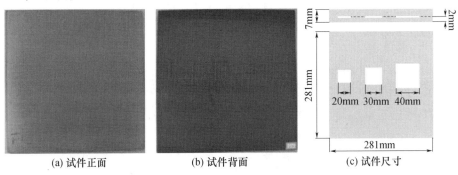

(a)试件正面　　　　　(b)试件背面　　　　　(c)试件尺寸

图 2 － 14　玻璃纤维复合材料试件

由图2-15可以看出,在加热后很长一段时间内,表面的温度图基本保持均匀(含有部分噪声),但能从热图中清晰地看到复合材料纤维的走向,直到7.2s左右,3个方形的分层损伤开始逐步显现,并且对比度缓慢增强,随后一直到31.8s左右,仍然能够很清楚地观察到损伤。

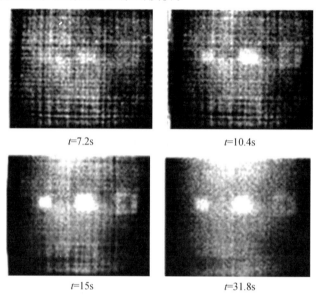

t=7.2s   t=10.4s

t=15s   t=31.8s

图2-15   试件热波检测原始序列热图

2.4.5   蜂窝夹心复合材料试件

试件由蜂窝夹心复合材料制成,长350mm、宽180mm、厚5mm,采用聚四氟乙烯夹层模拟了4个不同大小的圆形分层损伤(见图2-16),损伤深度均为1mm,直径分别为8mm、12mm、18mm、22mm。

由图2-17可以看出,在加热很短时间内(0.55s左右),损伤部位对应的热斑开始显现,且直径越大的损伤显现的越早,持续的时间越长。在1s时,最小的损伤才开始显现,由于热扩散作用,该亮斑也很快消失,这使得识别最小损伤的时机显得很重要。

(a) 试件正面   (b) 试件背面

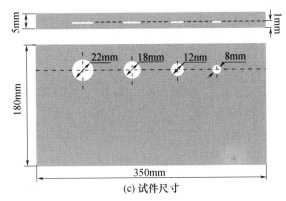

(c) 试件尺寸

图 2 – 16　板状蜂窝夹心复合材料试件

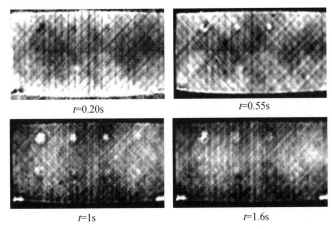

图 2 – 17　试件热波检测原始序列热图

2.4.6　试验总结

通过上述对金属、复合材料以及粘接结构缺陷的脉冲红外热波检测结果分析,可以看出:

(1) 脉冲激励热波检测技术的速度较快,对于导热性能越好的金属材料,检测速度越快,最佳检测时间越短;热波检测的结果形象、直观,通过观察红外热序图即可对损伤的大小和位置进行初步的判断。

(2) 试验获取的红外热图序列含有丰富的缺陷信息,但是同时含有较多的噪声,缺陷信噪比较低,特别是对表面受污染或者发射率较高的金属材料。尽管试验前对试件表面进行了表面处理,有效地抑制了部分噪声,一定程度上增强了缺陷的显示效果,但热图中仍然存在"对比度低、高背景以及高噪声"的问题,而且缺陷边缘比较模糊,不利于缺陷分割和特征提取,因此需要对原始热图进行降噪增强等处理。

2.5 红外热波检测影响因素分析

热波检测技术和其他无损检测技术一样,在检测过程中容易受到各种因素的影响,既有环境因素的影响,又有由于检测系统硬件设施的影响,同时还有检测对象本身的材料及缺陷特性的影响,大致可归为以下几个方面,即红外热像仪系统的影响、热激励源的影响、实验技术的影响、温度数据的获取与处理的影响、材料和缺陷的物性参数的影响等,有些因素有利于检测而有些因素则对于检测产生不利影响。针对不利因素如环境辐射噪声等,通过研究其影响的程度,可以对实际检测过程提供参考,如采用遮罩来对检测对象进行遮挡,以减少环境辐射等因素对检测结果带来的巨大噪声问题,有效提高检测能力。同时,对材料本身及缺陷的特性对检测的影响进行研究,可以发现影响检测信号的各种因素,为定量的识别缺陷提供重要的参考。因此,对检测影响因素进行深入地分析是提高缺陷检测能力和实现定量识别的关键[5]。

2.5.1 热成像系统的影响

热成像系统主要设备是热成像仪和光学系统,其中热像仪的温度分辨率、空间分辨率和帧频是最主要的性能参数。对于热波检测来说,温度的分辨率是更为关注的指标,而目前国内外红外热像仪性能指标中,温度分辨率已经达到 0.01℃,基本能满足红外无损检测的要求。但是,扫描速度若小于 25 帧/s 时,则响应速度太慢,尤其对于导热性比较好的如钢或铝等材料,不易在最佳时间内检测出缺陷的最大温差,不适合对上述材料进行无损检测,现在普通的热像仪的扫描速度就可以达到 50 帧/s ~ 60 帧/s,能够满足检测要求。光学系统主要关注的参数是焦距,实际检测过程中根据被检测对象和检测设备的相对位置来确定。对于热成像系统的系统噪声和误差对检测带来的影响,一般通过后期的图像处理算法补偿。

2.5.2 热流注入方向影响

在热波检测时,热源向被测对象注入热流,通过被检对象的缺陷处与无缺陷处的导热系数的差异形成温差,因此热源的注入方向将直接影响检测结果。

不同热入射方式表面温度分布情况如图 2 - 18 所示。由图 2 - 18(a)可知,热源斜向注入,将导致热流的不均匀,会误导检测结果;由图 2 - 18(b)可知,热流侧向注入,被检对象的表面与热流平行,被检对象一端加热,热流将沿着加热方向非均匀分布;如果采用持续加热,表面将处于稳态平衡,如果遇到缺陷,表面的温度平衡将遭到破坏,有缺陷区域会出现热斑,因此,这种方法也能检测如裂缝形状的缺陷,但由于一般的材料结构的厚度比较薄,不适合采用这种方式加热,所以,这种热注入的方式在工程应用中一般都不采用。

由图 2 – 18(c)、图 2 – 18(d)可知,热源垂直注入,是非稳态热传导,如果缺陷处导热系数比材料小,热流将在缺陷处聚集,形成温差,该温差沿热传导方向迅速传到表面,从而可以根据表面温度的异常情况检测到缺陷的大小、尺寸和位置。这种方式适合于气孔、夹杂、未焊透、脱粘等缺陷的检测。在热流垂直注入时,是单面加热还是双面加热对检测灵敏度也有很大影响:单面加热是适合于检测几何形状复杂的物体,双面加热检测灵敏度高,适合于导热系数较高的金属材料和导热性较差的材料。

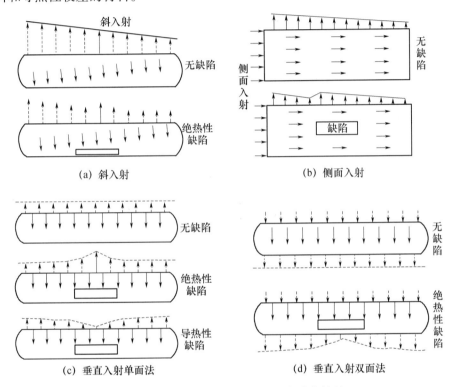

图 2 – 18 不同热入射方式表面温度分布情况

2.5.3 环境因素的影响分析

1. 环境辐射和反射的影响

被检物的表面温差应与热像仪记录的热图温差一致才能保证结果准确可靠。材料红外无损检测时缺陷处与无缺陷处的最大温差往往小于 1℃,要提高精确度必须采取一定的工艺措施。红外热像仪探测到的红外辐射能 M 由 3 个部分组成,即

$$M = \varepsilon\sigma T^4 + M_\alpha + M_{\alpha tm} \qquad (2 – 32)$$

式中 M_α——环境介质反射到材料的辐射能;

$M_{\alpha\text{tm}}$——为大气介质进入到探测器的辐射能。

如果各像素点上 $M_{\alpha} + M_{\alpha\text{tm}}$ 不相等,即使材料上各点温度和发射率相等,热图上也会有误差,影响检测的精度。因此,在检测过程中要采取一定的措施减少上面两个因素带来的测量误差。

2. 材料表面与环境对流对检测信号的影响

材料表面的对流换热将加剧材料内部的热平衡,对流将影响表面的温度变化。因此,改变材料表面的对流换热系数,计算不同对流条件下的缺陷表面温差如图 2-19 所示。由图可知:自然对流系数越大,最佳检测时间越小,最大表面温差与最佳检测灵敏度越低。由图还可以分析出对流换热系数对检测的影响很小,对流换热系数 h_c 从 $1\text{W}/(\text{m}^2 \cdot \text{K})$ 变化到 $10\text{W}/(\text{m}^2 \cdot \text{K})$,最大表面温差仅仅减少了 0.01℃,不大于最大温差的 10%,可见忽略材料表面的对流换热系数对定性的研究热波检测的原理不会造成太大的影响。而在工程应用中,一般会采取相关的措施来减少表面的对流。

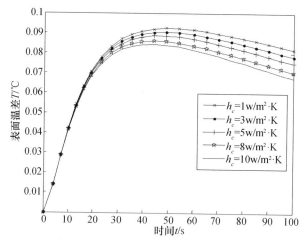

图 2-19 自然对流系数不同时最大表面温差随时间变化关系

3. 材料表面与环境辐射换热的影响

辐射换热将加快材料内部的热平衡,因此忽略表面辐射换热,所得到的最大表面温差与最佳检测时间与实际检测相比略大。因为实际的检测过程中,由于表面辐射的存在,损失了一部分热量,使得热波在材料内部的扩散更快,温度场趋于稳定的时间更短。所以,需要研究辐射换热对热波检测的影响。

当热脉冲作用于试件表面之后,一部分热能开始向试件内部传导,同时由于热辐射作用,热能还要向周围介质进行热能传递,这就造成热能的损失。必须弄清楚这种能量损失的大小,看它是否在热传导过程中占主导地位,以便对边界条件作出合理简化。

根据斯蒂芬—波耳兹曼定律,材料辐射的热流量为

$$\Phi = \varepsilon \sigma T^4 \qquad (2-33)$$

通过前面的数值分析,当脉冲作用于试件表面之后,试件表面温度迅速增加。下面计算在热脉冲作用后,由于热辐射作用而损失的能量。

首先对式(2-33)两边进行微分,得

$$\Delta \Phi = \varepsilon \sigma T^3 \Delta T \qquad (2-34)$$

式(2-34)的物理意义是在温度 T 时,温度增加 ΔT,物体的辐射能量。由于试件表面在热脉冲作用后温度的增加量相对于物体的温度(室温)可以忽略不计,所以假设此处 T 为常数。且令 $T=300\mathrm{K}$,由公式 $\Delta T(0,t) = q/2\rho c \sqrt{\pi \alpha t}$,对 $\Delta \Phi = \varepsilon \sigma T^3 \Delta T$ 进行积分,取 $\varepsilon = 1$ 得: $\Phi \approx 142.3249\mathrm{J}$,而热激励的能量为 $10000\mathrm{J}$,即由于热辐射损失的能量约为总脉冲能量的 1.5%,而实际上红外热像仪采集图像到最佳检测时间后即可,所以损失的能量更小,在计算时可以忽略不计。对于金属等导热性更好的材料在很短时间即可达到最大温差,辐射损失的能量对结果影响不大。

由上述研究可知,对流和辐射换热对检测灵敏度影响不大,但环境的反射和辐射不均匀将会导致采集的热像图含有大量的噪声。因此,检测过程中需要采取有效措施减少环境因素的影响,譬如检测场所应选择一个密闭、无风、无热源的环境中进行,可以有效降低检测误差,提高检测的灵敏度。

2.5.4 热激励源的影响分析

热激励源目前有闪光灯、超声波、激光、热风等。热激励源的加热强度及时间以及加热方式对热波检测的影响是非常大的,合适的加热强度和时间能够保证有效地激发出材料内部的缺陷。加热时间和强度对检测效果的影响如图 2-20 所示。

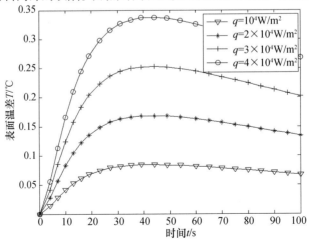

图 2-20 热流密度不同时对应的表面温差图

由图 2-20 可知:随着加热强度的增加,表面最大温差也随着增加,二者之间的关系为线性关系。事实上,由于受到加热条件的限制,再加上热流密度过大容易造成加热不均及烧坏被检对象,给图像处理带来了更大的难度。所以,需要根据材料和实际的实验条件来确定合适的加热强度。热流密度对最佳检测时间没有影响。

加热时间与表面温差的关系如图 2-21 所示。

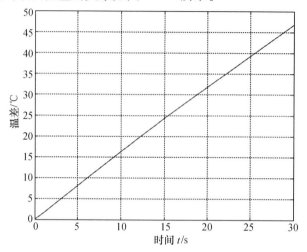

图 2-21 加热时间不同时对应的表面温差

由图 2-21 可知,二者成正比关系,需要考虑的是温度的升高不能超过材料的破坏温度。因此,并不是热激励强度和加热时间越大越好,需要根据被检测对象的特点,进行计算后选取合适的热激励条件,以达到最佳的检测效果。

2.5.5 检测对象及缺陷参数对检测效果的影响

1. 检测对象表面发射率对检测效果的影响[1]

材料表面发射率对检测结果热图的影响如图 2-22 所示。由图 2-22 可知,表面状态不均匀会导致表面发射率不一致,即便在热平衡状态时各处辐射能量也会出现差异,表现为表面的温度热图亮度不均匀,给热波检测带来不利。因此,在检测过程中需要对其表面进行处理,比如在被检测对象表面涂一层黑漆,不仅可以提高表面的发射率,还可以减少材料表面不均匀导致的测量误差。在图像处理过程中,也需要考虑利用一些算法来消除材料表面不均匀导致的误差,比如可以用微分热图法等。

2. 检测对象对检测参数的影响

不同的检测对象,如金属和复合材料等,将会产生不同的检测效果,对于金属材料,由于其传热系数比较大,热流在材料内部的传热速度很快,其最佳检测

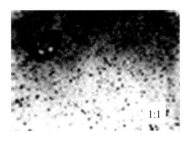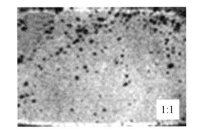

(a) 材料表面发射率不均匀导致的热图   (b) 喷涂漆层后检测效果

图 2 - 22　材料表面发射率对检测结果热图的影响对比图

时间一般只有几十个毫秒,再加上金属材料的高反射率的影响,由图 2 - 23 可知,需要进一步处理才能对缺陷进行有效的检测。复合材料热波检测效果如图 2 - 24 所示,由图可知,复合材料的传热性能适中,其最佳检测时间一般为几十秒,表面反射强度比较小,检测原始效果较好。

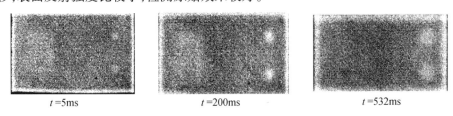

t =5ms   t =200ms   t =532ms

图 2 - 23　金属材料热波检测效果图

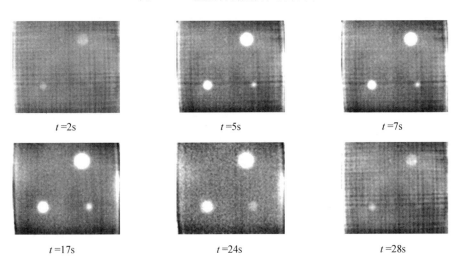

t =2s   t =5s   t =7s

t =17s   t =24s   t =28s

图 2 - 24　复合材料热波检测效果图

3. 缺陷类型与检测参数关系分析

热扩散系数代表材料的热扩散能力,不同缺陷类型可以以热扩散系数来进行区别。因此,以不同的热扩散系数建立相应的模型,代表不同的缺陷类型。材料内部含有不同热扩散系数的缺陷时对应的表面温差随时间变化关系如图2-25所示。

由图2-25可以清楚地看到:对于绝热性缺陷,缺陷的导热系数越小,即绝热性能越好,表面温差就越大,缺陷越容易被检测;对于导热性缺陷(即缺陷的热扩散系数大于材料的热扩散系数),缺陷的导热系数越大,表面温差也越大,也就是说缺陷的热扩散与材料相差比较大时,缺陷越容易检测。同时,根据热扩散系数与检测信号的关系,可以对缺陷类型进行识别,如夹杂、孔隙、积水等不同缺陷类型将对应不同的表面热图特征,夹杂和孔隙缺陷的表面对应的热斑,即表面温度较高的区域,而积水缺陷(蜂窝复合材料中经常出现的缺陷)对应的表面将出现暗斑,即表面温度较低的区域,同时根据温度异常的程度来判断缺陷的大小和深度等信息。

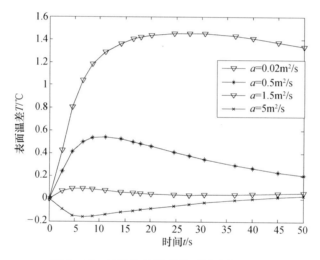

图2-25 缺陷热扩散系数不同时表面温差

4. 缺陷深度与检测参数关系分析

保持缺陷大小、类型和厚度不变,分别计算出4个不同深度缺陷及正常区域对应的表面温度随时间的变化,如图2-26所示,缺陷表面温差变化曲线如图2-27所示。由图2-26、图2-27可知:最大表面温差随着缺陷深度的增大而减小,最佳检测时间随着深度的增加而增大,最佳检测灵敏度随着缺陷深度的增大而减少。缺陷深度对表面温差的影响非常大,缺陷深度从0.5mm增加到1mm,表面温差从0.5℃降到0.2℃,降低的幅度比较大。可见,缺陷深度是影响热波检测灵敏度的重要因素。

5. 缺陷直径与检测参数的关系分析

改变缺陷直径,保持其他参数相同,计算4个不同直径对应的表面温度变

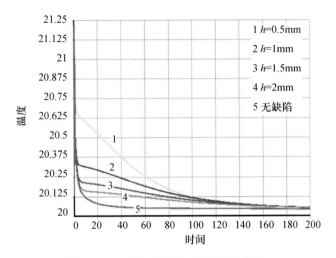

图 2 - 26　表面温度随时间的变化关系

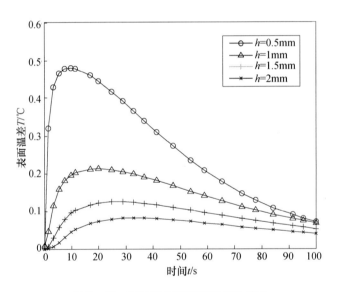

图 2 - 27　表面温差随时间的变化关系

化,结果如图 2 - 28 所示,表面温差如图 2 - 29 所示。由图可知:缺陷直径越大,最大表面温差、最佳检测时间以及最佳检测灵敏度也越大,即缺陷的直径越大,缺陷越容易被检测,在缺陷深度保持 2mm 的情况下,利用上述的检测条件,这种材料的气孔缺陷直径小于 5mm 时就很难被检测到。

6. 缺陷厚度与检测参数的关系分析

同样,建立含不同厚度的缺陷,计算表面温差如图 2 - 30 所示。由图可知:在相同的深度和直径以及相同的检测条件下,缺陷厚度越大,对应最大表面温差也越大,最佳检测时间及检测灵敏度也越大。缺陷厚度从 0.5 ~ 2mm 变化时,最

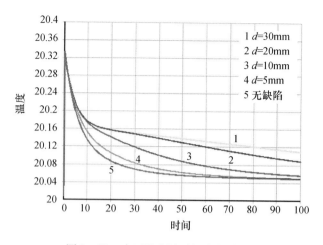

图2-28 表面温度随时间变化关系

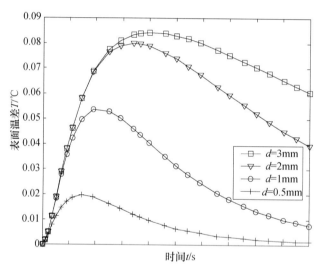

图2-29 缺陷区域温差随时间变化关系

大表面温差只增加了0.04℃,表明缺陷厚度对热波检测的影响相对缺陷深度和直径来说不是很大。

通过上面的分析可知:缺陷深度对检测灵敏度的影响程度最大,缺陷直径次之,而缺陷的厚度对检测灵敏度影响相对较小。因此,通过热波检测提取的检测信号与缺陷深度、直径以及厚度都有很大的关系,可以通过检测物理量来定量地确定缺陷的信息。

7. 缺陷形状对热波检测的影响

分别预制了3个不同形状的缺陷:圆形(直径2mm)、正方形(2mm×2mm)和长方形(1mm×4mm),其他条件均与上述情况相同。结果如图2-31所示。

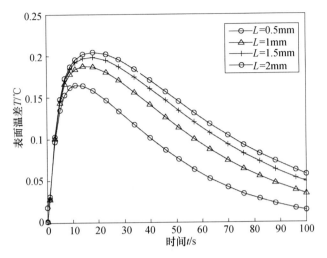

图 2-30 不同缺陷厚度对应表面温差

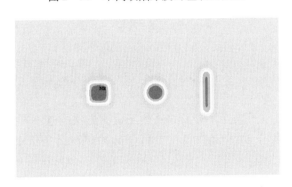

图 2-31 不同缺陷形状对应的表面温度云图

由图 2-31 可以清楚地看到:正方形缺陷对应的表面能够看到一个近似正方形的热斑;同样,圆形和长方形的缺陷也能够通过表面的热斑形状来进行推断。由于实际的缺陷形状是不规则的,所以表面的对应热斑也会由于缺陷的不规则表现为热斑的边缘模糊。

2.5.6 结论

通过深入研究影响热波检测灵敏度的因素,得出了以下结论:

(1)金属材料的热波检测受到表面的影响较大,检测结果噪声较大,需要进行进一步的处理;而表面发射率较大的材料的检测效果较好。

(2)缺陷深度越浅,尺寸越大,厚度越厚,热扩散率越小,检测的灵敏度越高,缺陷越容易被检测;缺陷深度是影响检测灵敏度的最主要的因素,所以对深层缺陷的检测是热波技术必须克服的难题。

(3)随着缺陷深度的增加,最大表面温差在一定范围内以线性速度急剧递减；缺陷直径越大，最大表面温差越大，直径达到一定程度，最大表面温差增加缓慢。

（4）缺陷越小，深度越浅，厚度越薄，最佳检测时间就越小。

（5）加热的热流强度和时间越大，检测的灵敏度越高。

（6）表面对流换热系数和表面辐射对检测灵敏度的影响不大，不超过3%，在近似计算中常可以忽略，但实际检测中的环境因素可能造成热噪声，需要采取有效措施减少环境的干扰。

由上述研究可以看出，检测物理量与上述因素之间存在着非常复杂的非线性关系，通过研究上述影响热波检测的因素，主要达到了两个目的：一是提高缺陷的热波检测灵敏度，设法减少降低检测灵敏度的因素对检测过程的影响，如环境对流、环境辐射、材料表面发射率不均匀等因素，可通过表面处理、关闭门窗、隔离其他辐射源等措施减少其影响，同时提高有利于检测的相关因素，如增强热激励源的强度、增大红外热成像系统的温度分辨率等，从而提高缺陷的检测能力；二是分析与缺陷参数有关的因素，探索它们之间的相互关系，为缺陷的定量识别提供理论依据。

2.6　小　　结

本章从热波理论出发，分析了红外热波检测方法的基本原理，基于拉普拉斯变换推导了导热微分方程的解析解，分析了脉冲热激励条件下材料的温度场分布情况，并针对含缺陷半无限大平板结构，研究了一维情况下缺陷存在对表面温度场的影响，得到了有缺陷区与无缺陷区的表面温差变化规律。根据表面温差的变化情况，实现了对缺陷的检测和识别，揭示了热波检测过程中缺陷存在对表面温度场的影响规律，为设计并优化热激励源参数提供了重要的理论依据。针对实际工程应用中矩形窄带脉冲热激励源，推导了一维理想情况下缺陷对应的表面温差公式，根据温差的变化特征建立了缺陷深度与最佳检测时间之间的定量关系，用于估算缺陷的深度，这对真实地掌握实际热波检测过程中的温度场变化情况以及实现缺陷深度的定量识别提供了重要的理论支持。

另外，针对实际工程中应用的各种材料或结构，往往难以求得其解析解，通常采用有限元数值分析的方法进行研究。本章基于有限元数值分析方法研究了红外热波检测的基本原理，同时针对金属材料、金属粘接结构以及复合材料等典型缺陷，开展了红外热波检测研究，可以看出红外热波检测方法的技术优势，同时也发现影响红外热波检测精度和定量评估的关键问题是红外热图序列的处理和分析问题。因此，最后从检测系统、环境因素、被检测对象、热激励源等多个角度分析了影响热波检测的因素，为后期的红外热图序列处理和分析提供重要的理论依据。

参 考 文 献

［1］杨正伟,张炜,田干,等.小曲率壳状粘接结构脱粘缺陷热波定量检测[J].材料工程,2010(12)：
　　39 – 43.

［2］奥齐西克 M N. 热传导[M]. 北京:高等教育出版社,1984.

［3］杨正伟.SRM 壳体粘接缺陷的热波定量识别关键技术研究[D].第二炮兵工程大学,2011.06.

［4］黄志祥.热波技术在导弹发动机无损检测中的应用研究[D].第二炮兵工程大学,2008.03.

［5］YANG Zheng – wei, ZHANG Wei, Tian Gan, SONG Yuan – jia, Li Ren – bing. Numerical Simulation and
　　Experiment for Defect Detection of Composites by Thermal Wave NDT, The 2010 International Conference
　　On Mechanical and Aerospace Engineering, April 16 – 18, 2010, Chengdu, Sichuan, China, 19 – 23.

［6］杨正伟,张炜,田干,等.复合材料热波检测影响因素的数值仿真. 系统仿真学报,2009,21(13)：
　　3918 – 3921.

第三章　热波图像序列数据的
拟合、压缩与重建方法

热波图像序列数据的拟合、压缩与重建是红外热波无损检测中的一项关键共性核心技术[1,2]。它不仅可以显著降低帧间时域噪声,减小加热不均匀的影响,提高缺陷的对比度,而且可以大大压缩存储空间、提高检测的精度与速度。同时,重建的热波图像还是后续处理的基础,是能否实现缺陷定性、定量识别的关键所在[3,4]。因此,本章首先介绍数据拟合的基本思想和拟合优度评价参数;然后讨论多项式拟合方法在红外热波图像数据处理中的应用,并通过实验进行分析;进而研究并提出三种新的红外热波图像的拟合、压缩与重建方法;最后研究并探讨一种全新的时空联合的压缩与重建方法。

3.1　数据拟合原理

在工程上与科学研究中,人们为了得到两个变量之间的关系,常常通过观察或实验的手段,取得一些实验观测数据,进而研究两者之间的数学表达式。也就是说,已知变量 x 与变量 y 之间的一些观测数据 $(x_i, y_i)(i = 1, 2, \cdots, n)$,要寻找一个函数 $\varphi(x)$,使得函数 $\varphi(x)$ 在点 $x_i(i = 1, 2, \cdots, n)$ 处的函数值 $\varphi(x_i)$ 与实验数据 y_i 能充分接近,或者满足一定的精度要求。

寻找这样一个函数的方法很多,通常采用的是插值法和拟合法。插值法要求逼近的函数必须通过所有数据节点,这就要求实验测量值是准确的,没有误差。然而,通过实验获取的观测数据通常是有误差的,不可能达到完全准确,所以运用插值法就存在两点不足。

(1) 由于插值法必须通过所有数据节点,这样将会保留原始数据的误差;

(2) 当实验数据十分庞大时,采用高次插值将引起振荡现象,而采用分段、样条等插值方法会导致插值函数的形式十分复杂[5]。

在很多情况下,为了能够反映实验数据的一般规律,并不要求逼近函数通过所有数据点,而是希望找到一个形式相对简单的函数 $y = \varphi(x)$,使得函数对所有观测数据具有良好的拟合性,即对于每个数据点 $(x_i, y_i)(i = 1, 2, \cdots, n)$,逼近函数 $y = \varphi(x)$ 在点 $x_i(i = 1, 2, \cdots, n)$ 的函数值 $\varphi(x_i)$ 与 y_i 的偏差 $r_i = \varphi(x_i) - y_i$ 在某种度量标准下达到最小化,这种函数逼近的方法就称为数据拟合,而函数表达式 $y = \varphi(x)$ 就称为拟合曲线。表 3 - 1 所列为插值与拟合这两种常见的函数逼近方法的区别。

表 3 - 1 　 插值与拟合两类函数逼近方法的比较

	插　值	拟　合
适用条件	① 给定一系列原始数据点(x_i, y_i)； ② 原始数据一般比较精确； ③ 数据量较少	① 给定一系列原始数据点(x_i, y_i)； ② 原始数据一般带有一定的误差； ③ 数据量较大
逼近函数	① 通常采用多项式作为插值函数； ② 当数据点较多时，采用单个高次多项式进行插值会引起振荡现象，因此需要采用分段、样条等插值方法，此时插值函数是一个分段函数	可以根据使用者的经验知识和实际应用需要，选择简单、合适的函数类型进行拟合，拟合函数可以是多项式、三角函数、指数函数等各种不同形式
特点	插值函数$y = \varphi(x)$必须通过所有数据点，即对任意(x_i, y_i)，有$y_i = \varphi(x_i)$	不要求拟合函数$y = \varphi(x)$一定通过数据点，而要求$\varphi(x)$能反映数据点的变化趋势，即要求偏差$r_i = \varphi(x_i) - y_i$在某种度量标准下最小
图示		

评价拟合函数$y = \varphi(x)$与原始数据之间的偏差情况通常有以下几种方法[6]，参见图 3 - 1 所示。

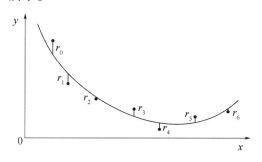

图 3 - 1 　 拟合函数$\varphi(x)$与原始数据之间偏差示意图

（1）控制最大绝对误差法，使拟合函数与各个原始数据偏差的绝对值的最大值最小，即最小化

$$\max \left| r_i \right|_{1 \leqslant i \leqslant n} = \max \left| \varphi(x_i) - y_i \right|_{1 \leqslant i \leqslant n} \tag{3-1}$$

的值。其中，原始数据为$(x_1, y_1), (x_2, y_2), \cdots, (x_n, y_n)$。

（2）控制总体绝对误差法，使拟合函数与各个数据的偏差的绝对值之和最小，即最小化

$$\sum_{i=0}^{n} \left| r_i \right| = \sum_{i=0}^{n} \left| \varphi(x_i) - y_i \right| \tag{3-2}$$

的值。

（3）控制总体方差法，使拟合函数与各个数据的偏差的平方和最小，即最小化

$$\sum_{i=0}^{n} r_i^2 = \sum_{i=0}^{n} \left[\varphi(x_i) - y_i \right]^2 \tag{3-3}$$

的值。

在实践中，方法（1）和方法（2）都由于绝对值的存在给计算带来不便，因此常常使用方法（3）作为评价拟合函数误差的标准。

3.2 拟合优度评价参数

通常，评价一个拟合的效果，不能单从直观的拟合曲线图上下结论，而要通过拟合优度评价参数值定量地评价，常见的评价参数有 SSE、MSE、RMSE、R-square 和 Adjusted R-square 等。

1. SSE（和方差）

该统计参数计算的是拟合数据和原始数据对应点的误差的平方和，其计算公式为

$$\mathrm{SSE} = \sum_{i=1}^{n} \omega_i (y_i - \hat{y}_i)^2 \tag{3-4}$$

式中，拟合数据的值为$\hat{y}_i$，原始数据的值为y_i，ω_i是加权系数。

SSE 值越接近于 0，说明模型选择及拟合效果越好，数据拟合也越成功；反之 SSE 值越大，说明拟合效果越差。

2. MSE（均方差）

该统计参数是拟合数据和原始数据对应点误差的平方和的均值，也就是 SSE/n，计算公式为

$$\mathrm{MSE} = \mathrm{SSE}/n = \frac{1}{n} \sum_{i=1}^{n} \omega_i (y_i - \hat{y}_i)^2 \tag{3-5}$$

3. RMSE(均方根)

该统计参数也叫回归系统的拟合标准差,是 MSE 的平方根。其计算公式为

$$\mathrm{RMSE} = \sqrt{\mathrm{MSE}} = \sqrt{\mathrm{SSE}/n} = \sqrt{\frac{1}{n}\sum_{i=1}^{n}\omega_i(y_i - \hat{y}_i)^2} \qquad (3-6)$$

4. R - square(确定系数)

在介绍确定系数之前,我们需要介绍另外两个参数 SSR 和 TSS,因为确定系数就是由它们两个决定的。

(1) SSR:即拟合数据与原始数据均值之差的平方和,其计算公式为

$$\mathrm{SSR} = \sum_{i=1}^{n}\omega_i(\hat{y}_i - \bar{y})^2 \qquad (3-7)$$

(2) SST:即原始数据和均值之差的平方和,其计算公式为

$$\mathrm{SST} = \sum_{i=1}^{n}\omega_i(y_i - \bar{y})^2 \qquad (3-8)$$

而确定系数是定义为 SSR 和 TSS 的比值,则有

$$\mathrm{R - square} = \frac{\mathrm{SSR}}{\mathrm{SST}} = \frac{\mathrm{SST - SSE}}{\mathrm{SST}} = 1 - \frac{\mathrm{SSE}}{\mathrm{SST}} \qquad (3-9)$$

确定系数是通过数据的变化来表征一个拟合的好坏。由上面的表达式可知,确定系数的正常取值范围为[0,1],其值越接近 1,表明拟合模型对原始数据的解释能力越强,该模型对原始数据的拟合也越好。

5. Adjusted R - square(确定系数修正值)

确定系数修正值计算公式如下

$$\mathrm{AdjustedR - square} = 1 - \frac{\mathrm{SSE}(n-1)}{\mathrm{SST}(\nu)} \qquad (3-10)$$

式中:$\nu = n - m$;ν 表示残差自由度;n 表示拟合数据量;m 表示拟合系数个数。

确定系数修正值的正常取值范围也为[0,1],同确定系数一样,其值越接近 1,表明拟合模型对原始数据的解释能力越强,该模型对原始数据拟合也越好。

3.3 基于多项式拟合的红外热波图像数据处理方法

多项式拟合是一种通用的数据拟合方法,在各个领域都得到了广泛的应用。用于红外热波图像数据的处理时,能够大大降低帧间时域噪声,减小加热不均效应,并能增强缺陷的对比度。美国 Thermal Wave Imaging(TWI)公司的 Steven M. Shepard[7,8]在这方面做了大量的工作,提出了独到的红外图像处理方法——TSR 图像重建理论,该理论根据热波传导理论,在经过线性化处理以后,采用多项式拟合方法进行图像的压缩与重建,取得了比较好的效果,并申请了相关的专

利。国内的郭兴旺、郭广平、田裕鹏等人也运用多项式拟合方法,对红外热波图像数据处理做过相关的研究工作[9-12]。在多项式拟合中,最小二乘法是最常用的方法。

3.3.1 最小二乘法

1. 最小二乘法简介

最小二乘法,又称最小平方法,是勒让德在前人解线性方程组的基础上,以整体的思想方法创立的,在统计数据处理领域有着非常重要的地位。

最小二乘法的基本思想就是要使得观测点和估计点的距离平方和达到最小,在各方程的误差之间建立一种平衡,从而防止某一极端误差,对决定参数的估计值取得支配地位,有助于揭示系统的真实的状态。这里的"二乘"指的是用平方来度量观测点与估计点的远近,"最小"指的是参数的估计值要保证各个观测点与估计点的距离的平方和达到最小。

2. 最小二乘法基本原理

设一组数据$(x_i, y_i)(i = 1, 2, \cdots, n)$,现用近似曲线$y = \varphi(x)$拟合这组数据,"拟合得最好"的标准是所选择的$\varphi(x)$在$x_i$处的函数值$\varphi(x_i)(i = 1, 2, \cdots, n)$与$y_i(i = 1, 2, \cdots, n)$相差最小,即偏差(也称残差)$\varphi(x_i) - y_i(i = 1, 2, \cdots, n)$都最小。要实现这个目标,如3.1节中所介绍的,有两种思想:一种是使所有数据中的最大偏差最小来确保每个偏差都最小,即使$\max |r_i|_{0 \leqslant i \leqslant n} = \max |\varphi(x_i) - y_i|_{0 \leqslant i \leqslant n}$最小;另一种思想是使偏差之和$\sum\limits_{i=1}^{n} [\varphi(x_i) - y_i]$最小来保证每个偏差都最小。为了避免偏差正负相互抵消,有两种方法,即使偏差的绝对值之和$\sum\limits_{i=1}^{n} |\varphi(x_i) - y_i|$最小或偏差的平方和$\sum\limits_{i=1}^{n} [\varphi(x_i) - y_i]^2$最小。由于前两种确定最小偏差的方法都用到了绝对值,不便于分析讨论,因此通常选择第三种方法,即

$$\min \sum_{i=1}^{n} r_i^2 = \min \sum_{i=1}^{n} [\varphi(x_i) - y_i]^2 \qquad (3-11)$$

这种偏差平方和最小的原则就称为最小二乘原则,而按最小二乘原则拟合曲线的方法称为最小二乘法或最小二乘曲线拟合法。

3.3.2 多项式拟合法的基本原理

假设给定数据点$(x_i, y_i)(i = 0, 1, \cdots, m)$,$\Phi$为所有次数不超过$n(n \leqslant m)$的多项式构成的函数类,现求一$p_n(x) = \sum\limits_{k=0}^{n} a_k x^k \in \Phi$,使得

$$I = \sum_{i=0}^{m} [p_n(x_i) - y_i]^2 = \sum_{i=0}^{m} \left(\sum_{k=0}^{n} a_k x_i^k - y_i \right)^2 = \min \qquad (3-12)$$

当拟合函数为多项式时,称为多项式拟合,满足式(3-12)的 $p_n(x)$ 称为最小二乘拟合多项式。特别地,当 $n=1$ 时,称为线性拟合或直线拟合。显然:

$$I = \sum_{i=0}^{m} \left(\sum_{k=0}^{n} a_k x_i^k - y_i \right)^2 \qquad (3-13)$$

为 $a_0, a_1, \cdots, a_n$ 的多元函数,因此上述问题即求 $I = I(a_0, a_1, \cdots, a_n)$ 的极值问题。由多元函数求极值的必要条件,得

$$\frac{\partial I}{\partial a_j} = 2 \sum_{i=0}^{m} \left(\sum_{k=0}^{n} a_k x_i^k - y_i \right) x_i^j = 0, \ j = 0, 1, \cdots, n \qquad (3-14)$$

即

$$\sum_{k=0}^{n} \left(\sum_{i=0}^{m} x_i^{j+k} \right) a_k = \sum_{i=0}^{m} x_i^j y_i, \ j = 0, 1, \cdots, n \qquad (3-15)$$

式(3-15)是关于 $a_0, a_1, \cdots, a_n$ 的线性方程组,用矩阵表示为

$$\begin{bmatrix} m+1 & \sum\limits_{i=0}^{m} x_i & \cdots & \sum\limits_{i=0}^{m} x_i^n \\ \sum\limits_{i=0}^{m} x_i & \sum\limits_{i=0}^{m} x_i^2 & \cdots & \sum\limits_{i=0}^{m} x_i^{n+1} \\ \vdots & \vdots & & \vdots \\ \sum\limits_{i=0}^{m} x_i^n & \sum\limits_{i=0}^{m} x_i^{n+1} & \cdots & \sum\limits_{i=0}^{m} x_i^{2n} \end{bmatrix} \begin{bmatrix} a_0 \\ a_1 \\ \vdots \\ a_n \end{bmatrix} = \begin{bmatrix} \sum\limits_{i=0}^{m} y_i \\ \sum\limits_{i=0}^{m} x_i y_i \\ \vdots \\ \sum\limits_{i=0}^{m} x_i^n y_i \end{bmatrix} \qquad (3-16)$$

式(3-15)或式(3-16)称为正规方程组。

可以证明,方程组(3-16)的系数矩阵是一个对称正定矩阵,故存在唯一解。从式(3-16)中解出 $a_k (k=0, 1, \cdots, n)$,从而可得多项式:

$$p_n(x) = \sum_{k=0}^{n} a_k x^k \qquad (3-17)$$

可以证明,式(3-17)中的 $p_n(x)$ 满足式(3-12),即 $p_n(x)$ 为所求的拟合多项式。

3.3.3 实验结果及分析

图3-2所示是一组红外热波图像序列中一帧代表性的图像,从原始数据中选取含缺陷区域和不含缺陷区域数据各一组,数据选取位置如图所示。所选取的两组数据分别含有256个温度值,其中包括施加热脉冲前的温度序列和施加热脉冲后的温度序列,分别从两组数据中选取施加热脉冲后连续的100个温度值所组成的序列作为实验数据,数据的分布情况如图3-3所示。

49

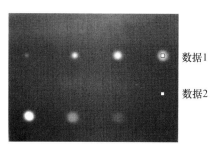

图 3 - 2　实验数据选取位置示意图

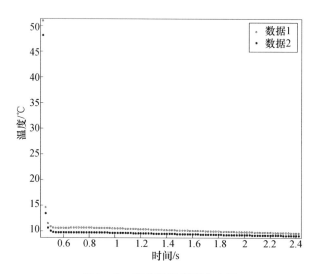

图 3 - 3　实验数据序列分布图

采用 17 阶、18 阶和 19 阶多项式分别对数据 1 和数据 2 进行拟合,得到拟合结果如图 3 - 4 ~ 图 3.9 所示,各拟合效果评价参数值如表 3 - 2 所列。

表 3 - 2　各阶次多项式拟合效果评价参数值

评价参数 \ 拟合阶次	数据 1			数据 2		
	17 阶	18 阶	19 阶	17 阶	18 阶	19 阶
SSE	33. 36	22. 01	22. 5	30. 98	20. 53	27. 95
R – square	0. 98	0. 9868	0. 9865	0. 9792	0. 9862	0. 9813
Adjusted R – square	0. 9759	0. 9839	0. 9833	0. 9749	0. 9832	0. 9768
RMSE	0. 6379	0. 5213	0. 5303	0. 6147	0. 5034	0. 5911

根据表 3 - 2 及图 3 - 4 ~ 图 3 - 9 可以看出,当采用多项式拟合法对实验数据进行拟合时,18 阶多项式拟合效果最好,而采用 19 阶多项式拟合时,末段会出现明显的波动现象。从图形及参数值可以看出,19 阶多项式拟合效果不及 18

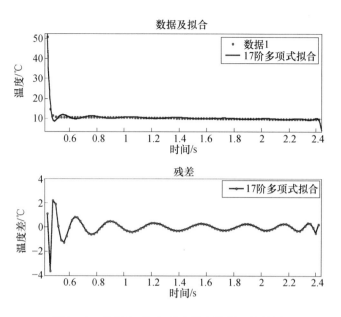

图 3-4　采用 17 阶多项式拟合数据 1 结果图

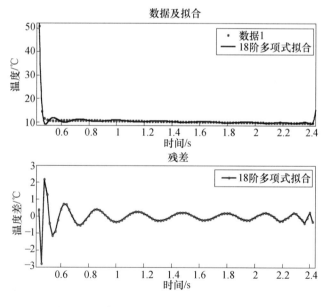

图 3-5　采用 18 阶多项式拟合数据 1 结果图

阶多项式。这就说明了当采用多项式对实验数据进行拟合时,并非多项式的阶次越高,拟合的效果就越好,当拟合阶次达到某一值时,拟合效果会最好,而超出这一值时,拟合效果反而会变得越来越差。另外,随着拟合阶次的增大,拟合系数个数也会随之增加,这样就会使得数据的压缩比降低。因此,在拟合过程中需

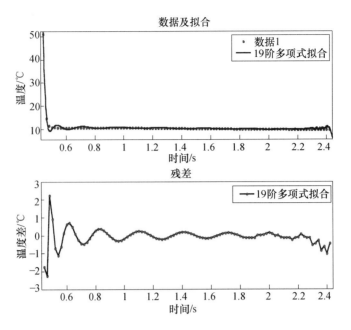

图 3-6 采用 19 阶多项式拟合数据 1 结果图

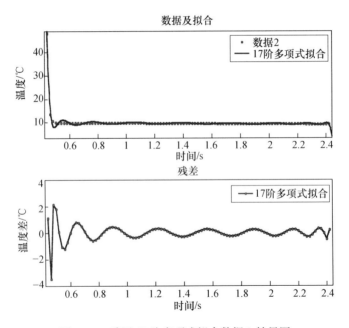

图 3-7 采用 17 阶多项式拟合数据 2 结果图

要选择合适阶次的多项式,以得到最佳的拟合效果。

综上所述,采用多项式对原始红外热像数据进行拟合时,拟合效果并不是太

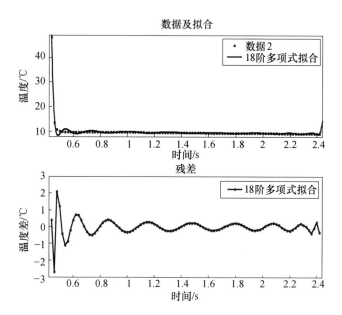

图 3 - 8 采用 18 阶多项式拟合数据 2 结果图

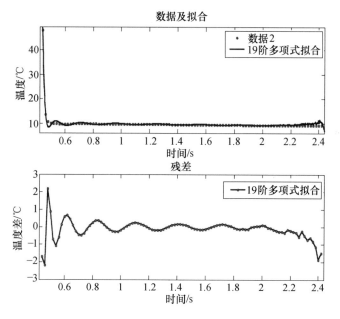

图 3 - 9 采用 19 阶多项式拟合数据 2 结果图

好,从残差曲线可以看出,前段误差较大,且整个过程都有比较明显的波动现象,不利于缺陷的定性定量识别,拟合精度还有待提高。另外,虽然 18 阶多项式拟合效果最好,但其共含有 19 个参数,参数个数相对较多,使得数据的压缩效率并不是太高。

3.4 基于红外热波理论模型的热波图像数据拟合方法

在进行曲线拟合时,如何寻找一个合适的模型来对实验数据进行拟合,是整个处理过程的关键。虽然多项式拟合法是最常用的方法,但是由上一节介绍可以知道,由于红外热波图像数据分布的非线性性,想要得到理想的拟合效果,往往需要较高阶次的拟合多项式,这样就使得拟合系数个数增加,减小了数据的压缩效率,并且多项式拟合法往往会出现波动现象,不利于缺陷的定性和定量识别,需要寻找更好的拟合模型。本节根据红外热波无损检测的理论背景,提出了基于红外热波理论模型的热波图像数据拟合方法,通过与多项式拟合法进行实验对比,可以发现在原始数据不经过任何预处理的情况下,该方法与多项式拟合法相比,在相同拟合效果下,拟合系数更少,数据压缩效率更高,具有一定的应用价值。

3.4.1 模型的提出

对于给定的任何一点的热波序列数据,要进行准确地拟合,最好的方法是知道其理论模型或经验公式。由第二章的理论分析可知,试件表面某点处在脉冲激励后,其温度—时间关系为

$$T(0,t) = \frac{C}{\sqrt{\pi\alpha t}}(1 + 2e^{-\frac{h^2}{\alpha t}}) \qquad (3-18)$$

将常数合并,重新定义 3 个待求参数 a,b,c,该公式可进一步简化为

$$y = f(x) = ax^{-\frac{1}{2}}\left[1 + 2e^{(bx^{-1})}\right] + c \qquad (3-19)$$

式(3-19)即为根据理论公式简化而来的拟合模型。

3.4.2 非线性 Levenberg – Marquardt 拟合算法

Levenberg – Marquardt 算法(简称 LM 算法)是介于牛顿法与梯度下降法之间的一种非线性优化方法,能有效地处理上述非线性参数拟合问题[13]。

考虑函数关系 $x = f(p)$,其中 $p \in R^{n \times 1}$ 是参数向量,$x \in R^{m \times 1}$ 是接近于真实值 $\bar{x}$ 的观测向量。由于存在测量误差,没有严格的函数关系,只存在估计值 $\hat{x} = f(p)$,因此需要使估计误差 $\varepsilon = x - \hat{x}$ 尽可能小,即求解如下最小化问题:

$$p_{\text{opt}} = \min_{p} \| x - f(p) \| \qquad (3-20)$$

给定一个初始解 p_k,考虑 $f(p)$ 在 p_k 点附近的一阶近似 $f(p_k + \delta_k) = f(p_k) + J_k \cdot \delta_k$,其中 J_k 是 Jacobi(雅克比)矩阵在 p_k 点的值。寻找下一个迭代点 $p_{k+1} = p_k + \delta_k$ 使得:

$$\| x - f(p_{k+1}) \| = \min_{\delta p_k} \| J_k \delta_k - \varepsilon_k \| \qquad (3-21)$$

该最小化问题本质上就是已知 J_k 和 ε_k，求解超定线性方程 $J_k \delta_k = \varepsilon_k$。根据最小二乘算法(Least - Square,LS),其 LS 解为

$$(\delta_k)_{opt} = (J_k^T J_k)^{-1} J_k^T \varepsilon_k \qquad (3-22)$$

LM 方法即是用 $\overline{N_k} = J_k^T J_k + \lambda_k I$ 代替 $N_k = J_k^T J_k$,得到:

$$(\delta_k)_{LM} = (J_k^T J_k + \lambda_k I)^{-1} J_k^T \varepsilon_k \qquad (3-23)$$

在 LM 算法中,每一次迭代是寻找一个合适的阻尼因子 λ_k, $\lambda_k I$ 称为阻尼项,当 λ_k 很小时,式(3-23)蜕化为 Gauss - Newton 法的最优步长计算式, λ_k 很大时,蜕化为梯度下降法的最优步长计算式。

3.4.3 实验结果及分析

实验数据与 3.3.3 节相同,选取缺陷区域数据 1 作为本实验的数据,为了进行对比实验,分别采用理论模型及多项式对同一组数据进行拟合,并对两种方法进行对比。对比实验的结果如图 3-10 和图 3-11 所示,表 3-3 给出了各拟合效果评价参数值,以便定量地进行对比。

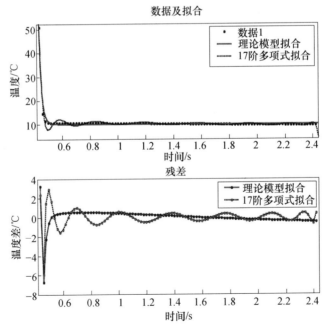

图 3-10 理论模型与 17 阶多项式拟合效果对比图

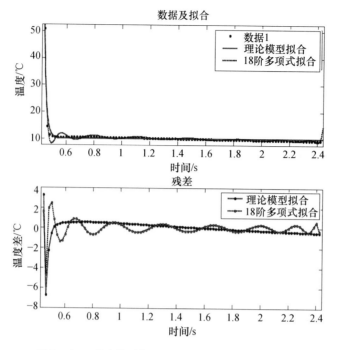

图 3 - 11　理论模型与 18 阶多项式拟合效果对比图

表 3 - 3　理论模型与 17 阶、18 阶多项式拟合效果评价参数值

评价参数	理论模型	17 阶多项式	18 阶多项式
SSE	24.64	33.36	22.01
R - square	0.9852	0.98	0.9868
Adjusted R - square	0.9849	0.9759	0.9839
RMSE	0.504	0.6379	0.5213

　　通过表 3 - 3 及图 3 - 10 和图 3 - 11 可知,针对同一组实验数据,理论模型的拟合效果介于 17 阶多项式和 18 阶多项式之间,且更接近于 18 阶多项式,基本与 18 阶多项式的拟合效果相当。但在拟合效果相当的情况下,理论模型只有 3 个参数,而 18 阶多项式含有 19 个参数,理论模型的数据压缩效率明显高于 18 阶多项式。另外,正如 3.3.3 节分析的那样,采用多项式拟合法对实验数据进行拟合时,拟合曲线会出现周期性的波动现象,这一现象在残差曲线中表现得更加明显和直观。而采用理论模型进行拟合时,除少数点拟合误差相对较大外,大部分拟合曲线比较平稳,不会出现周期性的波动,更有利于后期缺陷的定性定量识别。但理论模型也有一定局限,即模型相对固定,不能像多项式拟合那样通过增加模型的阶次,即增加拟合参数的个数,来提高拟合的效果,只能通过改进拟合算法来进一步提高拟合的优度,因此相对来说比较困难。

综上所述,虽然多项式拟合法和理论模型拟合法都能够较好地拟合原始红外热像数据,但两种方法的拟合优度并不是太高,即便是拟合效果相对最好的18阶多项式,其确定系数值也只能达到0.9868,相对来说误差仍然较大,还有待于进一步提高。并且实验中还可以发现随着实验数据的增多,拟合误差会越来越大。因此,如何在不影响数据压缩效率的前提下,寻求一种更优的红外热像数据拟合方法,是一个需要更加深入研究的问题。

3.5 基于遗传算法的热波图像序列数据拟合

在实际应用中,不管是多项式拟合还是热波模型拟合都存在一定的问题。首先多项式最小二乘法拟合出的阶次是很难被准确知道的,一个不准确的模型阶次很难保证得到很好的拟合结果;其次热波模型 LM 拟合本质上是一个迭代过程,其迭代结果与初值的选取有很大关系,且容易陷入局部最优解。因此,需要研究更为先进的拟合算法。

遗传算法是一种全局搜索寻优技术。它根据生物学中遗传与进化的原理,仿效基因、染色体等物质表达所研究的问题,遵循达尔文物竞天择、适者生存原则,使随机生成的初始解通过复制、交换、突变等遗传操作不断迭代进化,逐步逼近最优解。从实质上讲,遗传算法是生物科学与工程技术相结合的一门边缘学科。它适用于处理传统搜索方法难于解决的复杂和非线性问题。遗传算法的整体搜索策略和优化搜索方法在计算过程中不依赖于梯度信息或其他辅助知识,而只需要影响搜索的目标函数和相应的适应度函数,所以遗传算法提供了一种求解复杂系统的通用框架。

3.5.1 热波图像序列数据拟合方法

遗传算法是一种全局优化算法,求解过程完全由适应度函数,也即目标函数确定,不依赖梯度信息,不要求可导,特别适合于处理传统搜索算法解决不了的复杂和非线性问题。从本质上讲,曲线拟合是一个最优化问题,即找到合适的系数,使得拟合曲线和原始曲线之间的误差最小。为此,利用遗传算法来搜索最优化拟合参数,找到最佳的降温拟合曲线,是一条可行的解决方法。

由于曲线拟合时,是以拟合误差的平方和作为目标函数的,因而适应度函数可选用实验数据与拟合曲线得到的数据的偏差的平方和[14],即

$$ER = \sum_{i=1}^{m} \delta_i{}^2 = \sum_{i=1}^{m} \left[\varphi(x_i) - y_i \right]^2 \qquad (3-24)$$

因为遗传算法要求适应度函数非负,且目标函数的优化方向应对应着适应度值增大的方向,所以将目标函数 ER 映像为适应度函数 $f(fit)$ 的映射关系为[15]

$$f(fit) = \begin{cases} C - ER & ER < C \\ 0 & 其他 \end{cases} \qquad (3-25)$$

式中,C 是一个足够大的数。

遗传算法原理可以参考 5.3 节,基于遗传算法的热波数据拟合步骤可描述如下。

(1)计算拟合系数。以实际采集到的热像序列中每一像素点处的辐射值(灰度值)和对应的采集时间作为待拟合数据,利用遗传算法进行曲线拟合,得到每个像素点对应的拟合系数 $a_0, a_1, \cdots, a_n$ 和最佳拟合次数 n。

(2)利用上面得到的各个拟合系数,根据式(3-17)就可以恢复出给定点的相应的热像序列。

(3)在获取各个点的拟合曲线后,可以采取如下两种策略:

① 比较不同点处拟合曲线的拟合系数,当二者的降温曲线明显一致,只是初始值不同,即拟合系数的常数项不同,则可以认为二者具有同样的降温特性,根据基准点对其进行修正,从而实现加热不均匀的消除。

② 有缺陷区和无缺陷区的降温曲线的形状是有差别的,对获取的拟合曲线对时间进行求导,即可得到一阶和二阶导数,从而求出系数图。由于一次项以上的系数和加热不均没有直接的关系,因此系数图对消除加热不均效应有一定的效果,能够实现热波图像的增强和消噪。

本算法不仅可用于多项式拟合,也可用于热波理论模型等其他拟合法,只需将拟合公式换成式(3-19)即可。

3.5.2 实验结果及分析

如图 3-12 所示为一组实验中原始图像对比度较好的第 58 帧热波图像,从图中可以看出,右下角和左上角缺陷显示比较模糊,右上角缺陷几乎无法看到。此外,图右下角的灰度值明显高于左上角,即存在加热不均的现象。

(a) 第58帧热图　　　　　　　　(b) 典型温度点选取

图 3-12　第 0.96s(58 帧)图像及典型温度点选取示意图

实验中,选取待拟合点相邻的 5×5 区域的平均值作为该点的实际测量值。图 3-13 是根据原始数据绘制的降温曲线示意图,从图中可以看出,降温曲线趋势虽然是下降状态,但曲线很不光滑,存在噪声的干扰,而且由于前期降温速度很快,采样频率不够,曲线存在锯齿现象。图3－14为经过遗传算法拟合后得到的最佳降温拟合曲线,曲线十分平滑,噪声得到很大程度的消除。

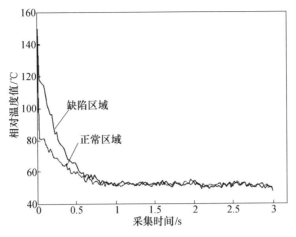

图3－13　拟合前两典型点降温曲线

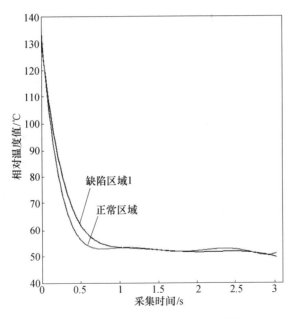

图3－14　拟合后两典型点降温曲线

图3－15为缺陷区域1和缺陷区域2处的降温曲线对比图,通过比较降温曲线拟合系数发现,右下角区域的拟合系数和左上角的拟合系数十分接近,仅仅是常数项不同,表明存在加热不均匀的现象。将右下角区域的拟合系数用左上角最相近的数据进行替换,并进行对比度调整等处理得到的最终结果如

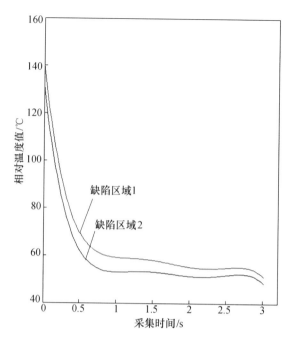

图 3-15 缺陷 1 和缺陷 2 的降温曲线比较

图 3-16 所示。从图中可以看出,加热不均匀现象得到明显的消除,图像对比度显著提高。

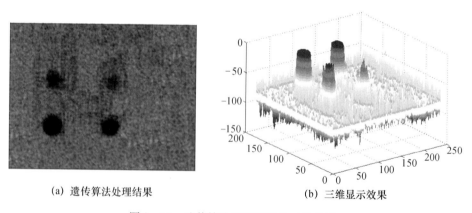

(a) 遗传算法处理结果　　　　　　　　　(b) 三维显示效果

图 3-16　遗传算法处理结果及三维显示

3.6　基于差分进化的拟合方法热波图像处理

差分进化算法是一种新的自适应全局优化算法,与一般的进化算法相比,因其具有结构简单、容易实现、收敛快速、鲁棒性强等特点,近年来得到了广泛的研究。将差分进化算法应用到红外热波图像数据处理中,结合双指数衰减模型,提出了一种新的热波图像拟合处理方法,通过实验验证和对比,取得了良好的效果[1,27]。

3.6.1 差分进化算法

1. 差分进化算法的提出

差分进化算法(Differential Evolution,DE)由 Storn 和 Price 于 1995 年首次提出[16-18],主要用于求解实数优化问题。该算法是一类基于群体的自适应全局优化算法,属于演化算法的一种,由于其具有结构简单、容易实现、收敛快速、鲁棒性强等特点,因而被广泛应用在数据挖掘、模式识别、数字滤波器设计、人工神经网络、电磁学等各个领域[19-21]。1996 年在日本名古屋举行的第一届国际演化计算(ICEO)竞赛中,差分进化算法被证明是速度最快的进化算法。

和遗传算法一样,差分进化算法也是一种基于现代智能理论的优化算法,通过群体内个体之间的相互合作与竞争产生的群体智能来指导优化搜索的方向。该算法的基本思想是:从一个随机产生的初始种群开始,通过把种群中任意两个个体的向量差与第三个个体求和来产生新个体,然后将新个体与当代种群中相应的个体相比较,如果新个体的适应度优于当前个体的适应度,则在下一代中就用新个体取代旧个体,否则仍保存旧个体。通过不断地进化,保留优良个体,淘汰劣质个体,引导搜索向最优解逼近。

为了使更多研究者了解和研究差分进化算法,Storn 和 Price 于 1997 年建立了差分进化算法的官方网站,该网站的建立得到了广大研究者的关注和支持,为相关人员进行差分演化算法的理论和应用研究提供了极大的方便。此外,Storn和 Price 在差分进化算法上没有申请任何形式的专利,这也为推动差分进化算法的研究和应用起到了重要的作用[15]。

2. 差分进化算法原理

差分进化算法作为进化算法的一种,具有与其他进化算法相似的流程,其流程图如图 3 - 17 所示,需要进行种群初始化、个体适应值评价、通过遗传算子对群体进行进化等。其具体进化流程如下[22]。

(1) 确定差分进化算法控制参数,确定适应度函数。差分进化算法控制参数包括:种群大小 NP、缩放因子 F 与杂交概率 CR。

(2) 随机产生初始种群。

(3) 对初始种群进行评价,即计算初始种群中每个个体的适应度值。

(4) 判断是否达到终止条件或进化代数达到最大。若是,则终止进化,将得到最佳个体作为最优解输出;若否,继续。

(5) 进行变异和交叉操作,得到中间种群。

(6) 在原种群和中间种群中选择个体,得到新一代种群。

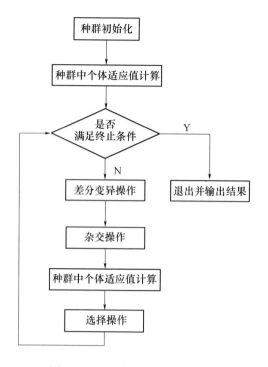

图 3 - 17 差分进化算法流程图

（7）进化代数 $g = g + 1$，转步骤（4）。

1）生成初始种群

初始种群可以表示为：$\{ x_i(0) \mid x_{j,i}^{\min} \leqslant x_{j,i}(0) \leqslant x_{j,i}^{\max}; i = 1, 2, \cdots, NP; j = 1, 2, \cdots, D \}$，其个体生成公式如下：

$$x_{j,i}(0) = x_{j,i}^{\min} + \text{rand}(0,1) \cdot (x_{j,i}^{\max} - x_{j,i}^{\min}) \qquad (3 - 26)$$

在式（3 - 26）中，NP 代表种群中个体数目，$x_{j,i}(0)$ 代表初始种群中第 i 个个体的第 j 维分量。$\text{rand}(0,1)$ 表示随机函数，取值区间为 $[0,1]$。

2）变异操作

差分进化算法的个体变异是通过差分变异策略来实现的，基本差分变异策略通过随机选取种群中两个互不相同的个体，将两个个体的向量差加权后与当前个体相加，公式表示为

$$DE/\text{rand}/1：v_i(g + 1) = x_{r1}(g) + F \cdot [x_{r2}(g) - x_{r3}(g)] \qquad (3 - 27)$$

在公式（3 - 27）中，$i \neq r1 \neq r2 \neq r3$；$F$ 为缩放因子；$x_i(g)$ 表示第 g 代种群中的第 i 个个体。其变异过程如图 3 - 18 所示。

具体操作如下。

除基本变异策略以外，DE 研究者还设计了其他变异策略，为区别这些策

62

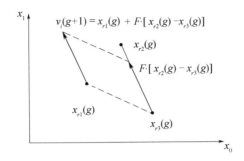

图 3 - 18　二维变异过程示意图

略,采用"$DE/a/b$"来表示,其中"DE"表示差分进化算法;"a"代表基向量的选择方式,一般有 rand 和 best 两种;"b"表示策略中差分向量的个数。在多个变异策略中比较常用的有:$DE/\text{best}/1$:

$$v_i = x_{\text{best}} + F \cdot (x_{r2} - x_{r3}) \qquad\qquad (3-28)$$

$DE/\text{rand}/2$:

$$v_i = x_{r1} + F \cdot (x_{r2} - x_{r3}) + F \cdot (x_{r4} - x_{r5}) \qquad (3-29)$$

$DE/\text{current}-\text{to}-\text{best}/1$:

$$(v_i = x_i + F \cdot (x_{\text{best}} - x_i) + F \cdot (x_{r2} - x_{r3}) \qquad (3-30)$$

$DE/\text{rand}-\text{to}-\text{best}/1$:

$$v_i = x_{r1} + F \cdot (x_{\text{best}} - x_{r1}) + F \cdot (x_{r2} - x_{r3}) \qquad (3-31)$$

其中,x_{best} 为当前种群的最优个体;x_i 为父个体;$r1 \neq r2 \neq r3 \neq r4 \neq r5 \neq i$ 为种群中随机选择的 5 个个体;v_i 是变异向量;$x_{r2} - x_{r3}$ 为差分向量;$F \in [0,1)$ 为缩放因子,用于对差分向量进行缩放,从而可以控制搜索步长。

3)交叉操作

对变异得到的中间个体 $x_i(g+1)$ 进行交叉操作:

$$u_{j,i}(g+1) = \begin{cases} u_{j,i}(g+1) & \text{if} \big(\text{rand}(0,1) \leqslant CR \text{ or } j = j_{\text{rand}} \big) \\ x_{j,i}(g) & \text{otherwise} \end{cases} \quad (3-32)$$

在公式(3-32)中,CR 是交叉概率,j_{rand} 为区间 $[1,D]$ 中的一个随机整数。这种交叉策略可以确保个体 $u_{j,i}(g+1)$ 中含有个体 $x_{j,i}(g)$ 的内容。其交叉过程如图 3-19 所示。

4)选择操作

差分进化算法通过变异和交叉产生子种群之后,采用一对一选择方式将子个体与相应的父个体进行比较,根据适应度值选取较优的个体进入下一代种群。其选择算子可以描述为

$$x_i(g+1) = \begin{cases} u_i(g+1) \ \text{if} f(u_i(g+1)) \leqslant f(x_i(g)) \\ x_i(g) \qquad\qquad \text{otherwise} \end{cases} \tag{3-33}$$

式中，$f(x_i(g))$为个体$x_i(g)$的适应值。

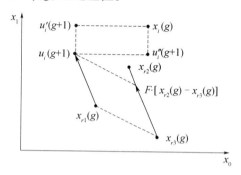

图3-19　二维交叉过程示意图

3. 控制参数对算法性能的影响

从前面的介绍可以看出，差分进化算法有3个控制参数，即种群大小NP、缩放因子F、交叉概率CR。一般而言，这些控制参数会影响算法搜索最优解和收敛速度，针对不同的问题需要进行不同的设置。各个参数对算法性能的影响可以简要归纳如下。

（1）种群大小NP的影响。较大种群会增加种群个体的多样性，加大搜索空间，增加搜索到最优解的可能性，但同时会降低收敛速度；而较小种群则会加快算法收敛，但容易导致算法局部收敛或停止进化。

（2）缩放因子F的影响。F用于控制搜索步长。较小的F值会加速算法收敛，但容易使算法局部收敛。因此，为了避免早熟，不应将F值设置太小。较大的F值会增加算法跳出局部最优解的可能性，但是当$F>1$时会降低收敛速度。

（3）交叉概率CR的影响。CR值的设置主要取决于所求解的问题，一般来说，对于自变量相互之间独立的问题，CR可设置较小的值，而对于自变量相互依赖的问题，则CR应设置较大的值。

3.6.2　双指数衰减模型

双指数衰减模型可以有效描述光滑雷电全波波形、激发极化电位测井中的极化电位和高空核电磁脉冲波形等物理过程[23-25]，并在其他领域也得到了较好的应用。

根据自变量的个数，双指数函数模型可以分为一元和两元两种形式，其中一元形式常见的是四参数模型，两元形式常见的是三参数模型。两种模型应用到非线性优化问题时，可以分别作如下描述[26]。

1. 一元四参数双指数衰减模型

已知数据集 $\{(x_i, y_i) \mid i = 1, \cdots, n\}$，试拟合数学模型 $y = ae^{-bx} + ce^{-dx}$ 中的系数 a, b, c, d。该问题可转化为无约束非线性优化问题。即

$$\min \sum_{i=1}^{n} (ae^{-bx_i} + ce^{-dx_i} - y_i)^2 \qquad (3-34)$$

在一些实际应用中要求 a, b, c, d 非负，这时可以转化为有约束非线性优化问题。

$$\min \sum_{i=1}^{n} (ae^{-bx_i} + ce^{-dx_i} - y_i)^2 \quad (a, b, c, d \geqslant 0) \qquad (3-35)$$

2. 两元三参数双指数衰减模型

已知数据集 $\{(x_i, y_i, z_i) \mid i = 1, \cdots, n\}$，试拟合数学模型 $z = a(e^{-bx} + e^{-cy})$ 中的系数 a, b, c。该问题同样可转化为无约束非线性优化问题。即

$$\min \sum_{i=1}^{n} (ae^{-bx_i} + ae^{-cy_i} - z_i)^2 \qquad (3-36)$$

当要求 a, b, c 非负时，同样可以转化为有约束非线性优化问题。

$$\min \sum_{i=1}^{n} (ae^{-bx_i} + ae^{-cy_i} - z_i)^2 \quad (a, b, c \geqslant 0) \qquad (3-37)$$

利用双指数函数模型进行拟合时，通常采用高斯牛顿法、共轭梯度法、阻尼最小二乘法等方法，但这些算法都依赖于初值的选取，难以获得全局最优解，收敛速度较慢，甚至可能发散。将差分进化算法应用到双指数拟合中，能较好地解决一元四参数双指数和两元三参数双指数拟合问题，与传统优化算法相比，不受初值的影响，具有全局收敛性，收敛速度也明显提高。

3.6.3 基于差分进化算法的双指数模型拟合法

在实验研究过程中，我们发现采用双指数模型对红外热波图像数据进行拟合时，可以得到很好的拟合效果，并且拟合系数较少，能够大大节省存储空间。当与差分进化算法相结合时，能够避免对初值的依赖，实现全局收敛，同时拟合速度也得到明显的提高。因此，我们提出了基于差分进化算法的红外热像数据双指数拟合方法，其拟合流程如图 3-20 所示，具体实施过程如下。

（1）确定差分进化算法控制参数，即种群大小 NP、杂交概率 CR、缩放因子 F，并设置最大迭代次数 Gm 及收敛判定条件。

（2）根据双指数衰减模型构建适应度函数 $y = \sum_{i=1}^{n} (ae^{-bx_i} + ce^{-dx_i} - y_i)^2$，其中数据集 $\{(x_i, y_i) \mid i = 1, \cdots, n\}$ 为已知。

（3）随机产生初始种群，其种群大小为 NP，并根据适应度函数确定种群中

每个个体的维数为4。

（4）计算初始种群中每个个体的适应度值。

（5）判断是否达到收敛判定条件或最大进化代数。若是，则终止进化，转步骤（9）；若否，继续。

（6）根据所确定的变异策略，从上一代种群（第一代为初始种群）中随机选择相应数量的个体，进行变异和交叉操作，得到中间种群。

（7）计算初始种群和中间种群中每个个体的适应度值，并进行一对一比较，选择各组中适应度值较小的个体组成新一代种群。

（8）进化代数 $g = g + 1$，转步骤（5）。

（9）选取达到收敛判定条件或最大进化代数的适应度值最小的个体，作为双指数衰减模型中参数 a, b, c, d 的取值。

（10）将 a, b, c, d 的值代入双指数函数 $f(x_i) = ae^{-bx_i} + ce^{-dx_i}$ 中，通过已知的 $x_i (i = 1, 2, \cdots, n)$ 值计算出拟合值 $f(x_i)$，并绘制拟合曲线。

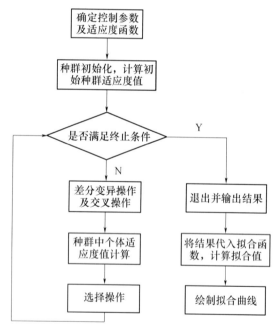

图 3 - 20 基于差分进化算法的双指数模型拟合方法流程图

3.6.4 实验结果及分析

本次实验数据仍然同3.3.3节，同样选取缺陷区域数据1作为本次实验的数据，为了进行对比实验，分别采用理论模型、18阶多项式和双指数模型，对同一组数据进行拟合，以直观地比较三种拟合方法的效果，并通过拟合效果评价参数值对三种方法的拟合优度进行定量分析。三种方法的拟合结果分别如图 3 – 21 ~ 图 3 – 23 所示。

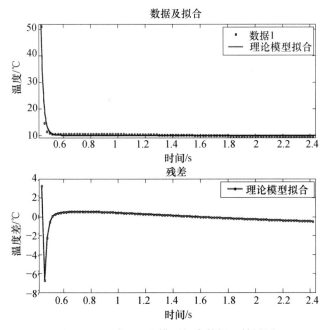

图 3 – 21　采用理论模型拟合数据 1 结果图

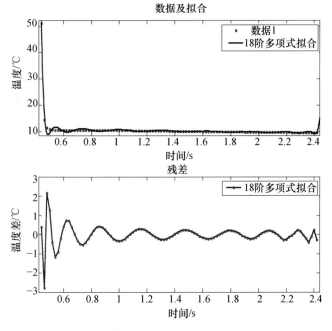

图 3 – 22　采用 18 阶多项式拟合数据 1 结果图

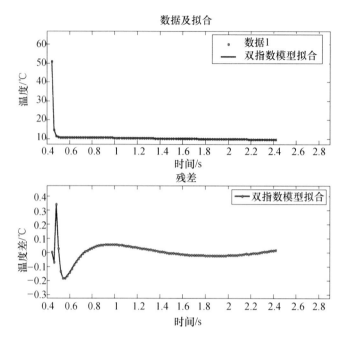

图 3 – 23　采用双指数模型拟合数据 1 结果图

三种方法的拟合效果评价参数值如表 3 – 4 所列。

表 3 – 4　理论模型、18 阶多项式及双指数模型拟合效果评价参数值

评价参数	理论模型	18 阶多项式	双指数模型
SSE	24.64	22.01	0.35
R – square	0.9852	0.9868	0.9999
Adjusted R – square	0.9849	0.9839	0.9997
RMSE	0.504	0.5213	0.0588

根据图 3 – 21 ~ 图 3 – 23 及表 3 – 4 可知,对同一组实验数据,三种拟合方法中双指数衰减模型的拟合精度显著高于其他两种方法,且该模型只有 4 个参数,用于热波图像序列的压缩,其压缩效率也相当高。

此外,研究中我们还发现对于较长的数据序列,双指数衰减模型同样能够达到相当高的拟合精度,这一点是多项式拟合法和理论模型法无法实现的。

为了验证这一发现,我们用预埋缺陷钢壳体试件,进行实验,在施加高能闪光热激励以后,采集 600 帧的连续热波图像,选取一个代表性的像素点的温度序列,构建两个起点相同、长度分别为 250 点和 500 点的连续数据序列,采用基于差分进化算法的双指数衰减模型,对这两组数据进行拟合,其中差分进化算法变异策略采用 $DE/best/1$:$v_i = x_{best} + F \cdot (x_{r2} - x_{r3})$,设置种群大小 NP 为 40,交叉

概率 CR 为 0.9,缩放因子 F 为 0.5,最大迭代数为 1000。拟合结果如图 3 – 24 和图 3 – 25 所示。

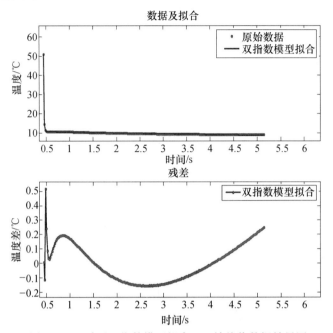

图 3 – 24　采用双指数模型拟合 250 帧热像数据结果图

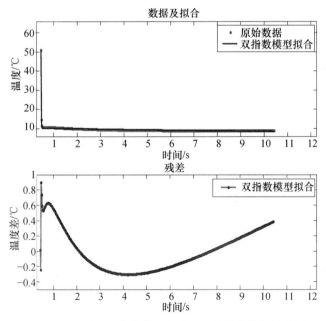

图 3 – 25　采用双指数模型拟合 500 帧热像数据结果图

两组实验数据的拟合效果评价参数值如表 3 – 5 所列。

表 3 – 5　双指数模型拟合 250 帧和 500 帧热像数据效果评价参数值

评价参数	250 帧热像	500 帧热像
SSE	3.86	35.27
R – square	0.9989	0.9907
Adjusted R – square	0.9978	0.9815
RMSE	0.1279	0.2656

根据图 3 – 24、图 3 – 25 及表 3 – 5 可以看出,基于差分进化算法的双指数衰减模型拟合方法在拟合长序列热像数据时,同样可以达到很高的拟合精度,相对来说误差很小,并且拟合曲线比较平稳,不会出现波动现象,而理论模型拟合法和多项式拟合法则无法达到这样的拟合效果。因此,基于差分进化算法的双指数模型拟合方法是一种高效的红外热像数据拟合方法。

同时,在实验中还发现,如果给双指数模型加上一个常数项 h 作为修正参数,即将模型变为 $y = ae^{-bx} + ce^{-dx} + h$ 的形式,能够进一步提高拟合精度,减小拟合误差。图 3 – 26 所示为采用添加修正参数后的模型拟合 500 点热像数据的结果。表 3 – 6 列出了两种模型拟合效果评价参数值。

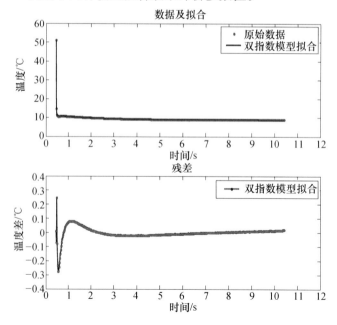

图 3 – 26　采用添加修正参数后双指数模型拟合 500 帧热像数据结果图

表 3 – 6　原始模型与修正模型拟合 500 帧热像数据效果评价参数值

评价参数	原始模型	修正后模型
SSE	35.27	0.89
R – square	0.9907	0.9998
Adjusted R – square	0.9815	0.9995
RMSE	0.2656	0.0422

通过对比图 3 – 25、图 3 – 26 及表 3 – 6 中的拟合效果评价参数值,可以很直观地看出经过添加常数项参数进行修正后的双指数模型在进行红外热像数据拟合时,虽然增加了一个拟合系数,但是使得拟合误差大大减小,拟合精度得到明显提高。

综上所述,基于差分进化算法的双指数模型拟合法是一种精度高、速度快的红外热波图像数据处理方法,具有很高的实际应用价值。

3.7　热像序列的时空联合压缩与重建

前面三节提出的热波序列拟合算法虽然提高了拟合精度,减少了拟合参数,降低了对初值的依赖性,使大范围收敛成为可能,但这些方法也存在计算量大、处理时间长的缺陷,无法满足工程实际需求[1]。特别是近年来新型高精度热像仪的大量出现,其空间分辨率已由原来的 320×240 发展到 640×480,甚至 1024×768 个像素,需拟合处理的像素序列成 $4 \sim 10$ 倍的增长,数据拟合和图像压缩处理的时间也同等增长,这些拟合方法根本无法满足工程上现场无损检测的需要。

正是基于这一考虑,我们将空间域的压缩也融合进来,提出了两种全新的红外热波图像序列时空联合压缩处理方法,并用带有预埋缺陷的两种不同材料的试件进行试验和对比研究[28,29]。

3.7.1　时空压缩与重建的基本原理

由于红外热波图像序列是来自固定视场的无损检测,即检测过程中图像的位置是不发生变化的,因此对于整个图像序列来说,各帧图像上每个像素点的位置是前后一一对应的。如果取图像上某一个像素点作为研究对象,对于整个图像序列而言,得到的将是一个完整的时间序列,时间序列上的每一个值对应着图像序列中某帧图像该像素点的温度值或热辐射密度值。

红外热像数据序列作为一类特殊的时间序列,有其自身的特点。图 3 – 27 所示为一帧典型的脉冲热像和 3 个代表性序列的采样点位置。图 3 – 28 所示为试件 3 个采样点表面温度变化曲线。三条曲线从上到下依次为缺陷区域 1、缺陷区域 2 和无缺陷区域中某像素点的降温曲线。可以发现试件表面受到瞬时脉冲热激励后,表面温度首先迅速上升,随后在经历快速降温段和平稳降温段之后,温度逐渐趋于稳定,直至最后重新达到热平衡。其温度的下降过程大致可以分为 3 个阶段:快速降温段、平稳降温段、温度稳定段。可以看出,含缺陷区域和不含缺陷区域温度变化差异最大的阶段就在快速降温段和平稳降温段。

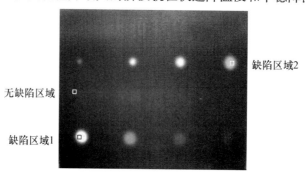

图 3-27　一帧典型热像和 3 个数据序列采样位置

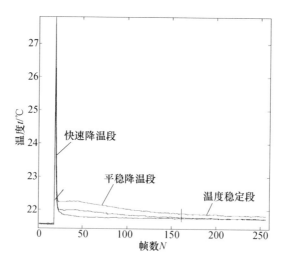

图 3-28　脉冲热激励后试件表面温度变化曲线

　　可以发现平稳降温段是最具代表性的过程,在该段温度变化区域内有缺陷区域和无缺陷区域曲线变化趋势差异较大,并且不同缺陷区域曲线变化趋势也不相同,各位置的温度变化曲线维持在各自的水平,相互间不会存在交叉现象。因此,利用该段各曲线的特征,可以准确地将曲线区分开来,区分出不同性质或缺陷的区域。这一规律奠定了脉冲热像序列的时空联合压缩与重建的一个重要的理论基础。

　　热像序列的时空联合压缩的基本思想主要包括如下三方面。首先,对热波图像上所有像素点所在的时间序列进行分类,将特征相似的序列归为一类,同时记录下各序列所代表的像素点在原始图像当中的位置,并选取各类中最具代表性的序列替代类内所有序列,或求出类内所有序列的平均序列,用平均序列替代类内所有序列;其次,用数据拟合算法对各类序列进行拟合,获得各序列的参数,并将序列位置信息和相关参数作为热像序列的压缩参数进行存储;最后根据所记录的位置信息、序列类别、拟合模型和拟合参数,重建热波图像序列。

3.7.2 基于 K – means 算法的时空压缩与重建方法

1. K – means 算法的基本原理

K – means 算法又称为 K 均值算法,是基于距离度量的一种动态聚类方法,在科学研究和工业生产中得到了广泛的应用。

K – means 算法的基本思想是:给定一个包含 n 个数据序列对象的数据库,以及要生成类的数目 k,随机选取 k 个对象作为初始的 k 个聚类中心;然后计算剩余各个样本到每一个聚类中心的距离,把该样本归到离它最近的那个聚类中心所在的类,对调整后的新类使用平均值的方法计算新的聚类中心;如果相邻两次的聚类中心没有任何变化,说明样本调整结束且聚类均方误差准则函数已经收敛。在算法迭代中各类内部的平方误差总和不断减小,最终收敛至一个固定的值。

K – means 算法的过程可以描述如下。

输入:对象或序列类的数目 k。

输出:使得平方误差准则最小的 k 个类。

(1)从整个样本 n 中,任意选择 k 个对象作为初始的簇的中心 $m_i(i=1,2,\cdots,k)$。

(2)利用公式(3 – 38),计算数据集中的每个样本 p 到 k 个类中心的距离 $d(p,m_i)$,

$$d(i,j) = \sqrt{(x_{i1} - x_{j1})^2 + (x_{i2} - x_{j2})^2 + \cdots + (x_{in} - x_{jn})^2} \quad (3 – 38)$$

式中,$x_{i1},x_{i2},\cdots,x_{in}$ 和 $x_{j1},x_{j2},\cdots,x_{jn}$ 是两个 n 维数据对象。

(3)找到每个对象 p 的最小的 $d(p,m_i)$,将 p 归入到与 m_i 相同的类中。

(4)遍历完所有对象之后,利用公式(3 – 39)重新计算 m_i 的值,作为新的类中心。

$$m_k = \sum_{i=1}^{N} x_i / N \quad (3 – 39)$$

式中,m_k 代表第 k 个类的类中心;N 代表第 k 个类中数据对象的个数。

(5)重新将整个数据集中的对象赋给最类似的类,反复进行以上步骤直至平方误差总和 E 最小。E 的计算方法如式(3 – 40)所示:

$$E = \sum_{i=1}^{k} \sum_{p \in C_i} |p - m_i|^2 \qquad (3-40)$$

式中,E 表示所有对象的平方误差的总和;p 表示空间中的对象;m_i 表示簇 C_i 的平均值。

实际分类过程中,由于热像温度曲线具有近似双指数衰减的规律,因此分类时通常只选择序列的某个时间段的,这样可以大大减少计算的工作量。

2. 热像时空联合压缩算法

基于 K-means 算法的热波图像序列全局压缩过程可描述如下:

(1)由于红外热像序列是固定视场检测,即检测位置不发生变化,因此,假设所采集的热波图像分辨率为 $m \times n$,即有 $m \times n$ 个像素点,图像序列长度为 l。根据某一读取规则(可以按列读取,也可按行读取),依次读取各像素点的温度值或热辐射值,并记录各像素点的位置信息,可以得到 $m \times n$ 个长度为 l 的时间序列,每一个序列代表一个像素点的温度变化情况。

(2)假设各像素点温度变化时间序列为 $X_{i1}, X_{i2}, \cdots, X_{il}(i = 1, 2, \cdots, m \times n)$,从所有序列中同时提取平稳降温段某部分连续的差异较大的序列,组成新的序列 $x_{i1}, x_{i2}, \cdots, x_{ij}(i = 1, 2, \cdots, m \times n; j < l)$。

(3)采用 K-means 聚类算法对序列 $x_{i1}, x_{i2}, \cdots, x_{ij}(i = 1, 2, \cdots, m \times n; j < l)$进行聚类,得到聚类结果 $C_1, C_2, \cdots, C_k$,其中 k 表示分类个数。

(4)求出各类中所有序列的平均序列 $X_{r1}, X_{r2}, \cdots, X_{rl}(r = 1, 2, \cdots, k)$,然后用各类的平均序列替代类内所有序列。

(5)用 TSR 数据拟合算法对 k 类序列 $X_{r1}, X_{r2}, \cdots, X_{rl}(r = 1, 2, \cdots, k)$分别进行拟合,获得各序列的多项式参数 $a_{r1}, a_{r2}, \cdots, a_{r6}(r = 1, 2, \cdots, k)$。

(6)将序列位置信息、序列类别和相关多项式参数作为热像序列的压缩参数进行存储,得到热像序列的压缩文件。

(7)根据保存的序列类别、多项式模型和相关参数等信息,重建各类热像温度衰减曲线。

(8)再根据各像素点的位置和序列类别信息,将各像素点温度变化序列还原到以前的位置,得到处理后的热波图像数据。

(9)最后将处理后的热波图像数据用于热波无损检测后期的图像处理及缺陷定性、定量识别。

算法中除了可以采用多项式拟合法外,当然可以采用本章介绍的其他各种算法。

3. 实验结果及分析

1)实验

采用金属钢材料和玻璃钢蒙皮纸蜂窝材料制作实验试件,用主动式红外热波成像设备对试件进行热波检测。

热像仪采用 InfraTec 公司的 VarioCAM hr research 680 型热像仪,其空间分辨率为 640 × 480,最高帧频为 60Hz,光谱响应范围为 7.5 ~ 14μm,成像速率为 60Hz,温度测量范围为 − 40℃ ~ + 1200℃,热灵敏度为 < 0.04℃(在 30℃时),测量精度为 ± 1.5℃(0 ~ 100℃)。采用脉冲加热单面定位检测方式,热源为两只高能闪光灯,加热功率为 4.8kJ,检测位置距离试件约 500mm 处,加热脉冲持续时间约 2ms。

(1)钢壳体试件。试件长 280mm,宽 200mm,厚 6mm,背面加工有 8 个平底洞模拟的脱粘缺陷,上方 4 个平底洞深度同为 1mm,直径分别为 20mm、16mm、10mm、5mm;下方 4 个平底洞直径同为 20mm,深度分别为 2mm、3mm、4mm、5mm,其实物图及结构尺寸分别如图 3 – 29 和图 3 – 30 所示,图 3 – 29 中(a)为试件正面,(b)为试件背面,图 3 – 30 为试件缺陷分布及深度示意图。试件的材料参数为:导热系数 $k = 36.7W/(m \cdot K)$,比热容 $c = 460J/(kg \cdot K)$,密度 $\rho = 7800kg/m^3$。两个闪光灯加热功率均为 2.4kJ,图像采集频率为 50Hz,采集时间为 5.1s,共 256 帧图像。

 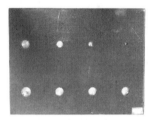

(a) 前视图(正面) (b) 后视图(背面)

图 3 – 29 钢壳体试件实物图

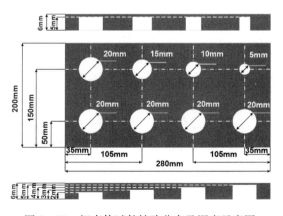

图 3 – 30 钢壳体试件缺陷分布及深度示意图

图 3 – 31 所示为试件热波图像序列中典型的单帧图像,由图可知,直径较大、深度较浅的缺陷最先出现,随着时间的推移,直径较小、深度较深的缺陷也

开始显现,并且越来越清晰,大约在0.60s左右,热斑与周围环境的对比度达到最高,而后对比度开始逐渐降低,最终到1.76s时,直径最小的缺陷热斑首先消失,到4.90s左右时,所有缺陷热斑几乎完全消失,表面温度场趋于均匀。

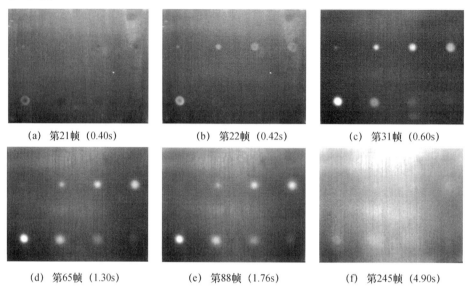

(a) 第21帧 (0.40s)   (b) 第22帧 (0.42s)   (c) 第31帧 (0.60s)

(d) 第65帧 (1.30s)   (e) 第88帧 (1.76s)   (f) 第245帧 (4.90s)

图3-31　钢壳体试件热像序列典型帧

（2）玻璃钢蒙皮纸蜂窝材料试件。试件长300mm,宽150mm,厚5mm,其中上下玻璃钢蒙皮厚度均为1mm,中间纸蜂窝厚度为3mm。在试件上方蒙皮与芯层之间加工4个圆形缺陷,以模拟蒙皮与芯层之间的脱粘,4个缺陷的直径分别为20mm,15mm,10mm,5mm。其实物图如图3-32所示,图3-32(a)为试件正面,(b)为试件背面。两个闪光灯加热功率均为2.4kJ,图像采集频率为50Hz,采集时间为5.98s,共300帧图像。

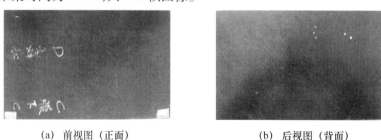

(a) 前视图 (正面)   (b) 后视图 (背面)

图3-32　玻璃钢蒙皮纸蜂窝材料试件实物图

图3-33所示为玻璃钢蒙皮纸蜂窝材料试件热波图像序列典型帧。由图中可以看出,由于4个预埋缺陷与试件表面的距离相同,所以4个缺陷同时出现,

并且随着时间的推移,逐步与周围区域达到新的热平衡。需要指出的是,图像下方中央的明亮区域是由于实验过程中闪光灯的反光引起的,并非属于缺陷区域,而右下角的黑色区域则是由于纸质标签的隔热效果所引起的。

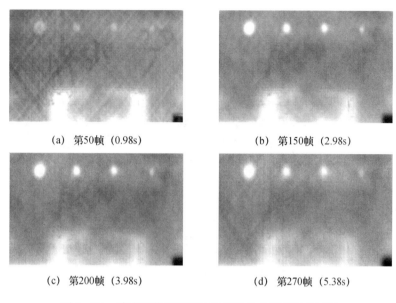

(a) 第50帧 (0.98s) (b) 第150帧 (2.98s)

(c) 第200帧 (3.98s) (d) 第270帧 (5.38s)

图 3 – 33　玻璃钢蒙皮纸蜂窝材料试件热像序列典型帧

2）试验结果及分析

分别从两种试件的热波图像序列中选取缺陷显示效果较好的 10 帧图像,组成用于分类的图像序列(钢壳体试件选择第 31 ~ 40 帧热像图,玻璃钢蒙皮纸蜂窝材料试件选择第 141 ~ 150 帧热像图)。按照上一节所描述的分类过程进行分类,然后经过替代及图像还原,最终处理结果分别如图 3 – 34、图 3 – 35 所示。

由图 3 – 34 和图 3 – 35 所示的结果可知,采用 K – means 聚类方法对原始热像数据进行分类处理,利用分类后的数据对热像进行重建还原,可以取得较理想的效果,仍然保留了缺陷的特征信息,并且从图 3 – 34 可以看出,经过分类拟合与重建还原后部分缺陷的边缘显示更加明显,这为缺陷大小的定量识别提供了方便。同时,从图中还可以看出,由于分类数目相对于原始数据来说较少,使得处理后的图像分辨率有所降低,图像的显示出现明显的分层现象,但是这并不影响缺陷的显示效果。虽然原则上分类数目越多,还原后的图像分辨率越高,显示效果越好,但是在实验中发现,当 K – means 方法分类数超过 150 ~ 200 时,处理效果几乎没什么变化,并且由于图像序列数据量较大,在程序运行过程中对内存空间要求较高,随着分类数目增多,内存需求会越来越大,硬件系统也无法支持太多的分类数目。

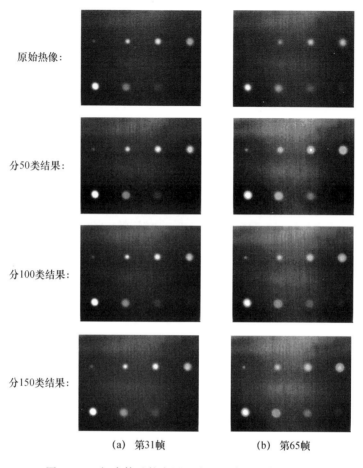

原始热像：

分50类结果：

分100类结果：

分150类结果：

(a) 第31帧   (b) 第65帧

图 3 - 34   钢壳体试件全局压缩处理前后热像对比图

表 3 - 7、表 3 - 8 分别列出了两种试件热像图经全局压缩处理后图像质量评估参数的值。从表中可以看出，随着分类数目的增加，分类后图像的熵值逐渐增大，并趋近于原始热像的熵值，说明图像所包含的信息量逐渐增大。然而，图像的空间频率却逐渐减小，并始终大于原始热像的空间频率值，这说明经过全局压缩处理后的图像细节成分较原始热像更加丰富，缺陷区域更加明显，同时也说明了并非分类数目越多缺陷的显示效果就越好。另外，从表中还可以看出，分类后的均方根误差值较小，而峰值信噪比较大，说明处理后的图像与原始热像之间的误差较小，处理效果也较好。需要指出的是，从表 3 - 8 中可以看出，虽然分类数目不同，但是 RMSE 和 PSNR 两个参数的值却完全相同，说明处理后热像与原始热像的差别相同，这也进一步说明了处理效果的好坏与分类数目的多少并没有很直接的关系。

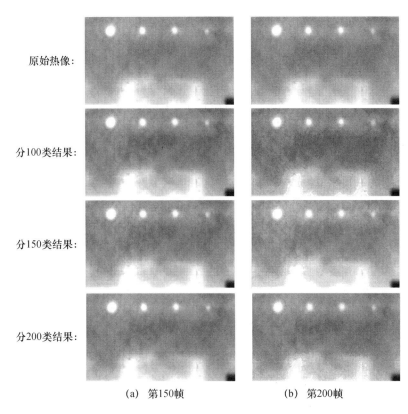

原始热像：

分100类结果：

分150类结果：

分200类结果：

(a) 第150帧　　　　　　　(b) 第200帧

图 3 – 35　玻璃钢蒙皮纸蜂窝材料试件全局压缩处理前后热像对比图

表 3 – 7　钢壳体试件全局压缩图像质量评估参数值

分类数 \ 参数 \ 帧数	熵		空间频率		RMSE		PSNR	
	第 31 帧	第 65 帧	第 31 帧	第 65 帧	第 31 帧	第 65 帧	第 31 帧	第 65 帧
原始热像	6.2270	6.4293	4.6010	4.8550	0	0	Inf	Inf
50 类	5.0690	5.1524	7.7583	11.7703	0.0220	0.0283	187.1238	182.0975
100 类	5.4754	5.7387	5.8817	10.4005	0.0157	0.0504	193.8533	170.5903
150 类	5.9790	5.8680	5.8345	10.0654	0.0157	0.0346	193.8533	178.0841

表 3 – 8　玻璃钢蒙皮纸蜂窝材料试件全局压缩图像质量评估参数值

分类数 \ 参数 \ 帧数	熵		空间频率		RMSE		PSNR	
	第 150 帧	第 200 帧	第 150 帧	第 200 帧	第 150 帧	第 200 帧	第 150 帧	第 200 帧
原始热像	6.3414	6.2408	3.9966	3.8182	0	0	Inf	Inf
100 类	5.9263	5.7021	5.1060	9.0974	0.0661	0.0630	165.1516	166.1274
150 类	6.1106	5.8588	4.8885	8.2914	0.0661	0.0630	165.1516	166.1274
200 类	6.1133	5.8634	4.6878	8.0732	0.0661	0.0630	165.1516	166.1274

上述分析说明分类处理在保留缺陷特征信息的前提下,用少量的特征数据可以代替大量的原始热像序列数据,达到了减少存储空间、提高后期处理效率的目的。以钢壳体试件为例,本实验中所采集图像的分辨率为 359 × 281,采样帧数为 256 帧,因此原始热像序列就包含 100 879 个长度为 256 的时间序列,数据量相当大。但是经过分类处理后数据量将大大减小,以 100 类为例,只需要 100个序列就可以代替原来的 100 879 个序列,数据的空间压缩比达到了 1008∶1,压缩效率相当高,并且能保留原始热像的特征信息。另外,在后期的拟合处理过程中,也只需要拟合 100 个序列,相对于原始的 100 879 个序列来说,可以节省大量的处理时间,拟合效率显著提高。

此外,考虑到 TSR 等数据拟合带来的压缩效益,如一个典型的 640 × 480 ×1000 帧的热像序列,分 150 类,则全局压缩算法的时间压缩比为 167∶1,空间压缩比为 2048∶1,全局压缩比为 342 016∶1,热像序列的原始近百兆的大文件,其压缩文件只需几 K 字节即可,比 TSR 算法十几兆要小得多。因此,本压缩还原算法可堪称神奇算法。

3.7.3 基于单帧图像分割的时空压缩与重建方法

基于 K - means 的全局红外热波图像序列压缩处理方法,显著提高了热波图像序列的处理速度,极大地提高了热像序列的压缩效率,但由于 K - means 算法本身对大量序列的聚类运算也存在对内存要求高和计算速度慢等问题,使得整个热波图像序列的压缩重建算法的速度受到了严重限制。针对这个问题,我们采用基于等距离分级的方法,运用单帧热像分割的思想,构建一套更简洁的热波图像序列的时空联合压缩和重构算法,在提高全局压缩比的同时,大大提高了系统的热像处理速度。

1. 单帧热像分割的分类算法

该算法是从平稳降温段热波图像序列中选取对比度较大,且缺陷显示较全的某一帧图像进行分割和分类。为了定量地表征单帧热像的清晰程度,我们选用空间频率(SF,Spatial Frequency)指标,来帮助我们挑选出最佳的一帧热波图像。因为 SF 通常是衡量图像细节信息丰富程度的一个重要指标[1]。一般地,热波图像的空间频率越高,其细节成分越丰富,也即缺陷区域越清晰。空间频率的定义为

$$SF = \sqrt{RF^2 + CF^2} \tag{3-41}$$

式中,RF 为行空间频率;CF 为列空间频率,其表达式为

$$RF = \sqrt{\frac{1}{MN}\sum_{m=1}^{M}\sum_{n=2}^{N}\left[F(m,n) - F(m,n-1)\right]^2} \tag{3-42}$$

$$CF = \sqrt{\frac{1}{MN}\sum_{n=1}^{N}\sum_{m=2}^{M}\left[F(m,n) - F(m-1,n)\right]^2} \tag{3-43}$$

式中,$F(m,n)$表示图像中坐标为(m,n)点的灰度值。

在此基础上,具体的算法过程可以描述如下:

(1) 选取缺陷显示效果最好的某一帧图像,获取图像中各像素点的温度值或热辐射值,必要时可以凭肉眼来帮助我们选定一帧最清晰的热像。

(2) 根据要分的类别数将最大温度值和最小温度值的差值分成相应的段,在最大值与最小值之间形成与类别数相同的区间数。

(3) 对所有像素点温度值进行搜索,将每个温度值归入到相应的区间当中,实现温度值分类,由于每个温度值对应一个像素点,同时也实现了像素点的分类,即时间序列的分类。

(4) 通过求出各类的平均序列,或选择各类中具有代表性的序列,对类内所有序列进行替代。

(5) 最后根据替代后的序列及各像素点的位置信息,还原热像数据及热波图像。

2. 热波图像序列快速压缩与重建算法

基于单帧热波图像分割的热像序列的分类、压缩与重构过程可描述如下:

(1) 若所采集的热波图像的空间分辨率为$m \times n$,即有$m \times n$个像素点,图像序列长度为l。根据某一读取规则(可以按列读取,也可按行读取),依次读取各像素点的温度值或热辐射值,并记录各像素点的位置信息,可以得到$m \times n$个长度为l的时间序列,每一个序列代表一个像素点的温度变化情况。

(2) 基于步骤(1),选取缺陷显示效果最好的一帧图像,获取图像中各像素点的温度值或热辐射值$X_{ij}(i=1,2,\cdots,m;j=1,2,\cdots,n)$。

(3) 找出X_{ij}中的最大值X_{max}和最小值X_{min},根据所要分的类别数p,将最大值X_{max}和最小值X_{min}的差值$X_{max}-X_{min}$均分成p段,记为$D_k(k=1,2,\cdots,p)$,每段长度为$(X_{max}-X_{min})/p$,则在最大值X_{max}与最小值X_{min}之间形成p个宽度为$(X_{max}-X_{min})/p$的区间。

(4) 对所有X_{ij}进行搜索,将每一个值归入到上述相应的区间中,实现温度值的分割与归类。同时由于每个温度值对应着一个像素点(i,j),每个像素点又对应一个热波时间序列,因此也实现了像素点和所对应的时间序列的分类,记住每个像素位置及其序列的类别。

(5) 求出每类中所有序列的平均序列$X_{r1},X_{r2},\cdots,X_{rl}(r=1,2,\cdots,k)$,或根据位置信息找出各类中最具代表性的序列$X_{r1},X_{r2},\cdots,X_{rl}(r=1,2,\cdots,k)$,用以替代各类中的所有序列。

(6) 用TSR数据拟合算法对k类序列$X_{r1},X_{r2},\cdots,X_{rl}(r=1,2,\cdots,k)$分别进行拟合,获得各序列的多项式参数$a_{r1},a_{r2},\cdots,a_{r5}(r=1,2,\cdots,k)$。

(7) 将序列位置信息、序列类别和相关多项式参数作为热像序列的压缩参数进行存储,得到热像序列的压缩文件。

（8）根据保存的序列类别、多项式模型和相关参数等信息，重建各类热像温度衰减曲线。

（9）再根据各像素点的位置和序列类别信息，将各像素点温度变化序列还原到以前的位置，得到处理后的热波图像数据。

（10）将处理后的热波图像数据用于热波无损检测后期的图像处理及缺陷定性、定量识别。

3. 实验结果分析

我们仍然以上一节的实验热像序列数据为基础，选取原始热像中缺陷显示效果较好的一帧热像图作为分类基础，钢壳体试件选择第 31 帧热像图，玻璃钢蒙皮纸蜂窝材料试件选择第 150 帧热像图，按照上一节所描述的算法进行压缩与重建，处理结果如图 3－36 和图 3－37 所示。二者都分成 3 组，分别分成 100、

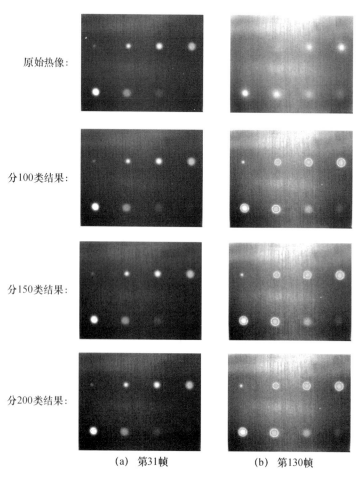

原始热像：

分100类结果：

分150类结果：

分200类结果：

(a) 第31帧　　　　　(b) 第130帧

图 3－36　钢壳体试件单帧分类法处理前后热像对比图

150 和 200 类。由于重构的热像数量太多,无法全部展示出来,因此每个试件只各选一帧清楚的和一帧普通的热像作代表,显示在图 3 – 36、图 3 – 37 中,其中第一种试件选的是比较清楚的第 31 帧和普通的第 130 帧;第二种试件选的是比较清楚的第 100 帧和普通的第 200 帧。

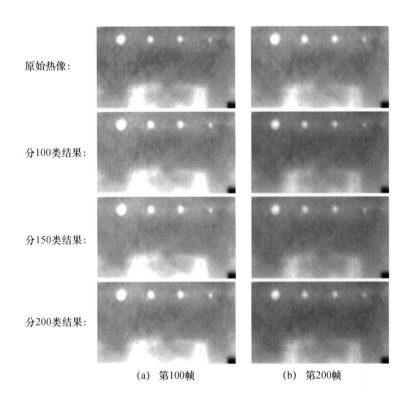

(a) 第100帧　　　　　　　(b) 第200帧

图 3 – 37　玻璃钢蒙皮纸蜂窝材料试件单帧分类法处理前后热像对比图

从图 3 – 36 和图 3 – 37 可以看出,经过单帧分类处理后恢复的图像与原始热像几乎没有差别,甚至有更好的缺陷显示效果,可以看出处理效果优于 K – means 分类方法。如图 3 – 36 (b) 所示,原始热像中随着温度的扩散,缺陷逐渐消失,而经过分类还原的图像缺陷会一直存在,甚至缺陷的边缘轮廓变得更加清晰。通过实验发现,这种现象会一直存在于处理后的整个序列当中,如图 3 – 38 所示,初步分析其原因就在于经过分类替代后类与类之间的温度值会呈现明显的阶梯分布,而不像原始数据那样连续的分布,所以还原后的热像缺陷区域和非缺陷区域会出现明显的分界,甚至缺陷内部区域也会出现明显的分层现象,这种现象会存在于整个序列当中,特别是序列的中后段,这也为缺陷的定量识别提供了一种思路。

表 3 – 9、表 3 – 10 分别列出了两种试件经单帧分类法处理后图像质量各评

估参数的值。从表中可以看出,随着分类数目的增加,图像的熵值逐渐增大,说明图像所包含的信息量逐渐增加,并接近于原始热像。同时,处理后图像的空间频率值始终大于原始热像的空间频率值,说明处理后图像的缺陷显示较原始热像更加明显。另外,从表中还可以看出,不同分类数目的 RMSE 和 PSNR 两个参数值可能相等,甚至较小分类数目的参数值会更优,说明与原始热像更相近,这就进一步验证了处理效果与分类数目之间并没有太直接的关系。

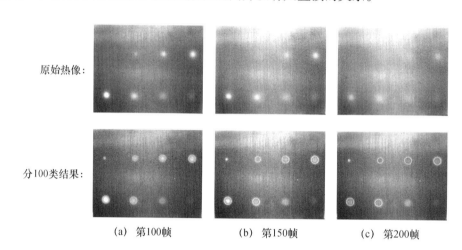

(a) 第100帧   (b) 第150帧   (c) 第200帧

图 3 - 38　钢壳体试件原始热像与分类后还原热像序列变化对比图

表 3 - 9　钢壳体试件单帧分类图像质量评估参数值

参数\帧数\分类数	熵		空间频率		RMSE		PSNR	
	第 31 帧	第 130 帧	第 31 帧	第 130 帧	第 31 帧	第 130 帧	第 31 帧	第 130 帧
原始热像	6.2270	6.7231	4.6010	6.9810	0	0	Inf	Inf
100 类	4.9317	4.8879	5.0765	10.1925	0.0031	0.0724	226.0420	163.3322
150 类	5.4993	5.4521	5.1966	9.9582	0.0063	0.0630	212.1791	166.1274
200 类	5.8711	5.8358	5.4185	9.8803	0.0031	0.0724	226.0420	163.3322

表 3 - 10　玻璃钢蒙皮纸蜂窝材料试件单帧分类图像质量评估参数值

参数\帧数\分类数	熵		空间频率		RMSE		PSNR	
	第 100 帧	第 200 帧	第 100 帧	第 200 帧	第 100 帧	第 200 帧	第 100 帧	第 200 帧
原始热像	6.3508	6.2408	4.0527	3.8182	0	0	Inf	Inf
100 类	4.9859	5.0130	4.8504	4.5760	0	0.0126	Inf	198.3162
150 类	5.5493	5.4693	4.6258	4.3286	0.0031	0.0094	226.0420	204.0698
200 类	5.9165	5.6701	4.6123	4.2365	0.0094	0.0126	204.0698	198.3162

84

为了更清楚地观测重构前后热像的区别,采用三维的方式进行显示,图 3 – 39 是试件 1 第 31 帧热像重构前后的三维表示的对比。由图 3 – 39 所示的结果可知,采用单帧热像分割方法对原始热像数据进行分类处理,利用分类后的数据对热像进行还原,可以取得较理想的效果,仍然保留了缺陷的特征信息。从图 3 – 38 和图 3 – 39 还可以看出,经过分类还原后缺陷的边缘显示更加明显,形状更为规则,这为缺陷的定量识别提供了方便。

　　从以上实验结果分析还可以知道,分类处理效果的好坏与分类数目并没有太直接的关系,当分类数目达到一定值时,就能得到较好的效果,所以并非分的类别越多,处理效果就越好,并且随着类别的增多,数据量也会增大,给数据存储及后期处理带来困难。因此,需要设置合理的类别数,以得到最佳的处理结果。另外,各评估参数的值也应当综合进行分析,不能根据某一个参数来确定处理效果的好坏。

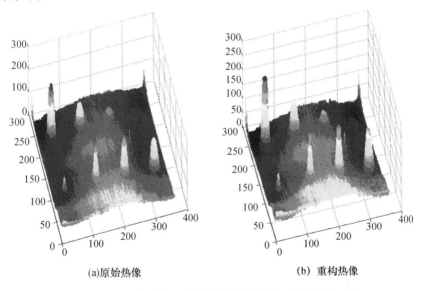

(a)原始热像　　　　　　　　　　　　(b) 重构热像

图 3 – 39　试件 1 第 31 帧热像重构前后的三维表示的对比

　　分类处理的重要意义就在于在保留缺陷特征信息的前提下,用较少的数据量代替大量的原始数据,达到减少存储空间、提高后期处理效率的目的。以钢壳体试件为例,本实验中所采集图像的分辨率为 359×281,采样帧数为 256 帧,因此原始热像序列就包含 100 879 个长度为 256 的时间序列,数据量相当大。但是经过分类处理后数据量将大大减小,以 100 类为例,只需要 100 个序列就可以代替原来的 100 879 个序列,数据压缩的空间压缩比达到了 1008∶1,压缩效率相当高,并且能保留原始热像的特征信息。另外,在后期的拟合处理过程中,也只需要拟合 100 个序列,相对于原始的 100 879 个序列来说,可以节省大量的处理时间,拟合效率显著提高。

考虑到 **TSR** 等数据拟合带来的压缩效益,如一个典型的 $640 \times 480 \times 1000$ 帧的热像序列,分 150 类,则全局压缩算法的时间压缩比为 167:1,空间压缩比为 2048:1,全局压缩为 342 016:1,热像序列的原始数百兆的大文件,其压缩文件只需几 K 字节即可,比 **TSR** 算法十几兆要小多了,和 K – means 压缩方法一致。

为了定量地比较热像压缩运算时间,我们仍然用上述两组热像序列数据,对 TSR、K – means 压缩算法和本方法的计算机压缩处理时间进行测量。结果如表 3 – 11 所列。由于三种算法的重构方法使用的多项式公式是一致的,且速度都很快,故无需进行专门的测定和比较。

注意比较所用计算机的配置为:CPU 是 Intel Pentium P6200,双核,2.13GHz,RAM 为 2G,硬盘 320G,Windows XP,编程语言为 Delphi7。

表 3 – 11 压缩运算时间的对比

试件名称	分类数	TSR 压缩时间	K – means 压缩时间	本方法压缩时间
试件 1	150	37.6s	29.3s	5.8s
试件 2	200	45.4s	32.1s	7.6s

从表 3 – 11 可以明显看出,基于图像分割的算法比经典的 TSR 算法和 K – means 压缩算法具有更快的运算速度。显然,与基于 K – means 压缩方法相比,本算法消除了 K – means 聚类迭代算法的计算消耗,显著提高了热像序列的压缩处理速度。

3.8 小   结

本章从压缩数据和提高处理效率的目的出发,深入研究和讨论了三种新的热波图像序列数据拟合新的算法,并针对新算法存在的问题,将数据分类与拟合相结合,提出了两种神奇的时空联合快速热波图像序列拟合、压缩与重构算法。主要内容如下:

(1)对红外热波图像数据拟合方法进行了研究,阐述了数据拟合的基本概念和拟合优度评价参数的含义,介绍了多项式拟合法在红外热波图像数据处理中的应用。在此基础上,提出并论述了基于热波理论模型的非线性拟合方法,并通过实验进行了对比分析,证明了基于热波理论的红外热波图像序列拟合法具有相当高的精度和压缩比,是一种较为理想的红外热像数据拟合方法。

(2)针对传统多项式拟合与热波理论模型拟合存在的不足,将遗传算法与差分进化算法思想引入热波图像序列拟合中,结合双指数衰减模型,深入研究了基于遗传算法和基于差分进化算法等两种新型智能优化的热波图像序列拟合处理方法。实验结果表明,基于差分进化算法的双指数模型拟合法是一种精度高、速度快的红外热波图像数据处理方法,具有很高的实际应用价值。该方法能够在完整保留缺陷特征信息的前提下,大大提高数据的压缩比,减少了拟合数据量,缩短数据处理时间,具有相当高的实际应用价值。

(3)针对红外热波图像序列数据量大,难于快速数据存储及处理的问题,特别是前面三种新的拟合方法存在的计算量大的问题,提出了红外热波图像数据序列时空联合压缩与重建思想方法。分析红外热波图像序列基本特征,并对红外热波图像数据分类的意义及可行性进行了分析,在此基础上,提出了两种基于数据序列分类的时空联合压缩与重建方法。设计了两种预埋缺陷试件进行实验,实验结果表明,时空联合算法能够在保证不丢失原始热像特征信息的前提下,实现热像数据的高效压缩,大大减小了数据存储所需的空间,显著提高了数据处理的效率。

参 考 文 献

[1] 张勇. 红外热波图像序列数据分类与拟合方法研究[D],第二炮兵工程大学,2012.

[2] 张勇,张金玉,黄建祥.基于红外热波检测理论模型的红外热像数据拟合方法[J].红外,2012,33(4):38－41.

[3] 杨正伟,张炜,田干,等.导弹发动机壳体粘接质量红外热波检测[J].仪器仪表学报,2010,31(12):2781－2787.

[4] 杨正伟,张炜,田干.导弹发动机的热波无损检测[J].无损检测,2009,31(1):7－9.

[5] 杨志明.计算方法及其MATLAB实现[M].西安:西安电子科技大学出版社.2009.

[6] 张军.数值计算[M].北京:清华大学出版社.2008.

[7] Steven M. Shepard. Temporal Noise Reduction, Compression and Analysis of Thermographic Image Sequence [P]. US Patent:6516084, Feb. 4,2003.

[8] Steven M. Shepard,James R. Lhota. Flash Duration and Timing effects in Thermographic NDT [C]. SPIE, 2005(5782):352－358.

[9] 郭兴旺,邵威,郭广平,等.红外无损检测加热不均时的图像处理方法[J].北京航空航天大学学报, 2005,31(11):1204－1207.

[10] 其达拉图,郭兴旺.基于多项式拟合的脉冲红外热像无损检测数据处理方法[J].机械工程师,2009, (2):41－43.

[11] 郭兴旺,Vavilov V,Shiryaev V.飞机铝板腐蚀的热无损检测及数据处理方法[J].机械工程学报, 2009,45(3):208－213.

[12] 赵莹莹,田裕鹏.脉冲相位光热辐射测量中的数据拟合处理方法[J].无损检测,2007,29(11):637－640.

[13] 张鸿燕,耿征.Levenberg－Marquardt算法的一种新解释[J].计算机工程与应用,2009,45(19):5－8.

[14] 张勇,张金玉,黄小荣,等.基于遗传算法的红外热像数据拟合方法研究[J].无损检测,2012(10).

[15] 蔡之华,龚文引.差分演化算法及其应用[M].武汉:中国地质大学出版社,2010.

[16] R. Storn and K. Price. Differential evolution—A simple and efficient adaptive scheme for global optimization over continuous spaces[R]. Technical Report:TR－95－012,1995.

［17］R. Storn and K. Price. Differential evolution—A simple and efficient heuristic for global optimization over continuous spaces［J］. Journal of Global Optimization，1997，11：341－359.

［18］K. Price，R. Storn，J. Lampinen. Differential evolution：A practical approach for global optimization［M］. Berline，Springer Verlag，2005.

［19］V. Feoktistov. Differential Evolution：In Search of Solutiond［M］. Secaucus，NJ，USA：Springer Verlag New York，Inc.，2006.

［20］U. Chakraborty. Advances in Differential Evolution［M］. Berlin：Springer Verlag，2008.

［21］A. Qing. Differential Evolution：Fundamentals and Applications in Electrical Engineering［M］. IEEE & John Wiley，2009.

［22］赵艳丽. 差分进化算法在图像处理中的应用研究［D］. 东营：中国石油大学，2010.

［23］郝艳捧，王国利，李彦明，等. 基于双指数函数拟合的冲击波形参数提取算法［J］. 高压电技术，2000，26（3）：31－34.

［24］陈星，黄卡玛，赵翔. 电法测井中基于遗传算法的非线性数据拟合研究［J］. 四川大学学报：自然科学版，2002，39（6）：1145－1148.

［25］毛从光，郭晓强，周辉，等. 高空核电磁脉冲模拟波形的双指数函数拟合法［J］. 强激光与粒子束，2004，16（3）：336－340.

［26］陈华，邓少贵，李智强，等. 差分进化算法在双指数拟合中的应用［J］. 计算机工程与应用，2008，44（16）：231－232.

［27］Jin－Yu Zhang，Xiang－Bing Meng，Wei Xu，Wei Zhang，Yong Zhang. Research on the Compression Algorithm of the Infrared Thermal Image Sequence Based on Differential Evolution and Double Exponential Decay Model. The Scientific World Journal. http://dx. doi. org/10. 1155/2014/601506. 2014，2014.

［28］Jin－Yu Zhang，Wei Xu，Wei Zhang，Xiang－Bing Meng. A novel compression algorithm for infrared for thermal image sequence based on K－means method. Infrared Physics and Technology，2014，64（5）：18－25.

［29］Jin－Yu Zhang，Wei Zhang，Zhen－Wei Yang，Gan Tian. A novel algorithm for reconstruction of infrared thermographic sequence based on image segmentation. Infrared Physics and Technology，2014，64（11）：18－25.

第四章 热波图像序列的一般处理方法

图像序列的处理一直是热波无损检测处理的经典内容。本章将先介绍 6 种常见的热波图像序列多帧处理方法,并用实际热波图像序列对各种方法进行实验,分析比较它们的优缺点。在此基础上,介绍奇异值分解和主分量分析等两种较新的热波图像序列处理方法,给出应用实例。最后论述基于细化谱和相位校正的精密脉冲相位算法及其应用。

4.1 概　　述

热波图像序列的处理技术主要有单帧图像处理技术和多帧图像处理(也称序列图像处理)技术[1,2]。由于单帧热波图像反映的仅仅是物件表面某一时刻的温度分布情况,没有充分反映出缺陷在不同时刻的全部表现,因而基于单帧图像的处理技术效果较差,结果具有一定的片面性和不完整性,并且难以消除加热不均、环境和设备自身的红外辐射、被检物件表面和内部结构的不均匀等不利因素的影响。通过采用硬件升级、性能提升等方法虽然能够在一定程度上消除加热不均、热噪声等对缺陷检测识别的影响,但是成本高、周期长、效率低、受制造工艺和技术的制约较大。

热波图像序列中帧与帧之间的变化关系直接对应着物体表面不同时刻的温度分布变化关系,而这种变化关系的根源就在于物体内部存在的异常结构(缺陷),因而不同时刻采集到的热波图像之间的变化关系,直接反映了物件内部的结构特征(也即缺陷信息)。显然,多帧图像包含了更丰富的信息,其处理技术的效果应该优于单帧图像处理技术。通过多帧图像处理,可以获得和利用更多、更全面的表征缺陷的信息,保证检测的准确性、科学性和完整性,有利于制定更优的维修解决方案,提高检测效率和检测质量。同时由于对不同时刻的信息(包括缺陷信息和背景噪声信息)进行了综合利用和信息互补,还能够显著降低热噪声、加热不均等不利因素的影响,增强缺陷特别是微弱缺陷的显示效果。因此可以说,基于多帧图像的分析和处理是热波无损检测技术当中最重要、也是最有效的处理方法。

4.2 热波图像序列处理的基本方法

典型的红外热波图像序列处理方法主要有如下 6 种方法[2]。

4.2.1 多帧累加平均法

多帧累加平均法(帧积分法)是通过增加积分时间,将不同时刻两帧或多帧图像对应像素点的灰度值相加,求取它们的时间均值图像,提高图像信噪比。

一幅含有噪声的图像 $g(x,y,t)$,可认为是由目标图像 $f(x,y,t)$ 和噪声 $n(x,y,t)$ 叠加而成:

$$g(x,y,t) = f(x,y,t) + n(x,y,t) \qquad (4-1)$$

对获取的 M 帧图像进行平均,得到时间均值图像 $\bar{g}(x,y,t)$:

$$\bar{g}(x,y,t) = \frac{1}{M}\sum_{i=1}^{M} g_i(x,y,t) \qquad (4-2)$$

假定每一个像素点位置 (x,y) 的噪声 $n(x,y,t)$ 在时间序列上是不相关的,并且其平均值为零。由此得出:

$$E[\bar{g}(x,y,t)] = f(x,y,t) \qquad (4-3)$$

$$\sigma_{\bar{g}}^2(x,y,t) = \frac{1}{M}\sigma_n^{\;2}(x,y,t) \qquad (4-4)$$

式中,$E[\bar{g}(x,y,t)]$ 是 $\bar{g}$ 的期望值;$\sigma_{\bar{g}}^{\;2}(x,y,t)$ 和 $\sigma_n^{\;2}(x,y,t)$ 是 $\bar{g}(x,y,t)$ 和 $n(x,y,t)$ 在所有像素点位置 (x,y) 上的方差。在均值图像中任何点的标准偏差为

$$\sigma_g(x,y,t) = \frac{1}{\sqrt{M}}\sigma_n(x,y,t) \qquad (4-5)$$

由式(4-3)可知,当累加的含噪声热波图像的数目增加时,$\bar{g}(x,y,t)$ 将接近于 $f(x,y,t)$。由式(4-5)说明对 M 帧图像取平均可把噪声方差减小 M 倍,也即经过多帧累加后,热波图像序列的功率信噪比提高了 m 倍,同时由电压幅值与功率之间的关系可以得出,经过 m 帧累加后,图像的电压信噪比提高了 $\sqrt{M}$ 倍。

显然多帧累加平均法能够大大提高热波图像的信噪比,从而有效地增强热波图像的质量,但是无法消除加热不均匀的影响,甚至强化加热不均匀的效果。

多帧累加平均后,得到的是丢失了时间信息的间断不连续的图像序列,为了恢复时间信息,并实现图像的连续显示,常采用帧重复的方法,即用均值图像内插为缺省帧图像。显然,这种方法将导致图像发生跳跃,图像显示不连续,与热波理论的分析发生冲突。另外一种方法是线性内插,但对热波图像序列而言,显示某一点的灰度变化(温度变化)并不满足线性关系,这样将导致缺陷显示的不精确。

借鉴动态帧间滤波的方法,可以将每一当前帧用该帧之后的 M 帧图像序列的均值图像来替换,即

$$g_i(x,y,t_i) = \frac{1}{M}\sum_{k=i}^{M+i} g_k(x,y,t_k) \tag{4-6}$$

这种方法显示效果较好,但计算时间较长。

4.2.2　正则化方法

正则化方法的基本思想是将待处理的热波图像序列的所有帧进行累加平均(或者累加求和),再除以在原始图像序列中能看到缺陷的若干帧的均值。计算公式为

$$F = \left(\frac{\sum_{i=b}^{e} f_i}{e-b+1}\right)\left(\frac{\sum_{i=c}^{d} f_i}{d-c+1}\right)^{-1} \tag{4-7}$$

式中,F 表示经过正则化处理后的图像;f_i 表示原始热波图像的第 i 帧;b、c、d、e表示图像的帧编号(对应于采集时间),并且有 $b<c<d<e$。

4.2.3　差分法

由于缺陷区域和正常区域的热传导特性的差异,能量在缺陷区域累积,导致缺陷区域和正常区域的温度变化情况不一样,通过差分运算可以凸显缺陷。常见的方法有帧间差分法和背景差分法。

离散时间序列 $x(n)$ 的一阶后向差分运算定义为

$$y(n) = \Delta x(n) = x(n) - x(n-1) \tag{4-8}$$

从式(4-8)定义的离散时间一阶差分看,差分信号 $x(n)$ 在 n 时刻的值,等于 $x(n)$ 在 n 时刻的值减去其前一时刻($n-1$ 时刻)值,也意味着 $x(n)$ 在该时刻的变化率。此外还可以定义 $x(n)$ 的高阶差分运算,即

$$y(n) = \Delta^k x(n) = \Delta^{k-1} x(n) - \Delta^{k-1} x(n-1) \tag{4-9}$$

式中,Δ^k 表示第 k 阶差分。

对于式(4-9),k 阶差分是对 $k-1$ 阶差分后的序列,再进行一次一阶差分运算,例如:

$$\Delta^2 x(n) = \Delta x(n) - \Delta x(n-1) = x(n) - 2x(n-1) + x(n-2) \tag{4-10}$$

上面定义的差分运算叫作后向差分,后向差分比较常见,还有另一种叫前向差分的运算。离散时间一阶前向差分为

$$y(n) = \nabla^k x(n) = \nabla^{k-1} x(n) - \nabla^{k-1} x(n+1) \tag{4-11}$$

热波图像序列处理中,通常采用的是后向差分,但是也可以将两种方法进行结合,即升温阶段采用后向差分,降温阶段采用前向差分。

1. 帧间差分法

每一帧(幅)热波图像记录的是瞬时的温度场,而不是温度场变化情况,并且静态因素(有些是不变的或变化微小的,诸如灯光、仪器、热像仪镜头等静止稳定的辐射体)引起的温度噪声,始终是加在每一幅图像上的。要得到温度场的变化情况,可以将两幅热图的温度场对应相减,得到图像物体表面的温度变化情况,而且能够消除静态因素引起的噪声温度场。

在实际应用中,由于噪声不是固定不变的,一种有效的策略是将帧间差分法和累计积分法相结合,这样的帧间差分法既得到了温度场的变化情况,又抑制了静态因素的影响,处理效果十分明显,而且,能够显著消除加热不均匀的影响。

2. 背景差分法

由于获取的热波图像是由背景(非缺陷区域)和缺陷区域组合而成,如果能够消除背景的影响,必然能够显著提高缺陷的显示效果,增强对比度。最佳的消除背景的方法是对一块同样材料、同样大小,但不含有缺陷的试件在相同条件下进行热波成像,将获取的两组热波图像序列的对应帧进行差分,由于正常区域在两次实验中变换很小,而缺陷区域变换很大,因而这种方法的效果是十分显著的,但是工程实用性不高,因为在很多场合下无法获得无缺陷的试件,也无法模拟含缺陷试件的工作状态。

另一种方法是假定热波图像的某一区域作为背景,如果试件比较规则,即各部分都一样,采用这种方法的效果十分明显。但是,对于不是规则的物体,无法用某一区域来代表整个背景区域,因而背景的拟合方法就比较困难。

差分法能得到较好的处理结果,但是图像序列经过差分后,会丢失时间信息,从而影响确定缺陷深度信息的精度。因此,在经过差分处理后,需要通过内插来还原时间信息,进行图像序列的重建。一般步骤为:

(1)将图像序列中的每几帧划为一组,进行加权平均,消除噪声;

(2)进行差分运算,去除背景,提高图像对比度;

(3)进行内插,补进时间信息。

这样获取的图像序列不仅对比度较高,而且包含了缺陷的时间信息,更利于后续的分析处理。

4.2.4 多项式拟合法

多项式拟合法是指将每帧图像上各个像素点的离散时间灰度值用二次多项式拟合,得到每个拟合多项式的系数,再将此系数值映射成强度图。即:在整个采样周期内,对每一帧热波图像在空间位置(x,y)的温度值(灰度值)组成的离散数据集合$\{(t_i, T_i), i = 1, 2, \cdots, n\}$,用形如:

$$T = a_0 + a_1 t + \cdots + a_n t^{n-1} + a_n t^n \qquad (4-12)$$

的多项式进行拟合,并将系数值映射为强度图或者在拟合的基础上再进行后续处理。

Shepard 等对基于对数多项式拟合的热像序列数据处理作过较多研究,也可得到良好的效果;其达拉图则研究一般多项式拟合及导数在脉冲 TNDT 数据处理中的应用。

4.2.5 脉冲相位法

脉冲相位法,又叫傅里叶变换法,是综合了脉冲辐射测量技术和调制辐射测量技术而发展起来的一种热波图像处理方法。由于在脉冲辐射测量中激励热波包含许多不同频率成分,而在调制辐射测量中一次只有一种热激励频率,将二者结合起来,即通过傅里叶变换对热激励脉冲不同频率下物件的频谱响应进行分析,形成的 PPT 算法,既有脉冲辐射测量检测速度快的特点,又有调制辐射测量抗干扰能力强、信号分析简单的优点。

首先用红外成像设备采集热激励下被测物体表面温度分布时间序列热图像,热图像中每一像素 (x, y) 的时间变化可以用有 N 个值的矢量 $I(k)$ 表示(N 为序列热图像数,$I(k)$ 为图像序列中第 k 幅热图 (x,y) 处的像素灰度值)。对采集的序列热图像中每一像素的时间序列变化矢量 $I(K)$ 做傅里叶变换:

$$F_n = \sum_{k=0}^{N-1} T(k) \mathrm{e}^{2\pi jkn/N} = \mathrm{Re}_n + \mathrm{Im}_n \qquad (4-13)$$

式中,$T(K)$ 为第 k 帧上像素点 (x,y) 处的温度值;n 为频率离散后的序号;j 为虚数单位;Re_n 和 Im_n 对应于变换后复数的实部和虚部。然后分别计算其实部 Re_n 和虚部 Im_n,获得其傅里叶变换的幅值和相位:

$$A_n = \sqrt{\mathrm{Re}_n^2 + \mathrm{Im}_n^2} \quad \phi_n = \arctan\left(\frac{\mathrm{Im}_n}{\mathrm{Re}_n}\right) \qquad (4-14)$$

对热图像中所有像素点进行上述计算,分别得到热图像在一定频率下的幅值和相位图。由于时间变化信号是实数值,用 N 个时间数据可以得到 $N/2$ 个独立频率数据。离散频率为

$$f_n = \frac{n}{N\Delta t} \qquad (4-15)$$

式中:N 为图像序列中图像个数;Δt 为时间间隔,$\Delta t = 0$;$n = 0,1,2,\cdots,N/2$。

当发现缺陷点在某频率的位相与参考点位相差为零后,缺陷将不再可见,该频率即为盲频 f_b。在位相热图中,不同深度的缺陷对应在频域 0 至 f_b 区间可见,即此频率段内存在位相差,缺陷显现。

在已知材料热扩散率和盲频率的条件下,缺陷深度为

$$z = C_1 \sqrt{\frac{a}{\pi f_b}} = C_1 \mu \qquad (4-16)$$

式中,C_1 是相关系数。对幅值,$C_1 = 1$;对相位,$1.5 < C_1 < 2$,通常为 1.8。

此方法对缺陷形状有较好的检测结果,对材料热导率要求不高。因此,国内部分研究已从脉冲热像幅值研究转向脉冲相位研究。

处理结果表明,PPT 法的信噪比提高比较显著;同时能增加图像的对比度,显示较小的缺陷;对一定范围内用于计算的图像帧数的选择也不敏感,而且离散傅里叶变换存在快速算法(FFT),可以提高算法的运算速度。另外,PPT 方法不仅具有快速获取原始热像、对表面加热不均不敏感、无需预先知道无缺陷区的位置的优点,而且对随机噪声有较好的抗干扰能力,所得的相位图像有较高的信噪比。因此,该方法是一种效果较好的热波图像序列处理方法。

4.2.6 比值热图法

将热像仪采集的各个像素点的不同时间的信号相除得到信号比值的图像成为比值热图。该方法的步骤是将实验结果的 N 帧热图取一定帧列间隔 m,第 n 帧热波信号除以第 $(n+m)$ 帧热波信号,得到 $(N-m)$ 帧比值热图序列,根据一帧图像上每点的比值数值大小定义 256 级灰度。取相隔 m 帧的热图上各像素点的幅值之比:

$$T'(t) = \frac{T(t+mt)}{T(t)} \qquad (4-17)$$

式中,$T(t)$ 表示 t 时刻的信号幅值;mt 表示相邻 m 帧的时间间隔;$T(t+mt)$ 表示 $(t+mt)$ 时刻的信号幅值。

根据不同材料的热扩散的快慢不同,热扩散慢的材料宜取间隔长,热扩散快的材料宜取间隔短。比值热图法对热波图像的非均匀加热有一定的抑制作用,对检测内部缺陷有一定参考价值。但是得到的图像的信噪比比较差,同时丢失了缺陷的时间信息。

4.3 不同处理方法的性能比较

4.3.1 实验试件和热波图像获取系统的设计

为了更准确直观地评估检测方法和系统的效能,通常使用预埋缺陷试件作为标准参考试件的方法,来检验检测方法的有效性和检测设备的技术性能。为了比较 4.2 节 6 种典型的热波图像序列处理方法的性能,设计了一种钢壳体试件及其热像采集系统,采用主动式红外热波成像设备对试件进行热波成像。为了增强试件表面的热源能量的吸收率和红外热辐射率,减少反射干扰,在检测面涂一层很薄的黑漆。

热像仪采用 InfraTec 公司的 VarioCAM hr research 680 型热像仪,其空间分

辨率为 640×480，帧频为 $60Hz$，光谱响应范围为 $7.5 \sim 14\mu m$，成像速率为 $60Hz$，温度测量范围为 $-40℃ \sim +1200℃$，热灵敏度为 $<0.04℃$（在 $30℃$ 时），测量精度为 $\pm1.5℃$（$0 \sim 100℃$）及 $\pm2℃$（$<0℃$ 或 $>100℃$）。采用脉冲加热单面定位检测方式，热源为两只高能闪光灯，加热功率范围为 $0 \sim 4.8kJ$，距离试件前表面约为 $500mm$ 处，加热脉冲持续时间约 $35ms$。

试件长 $237mm$，宽 $180mm$，厚 $10mm$，背面加工 4 个大小相同、深度不同的平底洞，用来模拟实际的缺陷。平底洞直径均为 $20mm$，缺陷 $1 \sim 4$ 深度（从检测面到洞底的厚度）依次为 $6mm$、$6mm$、$8mm$ 和 $8mm$。试件的材料参数为：导热系数 $\kappa = 36.7W/(m \cdot K)$，比热容 $c = 460J/(kg \cdot K)$，密度 $\rho = 7800kg/m^3$。两个闪光灯加热功率不同（分别为 $1kJ$ 和 $1.7kJ$），使得右下角无缺陷区域的热激励高于其他部位，实现对试件的不均匀加热效果，以便于对各种典型的图像序列处理算法进行验证实验。采集时间为 $7s$，共 420 帧图像。

图 4 - 1 为钢壳体试件缺陷分布及深度示意图，图 4 - 2 为在可见光下拍摄得到的试件的前视图和后视图，从后视图中可以看到缺陷的分布、大小、尺寸等基本情况。

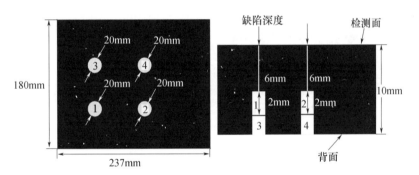

图 4 - 1　钢壳体试件缺陷分布及深度示意图

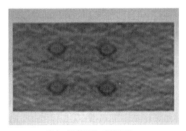

（a）前视图（正面）　　　　　　（b）后视图（背面）

图 4 - 2　钢壳体试件实物图

4.3.2 算法性能的比较

图4-3为上述试件中获取的原始热波图像序列的第35帧和第58帧图像及其三维显示结果,从图中可以看出,预埋缺陷在两幅图中的显示效果都较差,加热不均匀现象十分明显。

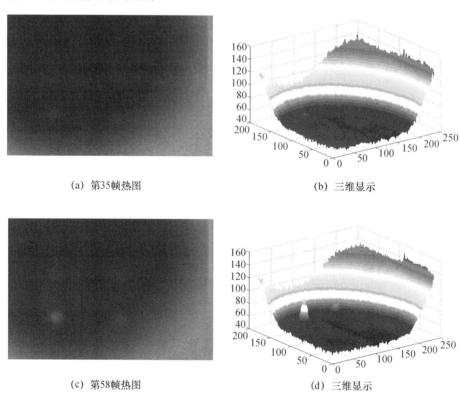

(a) 第35帧热图　　　　　　　　　(b) 三维显示

(c) 第58帧热图　　　　　　　　　(d) 三维显示

图4-3　原始热波图像序列典型帧显示效果

图4-4(a)表示将第42帧与第92帧热波图像进行差分后得到的结果,图4-4(c)表示将第42~59帧图像的均值图像和第92~109帧的图像的均值图像进行差分得到的结果。从图中可以看出,帧间差分法既凸显了温度场的变化情况,又抑制了静态因素的影响,处理效果比较明显,而且,能够显著消除加热不均匀的影响。比较而言,图4-4(c)的效果明显较好,这是因为经过多帧累加法,降低了随机噪声的影响。

图4-5(a)表示对含缺陷的热波图像序列与不含缺陷的热波图像序列对应帧进行差分后显示效果较好的某帧图像。可以看出,图像的缺陷对比度有明显的提高,加热不均效应得到明显减小,保留了完整的缺陷信息,图像的视觉效果得到较大改善。图4-5(c)是以图像中所有像素点的均值进行去除背景后的显

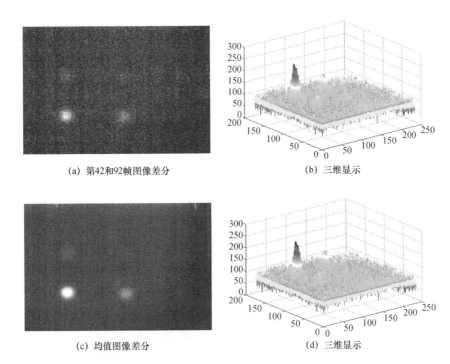

(a) 第42和92帧图像差分   (b) 三维显示

(c) 均值图像差分   (d) 三维显示

图 4 - 4   帧间差分法处理结果

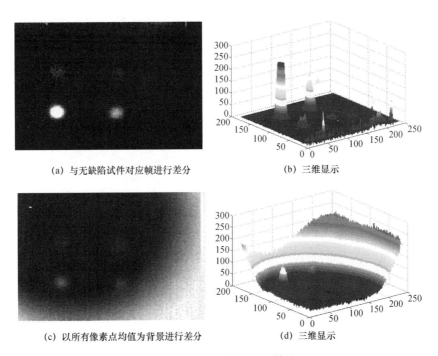

(a) 与无缺陷试件对应帧进行差分   (b) 三维显示

(c) 以所有像素点均值为背景进行差分   (d) 三维显示

图 4 - 5   背景差分法处理结果

示效果,从图中可以看出,虽然缺陷的对比度得到提高,但是加热不均匀的现象更加突出,图像显示效果明显下降,且微弱信号被淹没,同时丢失了图像序列的时间信息。

必须指出,差分法是热波图像序列处理方法中最重要也是最基本的方法之一。

图 4 - 6 表示图像序列的第 88 帧和从 88 ~ 93 帧进行累加平均后得到的效果图。从图中可以看出,多帧累加平均能够提高图像的信噪比,增强图像的质量,但是无法消除加热不均匀的影响,甚至强化加热不均匀的效果。而且,经过多帧累加平均后得到的是丢失了时间信息的间断不连续的图像序列,为了恢复热像序列的时间信息,还必须经过图像内插的方法实现图像的连续显示。

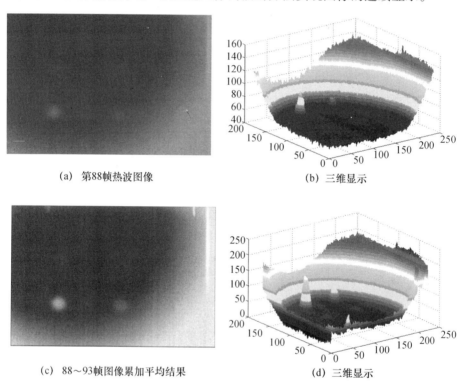

(a) 第88帧热波图像　　　　　　　　　(b) 三维显示

(c) 88~93帧图像累加平均结果　　　　　　(d) 三维显示

图 4 - 6　多帧累加处理结果

图 4 - 7(a)表示正则化方法处理后的热波图像,图 4.7(c)为经过对比度调整后的效果。从图中可以看出,图像的信噪比显著提高,缺陷对比度明显改善,同时改善了图像的视觉效果,但是对于加热不均匀的消除效果较差。

图 4 - 8(a)表示通过 5 阶多项式拟合后得到的图像序列的系数图,从图中可以看出缺陷的对比度得到提高,加热不均匀现象得到一定的消除,但拟合过程占用时间较长,微弱信号显示效果不佳。

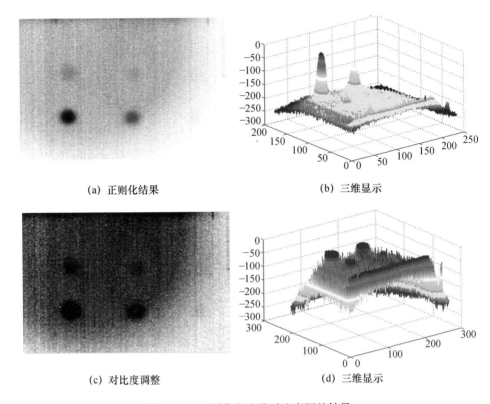

(a) 正则化结果 (b) 三维显示

(c) 对比度调整 (d) 三维显示

图 4-7 正则化方法及对比度调整结果

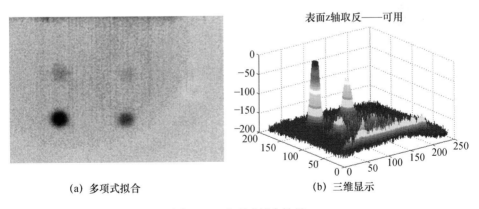

(a) 多项式拟合 (b) 三维显示

图 4-8 多项式拟合结果

实践表明,对获取的热波图像序列数据进行曲线拟合,可以直观地显示有无缺陷,便于对缺陷大小、深度等进行定量分析;可以直观地看出不同深度缺陷对应不同的分离时间,以及同一深度、不同大小缺陷的降温和显示快慢等信息;还可以通过测量曲线分离点进行相对与绝对的深度测量等[8]。此外,可用保存拟合曲线的系数代替保存热像序列以节省存储空间。

图 4-9 表示 PPT 方法处理结果。实验表明,PPT 方法不仅具有快速获取原始热像、对表面加热不均不敏感、无需预先知道无缺陷区的位置的优点,而且对随机噪声有较好的抗干扰能力,对空域内的随机噪声有一定的抑制作用,可以获得具有较高信噪比和对比度的图像,显示较小的缺陷。对一定范围内用于计算的图像帧数的选择也不敏感,而且离散傅里叶变换存在快速算法(FFT),可以提高算法的运算速度。

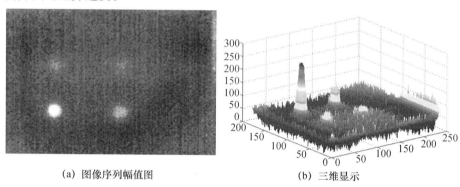

（a）图像序列幅值图　　　　　　　　（b）三维显示

图 4-9　PPT 方法处理结果

图 4-10 表示比值热图法处理结果,从图中可以看出,热波图像的非均匀加热有一定的抑制作用,缺陷对比度有一定提高,但是得到的图像的信噪比比较差,丢失了缺陷的时间信息,同时时间间隔的选取是一个难点。

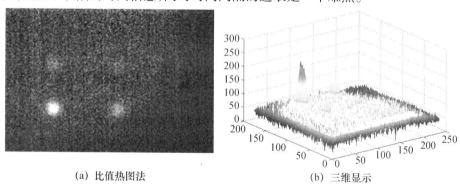

（a）比值热图法　　　　　　　　　（b）三维显示

图 4-10　比值热图法处理结果

综上所述,可以发现不同的图像序列处理方法效果差异比较明显,其侧重点不同,适用的场合也不同。在实际应用中应根据具体情况加以权衡。表 4-1 总结了各种处理方法的性能特点。

表 4 – 1　热波图像序列处理方法性能比较

方法 ＼ 性能		提高信噪比	增强对比度	降低加热不均匀	其他
差分法	帧间差分	好	较好	好	算法简单,效果最好
	背景差分	好	好	好	实现困难
多帧累加平均		较好	一般	很差	性能差,丢失时间信息
正则法		好	较好	较差	算法复杂,需人工干预
多项式拟合法		一般	较好	较好	计算复杂,时间长
脉冲相位法		较好	一般	较好	算法复杂,丢失深度信息
比值热图法		差	差	一般	效果差,需人工干预

4.4　奇异值分解法

研究表明对重构的缺陷相空间矩阵进行奇异值分解,其空间与时间基向量包含了缺陷静态空间与动态热量变化的特征信息[4,5]。因此,基于奇异值分解的热波图像序列处理方法也是值得研究的。

对于秩为 r 的 $m \times n$ 维矩阵 I,其奇异值分解形式可表示为

$$I = U \begin{bmatrix} \sum & 0 \\ 0 & 0 \end{bmatrix} V^H \tag{4 – 18}$$

式中,U,V 分别表示为 $m \times m$、$n \times n$ 正交矩阵;$\sum$ 表示 $r \times r$ 对角阵,其对角线元素为矩阵 I 的非零奇异值 σ_i,且以非增序列排列,即:$\sigma_1 \geqslant \sigma_2 \geqslant \cdots \geqslant \sigma_r$;0 表示零矩阵。因为矩阵 I 的秩为 r,从式(4 – 18)中除去 I 的零奇异值,得到 I 奇异值分解的精简形式为

$$I = \sum_{i=1}^{r} \sigma_i u_i v_i^H \tag{4 – 19}$$

式中,u_i,v_i 分别表示 U,V 的前 r 个列向量。

对于式(4 – 19)可以理解为对于矩阵的零奇异值它并没有携带矩阵重构时所需要的信息,在重构矩阵时可以将其忽略,只利用携带其信息的非零奇异值进行重构即可,那么既然零奇异值没有携带矩阵重构所需要的信息,可以想象那些接近零的奇异值也只含有少量矩阵重构信息,所以在近似重构矩阵时也可将其忽略,即

$$\hat{I} = \sum_{i=1}^{r} \sigma_i u_i v_i^H \tag{4 – 20}$$

式中,$v(v \leqslant r)$ 表示重构矩阵时所需要的奇异值数目。可以证明在 Frobenius 范数的意义下,在所有秩为 v 的矩阵中,$\hat{I}$ 是 I 的最佳逼近。

通过奇异值分解,将图像矩阵在其奇异值分解左奇异值矩阵 U 上作正交投影,就可以将包含图像信息的矩阵分解到一系列奇异值和奇异值矢量对应的子空间中,因为噪声的能量比较小,所以它对应的奇异值也比较小,可以通过去除小奇异值滤掉噪声子空间,然后在有效的信号子空间上重构图像矩阵,就可以实现增强图像的目的。

用 SVD 法对红外数字图像序列进行处理前,需要对图像数据进行预处理。红外热像仪采集到的图像数据是随时间变化的温度场信号,温度场信号经过采样转换成为图像序列。其中任意一帧图像像素都构成如式(4-21)所示的二维矩阵,图像序列的数据则构成一个三维矩阵。式中 m 和 n 分别是每帧图像在行方向和列方向上的像素数。

$$X = \begin{bmatrix} x_{11} & x_{12} & \cdots & x_{1n} \\ x_{21} & x_{22} & \cdots & x_{2n} \\ \vdots & \vdots & & \vdots \\ x_{m1} & x_{m2} & \cdots & x_{mn} \end{bmatrix} \qquad (4-21)$$

对图像进行预处理的第 1 步是把图像序列由三维矩阵转化为二维矩阵。对每帧图像从第 1 行元素开始,从左到右,从上到下,把每行数据依次排列起来,然后将得到行向量再转置即得到所需的一维矩阵,如式(4-22):

$$X_F = [x_{11}, x_{12}, \cdots, x_{1n}, \cdots, x_{m1}, x_{m2}, \cdots, x_{mn}]^T \qquad (4-22)$$

图像序列各帧图像经过转化后得到 t 个(假定所处理的图像序列共 t 帧)一维矩阵,将这些一维矩阵按行方向依次排列起来即构成新的二维矩阵 Y,如式:

$$Y = [X_1, X_2, \cdots, X_t) \qquad (4-23)$$

式中,$X_i(i=1,2,\cdots,t)$ 为转化后的一维矩阵。

为了取得较好的处理结果,在进行奇异值分解之前应对所得的二维矩阵 Y 进行标准处理,具体方法如式(4-24):

$$Y_{i,j} = \frac{Y_{i,j} - E_i}{D_i} \quad i = 1,2,\cdots,m \times n; j = 1,2,\cdots,t \qquad (4-24)$$

式中:

$$E_i = \frac{1}{t} \sum_{j=1}^{t} Y_{i,j} \qquad (4-25)$$

$$D_t^2 = \frac{1}{t-1} \sum_{j=1}^{t} (Y_{i,j} - E_i)^2 \qquad (4-26)$$

经过标准化处理后的图像数据,不仅除去了背景(直流分量),而且使得信号的方差为1,对以后的处理有很大的帮助。然后对所得的大小为$(m \times n) \times t$的二维矩阵Y进行奇异值分解即可得到:

$$Y_{st} = U_{st}\Gamma_{st}V_{st}^{\mathrm{T}} \qquad\qquad (4-27)$$

式中,$s = m \times n$。

此时得到的矩阵U为描述空间变量的经验正交基,其前2列所提供的数据已经充分描述了原数据的空间变量信息。但在试验中,可以清楚地看到第1列向量为最优,因此取矩阵U第1列向量,按照上述把图像像素的二维矩阵转化为一维矩阵的方法进行逆向操作,即可把这列向量转化为一帧图像,即为所求结果。

图4-11表示的是上一节实验数据的奇异值分解法的处理结果。可以看出,处理后的图像消除了处理前图像中加热不均的现象,并且使得缺陷的对比度显著提高,显然,图像中间的圆形深色区域是缺陷区,其他部分为无缺陷区,缺陷区和无缺陷区的差别比较清晰。但是也可以发现图像的平滑度有明显的下降[2]。实验同时还表明,处理结果还与参与运算的图像序列的帧数和奇异值个数有关。所以在实际应用中,可以根据处理要求选择图像序列的适当帧数。

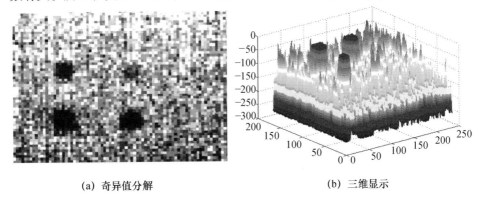

(a) 奇异值分解　　　　　　　　　　(b) 三维显示

图4-11　奇异值分解法处理结果

进一步研究表明,随着所处理图像序列帧数的增加,处理后图像序列中图像的最大信噪比S也逐渐提高;随着所取奇异值个数的增加,S先增加,达到最大值后逐渐减小,但是随着所处理图像序列帧数的增加,减小的幅度不断变缓。所以在实际应用中,可以根据处理要求选择图像序列的适当帧数,这样不仅可以满足要求,而且可以提高图像处理的速度。

4.5　主分量分析法

主分量分析(principal component analysis,PCA)是数理统计数据分析中的一种有效手段,该方法可以有效地找出复杂数据中最"主要"的元素和结构,有效去除噪声和冗余,达到将原有的复杂数据降维的目的。该方法的优点是计算简单,无需调整参数,可以很方便地应用到各种场合。因此它的应用非常广泛[5,8,9],被誉为应用线性代数中最有价值的方法之一。

4.5.1 主分量分析原理

主分量分析主要有两大优点:一是消除样本之间的相关性;二是能够实现样本的数维压缩。因此,主分量分析可以用来解决热波图像序列中信号的彼此相关性,把相关性高的内容融合并单独分离出来,达到把高维空间转换为低维空间的目的。

主分量分析,有时也称主分量子空间方法或主子空间方法,不是通常意义上的直接提取主分量,而是先确定前 p 个主特征向量与主分量子空间相同的一组任意的正交基空间,而后经过处理获得相应的主分量。该方法可以实现多个主分量的并行提取,但其后置处理的同时也破坏了 PCA 的实时性,因此只能适用于那些实时性要求不高的场合。

1. 主分量分析的定义

设 $x = [x_1, x_2, \cdots, x_m]^T$ 为随机向量,它的第 i 个主分量的定义为

$$y_i = v_i^T x, i = 1, 2, \cdots, m \qquad (4-28)$$

式中,v_i 是 m 维正交化向量集 $\psi\{v : v^T v = I\}$ 中的向量,且满足如下条件:

(1)使一切 $y = v^T x$ 的方差达到最大;

(2)使一切 $y = v^T x$ 与 y_1 不相关,且方差达到最大;

(3)使一切 $y = v^T x$ 与 $y_1, y_2, \cdots, y_{k-1}$ 都不相关,且方差达到最大,$k = 3$, $4, \cdots, m$。

2. 主分量分析的求解

主分量分析一般假设其满足线性、不相关、方差最大三大基本条件。其中:线性条件限定系统为线性的,反映了各分量特征信号之间是线性关系,便于计算;不相关性条件说明系统的各个组成分量都是相互独立的,都有着独立的作用;方差最大则在一定意义上意味着包含的信息量最大。主分量分析方法的关键是求取其相关矩阵,其计算步骤如下:

(1)采集数据形成 $m \times n$ 的矩阵,其中 m 为观测变量的个数,n 为采样点数。

(2)对原始数据进行白化等预处理,即在每个观测变量(矩阵行向量)上减去观测变量的平均值得到矩阵 X 后,再做归一化处理。

(3)求取数据 x 的协方差矩阵 C_X。

(4)求出 C_X 的全部特征值 $\lambda_1, \lambda_2, \cdots, \lambda_m$ 和对应的特征向量 $v_1, v_2, \cdots, v_m$,并将各个特征向量按照一定的顺序排列,即

$$\lambda_1 \geqslant \lambda_2 \geqslant \cdots \geqslant \lambda_m \qquad (4-29)$$

（5）此时可以选取 a 个特征信号 $y_1, \cdots, y_a$，满足：

$$y = [y_1, y_2 \cdots, y_a]^T = V^T x \qquad (4-30)$$

式中，$V = [v_1, v_2, \cdots, v_a]$，有 $V^T C_X V = \Lambda$，$\Lambda = \mathrm{diag}\{\lambda_1, \lambda_2, \cdots, \lambda_a\}$。

（6）提取前 b 个主分量作为特征信号，舍弃其余 $(a-b)$ 个信号，从而达到减少特征信号的个数，达到压缩特征空间维数的目的。

（7）由 n 个主分量重构原始数据。

3. 主分量个数的确定方法

根据实际要求，我们需要确定提取主分量的个数，目前有两种比较普遍的方法，一个是主分量回归检验法，另一个是主分量贡献率累积法（也称为百分比法）。下面分别介绍这两种方法。

1）主分量回归检验法

其主要思想是使得主分量模型中的误差平方和最小，可用如下形式表示：

$$y = x\theta + e \qquad (4-31)$$

式中，y 是一个 $n \times 1$ 的向量；x 是一个 $n \times p$ 的数据阵；θ 为 $p \times 1$ 的向量；e 为 $n \times 1$ 的向量，代表模型误差。当寻求最优模型参数时，目标是使误差的平方和最小，也就是式中 e 的各个元素的平方和最小，因此可以把该过程表达为下面的优化问题：

$$\min J = e^T e \qquad (4-32)$$

上式的目标函数计算为

$$J = e^T e = (y - x\theta)^T (y - x\theta) = y^T y - y^T x\theta - (x\theta)^T y - \theta^T x^T x\theta \qquad (4-33)$$

上式中 $(x\theta)^T y$ 是一个标量，故有：

$$J = y^T y - 2y^T x\theta + \theta^T x^T x\theta \qquad (4-34)$$

对目标函数 J 求偏导数，当 J 达到最小时，其偏导数为 0，计算得到：

$$x^T x\theta = x^T y \qquad (4-35)$$

从而可以得到参数优化式：

$$\theta = (x^T x)^{-1} x^T y \qquad (4-36)$$

将 $x = (U^T_p)^{-1} y_p$ 代入，则通过调节主分量个数 p 来优化参数 θ 使得目标函数最小，此时的 p 就是最佳主分量个数。

2）主分量贡献率和累积贡献率

在求取样本数据的主分量时，可以看出数据的降维过程也是使数据在其协方差矩阵对应的特征向量上改变的过程，如何选取合适的主分量个数，可以认为是对数据降维时的一个度和量的问题,量是指如何计算每个主分量在整个样本数据中所占的权重;而度是指当累积量达到多少时就可以认为主分量已经能够概括原始数据所提供的信息,由此引出方差贡献率的概念。可表示如下:

$$k_i = \frac{\lambda_i}{\sum\limits_{i=1}^{m} \lambda_i} \qquad (4-37)$$

上式即为第 i 个主分量的方差贡献率,λ_i 是第 i 个主分量的方差。

在实际的计算和应用中,往往不是提取全部 m 个主分量,如果前 p 个主分量的累积方差贡献率足够大时,可以只提取前 p($p<m$)个主分量作为主要特征向量,便可以舍弃多余的($m-p$)个冗余信号,这就达到了减少数据维数的效果。主分量的累计贡献率 k 定义为

$$k = \frac{\sum\limits_{i=1}^{p} \lambda_i}{\sum\limits_{i=1}^{m} \lambda_i} \qquad (4-38)$$

一般根据工程实际的需要选取累计贡献率,通常要求选取阈值不小于80%,工程应用结果表明少数几个主分量就可以达到保留原始信号的要求。

主分量分析是一种基于二阶统计量的分析方法,通过计算数据的协方差矩阵的特征向量和特征值,依次排序后,运用累计贡献率选取几个较大特征值的特征向量,从而实现将高维数据向量变换为低维数据,凝聚了主要特征信息,也降低了干扰。经过主分量分析法处理后的数据往往具有如下特点:

(1)各个主分量之间相互正交,它们一起构成了数据空间的正交基,因此可以消除冗余信息。

(2)主分量的大小排列顺序是按照方差的降序进行的,可以方便提取较大方差的主分量,从而使计算变得简单。

(3)运用累计方差贡献率来决定删除较小方差贡献率所对应的主分量,这些通常被称为次分量。而通常情况下,被删除的次分量主要包含噪声,通过主分量分析后可以实现数据的降噪处理。

4.5.2 热波图像序列主分量分析法

由于红外热波图像容易受到热像仪温度分辨率、环境条件、试件表面条件等多种复杂因素的影响,所获取的原始热像序列往往包含着比较复杂的成分,既有缺陷信息,也有干扰信息,并且这些信息往往是相互独立的,给缺陷信息检测与识别造成严重影响。从中还可以发现,热波图像各帧之间还存在着很强的相关性或相似性,这给主分量分析提供了良好的基础。图 4-12 是 4.3 节热波无损检测试验中获取的部分热像序列,显然,能清晰分辨缺陷的帧数为 42 帧($t=$

0.70s）至66帧（$t = 1.10\mathrm{s}$）。从图中可以明显地看到加热不均现象，同时由于加热功率较低以及缺陷较深等因素，缺陷的显示效果较差。

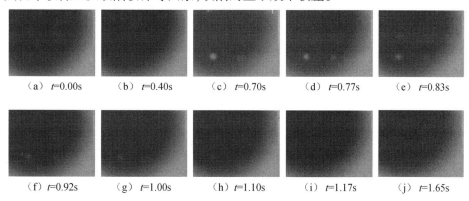

　（a）$t = 0.00\mathrm{s}$　　（b）$t = 0.40\mathrm{s}$　　（c）$t = 0.70\mathrm{s}$　　（d）$t = 0.77\mathrm{s}$　　（e）$t = 0.83\mathrm{s}$

　（f）$t = 0.92\mathrm{s}$　　（g）$t = 1.00\mathrm{s}$　　（h）$t = 1.10\mathrm{s}$　　（i）$t = 1.17\mathrm{s}$　　（j）$t = 1.65\mathrm{s}$

图 4-12　缺陷较为明显的部分热波图像序列

由原始试件热波图像可以知道被测试件中共预埋有 4 个缺陷，热源激励起始热波图像模糊，并且存在较大的噪声影响，掩盖了缺陷的特征，随着采集时间的增加，序列图像由模糊变得清晰，再由清晰变得模糊。

为了获取更清晰的试验结果，运用主分量分析方法对红外热波图像中缺陷显示效果较好的 30 幅图像进行合并分析处理。处理算法如下。

首先进行数据的预处理，待处理的图像序列模型如图 4-13 所示，若每帧图像的大小为 W 像素 $\times H$ 像素，共 N 帧。将热波图像序列中的每一个像素点在各帧图像中的值按时间顺序排列起来，构成一个新的 n 维向量，这个向量对应着数据矩阵（见图 4-14）中的一列。

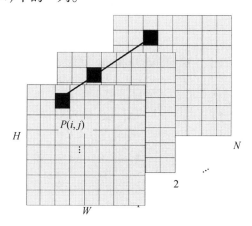

图 4-13　待处理图像序列

然后将经过预处理后的数据按照前面的处理步骤进行 PCA 分析。

按大小顺序排列获取的协方差矩阵的特征值分别为

107

21837. 32,51. 07,11. 64,10. 06,7. 60,6. 75,6. 68,6. 39,6. 21,6. 15,6. 12,6. 07,6. 05,5. 95,5. 89,5. 81,5. 75,5. 71,5. 66,5. 64,5. 60,5. 59,5. 58,5. 52,5. 44, 5. 41,5. 40,5. 35,5. 34,5. 29。

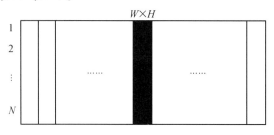

图 4 - 14   转换后的矩阵

若取前 4 个最大的特征值,则其累积贡献率为

$$k = \frac{\sum_{i=1}^{p} \lambda_i}{\sum_{i=1}^{m} \lambda_i} = \frac{21837.32 + 51.07 + 11.64 + 10.06}{21837.32 + 51.07 + \cdots + 5.29} = 0.993 \quad (4-39)$$

因此,前 4 个主分量就基本可以反映全部 30 帧热波图像的全部信息。为了便于分析说明,共获取 6 个主分量,并重建出对应的热波图像。

重建的主分量图如图 4 - 15 所示,很明显前 4 个主分量包含了图像的主要缺陷信息,从第五主分量开始大部分信息为噪声信号。

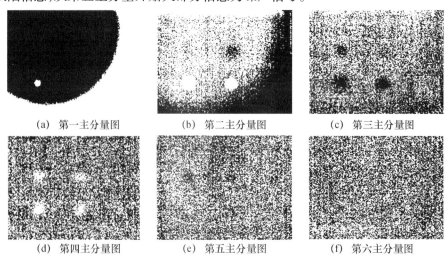

(a) 第一主分量图   (b) 第二主分量图   (c) 第三主分量图

(d) 第四主分量图   (e) 第五主分量图   (f) 第六主分量图

图 4 - 15   钢壳体试件 PCA 处理后的主分量图

从重建的主分量图可以看出:第一主分量图的主要信息为图像的加热不均部分,它是最主要成分;第二主分量图包含加热不均和缺陷的信息;第三主分量

图和第四主分量图很好地实现了图像缺陷的显示;而第五主分量图和第六主分量图近似于噪声,基本上没有包含缺陷信息。从处理后的图像可以看出图像缺陷的显示效果得到了增强,很好地分离出加热不均的问题,并且实现了将 30 幅图像的有用信息压缩至四幅图像,起到了很好的图像压缩的效果,进而可以加快图像的存储、传输和运算。

表 4 – 2 是根据图像质量客观评价标准计算的性能指标。可以看出图 4 – 15(a)第一主分量的熵值最小,很好地说明该图的信息比较一致,不确定性较小;其空间频率最小,说明该主分量图细节较少,缺陷的显示不清晰;其峰值信噪比值最大,意味着该图的噪声量最小。图 4 – 15(b)第二主分量图的峰值信噪比最小,意味着噪声量较大;图 4 – 15(c)第三主分量图、图 4 – 15(d)第四主分量图、图 4 – 15(e)第五主分量图和图 4 – 15(f)第六主分量图之间的各个评价标准基本一致,说明从第三主分量之后的图像信息基本一致,因此,提取更多的主分量将无意义。

表 4 – 2　钢壳体试件 PCA 处理后的主分量图性能分析

算法	熵	空间频率	均方根误差	峰值信噪比
图(a)	0.9849	38.5334	99.2625	18.8699
图(b)	1.1291	153.7145	161.8010	9.0979
图(c)	1.1522	215.0573	146.7146	11.0555
图(d)	1.1294	224.2591	139.2824	12.0952
图(e)	1.1313	226.1190	139.9920	11.9936
图(f)	1.1415	226.8357	140.6787	11.8957

综上可知,经过 PCA 运算后,30 帧的红外热波图像序列的缺陷显示效果得到了一定的提高,而且图像压缩成少数几帧主分量图,第三主分量图之后的图像还消除了加热不均的影响。用 PCA 重建图像序列不仅减小了加热不均的影响,增强了缺陷的显示效果,而且还能保留与缺陷深度和时间有关的信息,有利于后续的缺陷识别和定量分析,但哪些主分量主导缺陷深度信息,还需要进一步的研究和探讨。

4.6　精密脉冲相位处理法

4.6.1　脉冲相位法存在的问题

脉冲相位方法最早是由 X. Maldague 等人提出来的[13],它结合了脉冲型和调制型两种技术的优势,既可以用在闪光灯脉冲激励型热波图像序列处理中,也可以用在宽视窗直流热激励型热波图像序列处理领域,是一种很有前途的热波无损检测方法。近年来,该方法在定性和定量化缺陷检测方面有了较大的进展,能显著提高红外无损检测与识别的效果[14-16]。

由于 PPT 方法是基于 FFT 运算的,难免会发生频谱泄露和栅栏现象,使得普通的频谱精度较低,信号的幅值、相位与频率的确定,也都由于采样定理、傅里叶变换的性质和工程实际的限制,难以获得精确的结果,特别是频率和相位难以达到很高的分辨率,使得热波图像序列的定性分析、定量计算与真实情况偏差较大。近年来的很多研究表明 PPT 分析的最优频率通常是在低频段[14],往往是 0.01Hz 量级水平,并且随着缺陷深度的增加,其最优分析频率逐步减小。因此,工程上总是希望在这些特定频率附近有较高的频率分辨率,能够对信号的频率进行精确的估计,这样得到的检测效果会更好,其结果也更加可靠。

按照频率分辨率是采样频率与采样数据量的比值的原理,要提高频率分辨率,可通过 3 条途径来实现:

(1) 降低采样频率。这样做会使可分析的频谱范围缩小,并且有可能因不满足采样定理而发生频率混叠现象。

(2) 增加采样点数,即进行长时间的采样观测。这需要增加硬件的存储量和计算量,由于受到系统的软、硬件资源的限制,这样做并不是总能实现。

(3) 在降低采样频率的同时增加采样点数,这样做,对于像普通材料的试件的 PPT 分析,要想达到 0.002Hz 的频率分辨率,如果采样频率为 2Hz,那么就需要 500s(8.3min)的采样时间,显然,这样做就失去了脉冲法快捷的特点,也难以满足实际工程检测的需要。

针对这些问题,只有采用频谱细化的方法对 PPT 方法进行改进。目前,频谱细化技术主要有复调制 Zoom - FFT、Chirp - z 变换法、Yip - FFT 法、相位补偿细化法、小波分析细化等算法。其中复调制 Zoom - FFT 方法分析精度高、容易实现、控制灵活且计算效率高,是一种有效的方法[17-18]。因此,新的精密 PPT 算法首选复调制 Zoom - FFT 分析,在基于 FFT 分析的基础上先获取全景谱,进而对频谱中最优特征频率处的一个频段进行局部放大细化,增加谱线密度,以足够高的频率分辨率进行频谱的细致分析,从而获取更准确的频率信息。现有的频谱细化方法主要集中于幅值和功率谱的细化,而对于 PPT 方法的核心相位分析研究还不多,所以相位谱的精细改进也是精密 PPT 算法的重要研究内容。

4.6.2　基于复调制 Zoom - FFT 算法的实现

在实际的脉冲相位与幅值测量过程中,我们需要了解的往往只是热波信号中某一低频段的频率,只要对这一频段的信号进行分析即可。基于复调制的 Zoom - FFT 算法可以实现在较窄的频段内拥有较高的分辨率。

Zoom - FFT 的基本原理是,先对时间上连续但不重叠的等长度分段信号采样序列进行 FFT 分析,得到第一批分段粗 FFT 谱;然后在该分段 FFT 谱中挑选出感兴趣的粗频点片段,对这些分段 FFT 的粗频点所构成的新序列进行时域二次采样,再进行第二批次 FFT 处理,从而得到粗频点处的 FFT 细节谱。

基于复调制细化谱分析的精密 PPT 方法主要包括:复调制移频、低通数字滤波、重新抽样、FFT 频谱分析、频率调整以及相位调整等步骤,其工作原理和处理流程如图 4 – 16 所示。

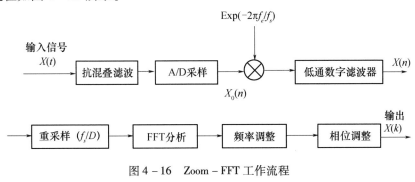

图 4 – 16　Zoom – FFT 工作流程

设模拟信号为 $x(t)$,经过抗混滤波和 A／D 采样后,得到离散的序列 $x_0(n)$,$(n = 0,1\cdots,N-1)$,f_s 为采样频率,f_e 为需要细化频带的中心频率,D 为细化倍数,N 为 FFT 的点数,$X(k)$ 为输出的序列。具体的算法过程可归纳为以下几个步骤:

1. 复调制移频

复调制移频是指将频域坐标向左或向右移动,使得被观察的频段的起点移动到频域坐标的零频位置。模拟信号 $x(t)$ 经过 A/D 转换后,得到离散的信号 $x_0(n)$,假设要观测的频带为 $f_1 \sim f_2$,则在此频带范围内进行细化分析,那么观测的中心频率为 $f_e = (f_1 + f_2 / 2$,对 $x_0(n)$ 以 $\mathrm{Exp}(-2\pi f_e / f_s)$ 进行复调制,由欧拉公式,得到的频移信号为

$$
\begin{aligned}
x(n) &= x_0(n)\mathrm{e}^{-\mathrm{j}2\pi f_e / f_s} \\
&= x_0\cos(2\pi nf_e / f_s) - \mathrm{j}x_0\sin(2\pi nf_e / f_s) \\
&= x_0\cos(2\pi nL_0 / N) - \mathrm{j}x_0\sin(2\pi nL_0 / N)
\end{aligned} \tag{4 – 40}
$$

式中:$f_s = N\Delta f$ 为采样频率,Δf 为谱线间隔,即频率分辨率;$L_0 = f_e / \Delta f$ 为频率的中心位移,也是在全局频谱显示中所对应中心频率 f_e 的谱线序号,则 $f_e = L_0\Delta f$。

根据离散傅里叶变换的移频性质,可以得出,复调制使 $x_0(n)$ 的频率成分 f_e 移到 $x(n)$ 的零频点位置,也就是说 $X_0(k)$ 中的第 L_0 条谱线移到 $X(k)$ 中零点频谱的位置。即存在如下关系:

$$
X(k) = X_0(k + L_0) \tag{4 – 41}
$$

2. 低通数字滤波

为了避免细化频带外高频成分对后面细化频谱分析时产生混叠现象,需要

111

对移频后的信号进行抗混叠滤波,滤出需要分析的频段信号。若细化倍数为 D,则低通数字滤波器的截止频率 $f_C \le f_s/2D$,滤波器的输出为

$$Y(k) = X(k)H(k) = X_0(k + L_0)H(k) \quad k = 0,1,2,\cdots,N-1$$

$$(4-42)$$

式中:$H(k)$ 是理想低通滤波器的频率响应函数。

3. 重新抽样

信号经过移频、低通滤波后,分析信号的频带变窄,点数变少。为了得到 $X(k)$ 零点附近的部分细化频谱,可对该信号进行降频重新抽样,把频率降到 f_s/D Hz,这样就可以获得更高的频率分辨率。但是应该注意的是,以低 D 倍的采样频率进行重新采样,可用的信号长度或点数相应地减少 D 倍,达不到提高频率分辨率的目的。

为了保证提高频率分辨率,可以通过补零的办法保证相同的采样点数,这样样本的总长度加大,频谱的分辨率也就得到了提高。设原采样频率为 f_s,采样点数为 N,则频率分辨率为 f_s/N,现重采样频率为 f_s/D,当采样点数仍是 N 时,其分辨率为 $f_s/(D \times N)$,分辨率提高了 D 倍。这样就在原采样频率不变的情况下得到了更高的频率分辨率。

若对 $y(n)$ 进行降采样 D 倍,得到的新信号序列为

$$g(m) = y(Dm)$$

$$(4-43)$$

4. 复数 FFT

重新采样后的信号实部和虚部是分开的,需要对信号进行 N 点复数 FFT,从而得出 $N/2$ 条谱线,此时分辨率为 $\Delta f' = f_s'/N = f_s/ND = \Delta f/D$,可见分辨率提高了 D 倍。求得的局部频带的细化谱为

$$D(k) = \sum_{m=0}^{N-1} g(m) W_N^{mk} = \begin{cases} X_0(k + L_0)/D & k = 0,1,2,\cdots,N/2-1 \\ X_0(k + L_0 - N)/D & k = N/2,N/2+1,\cdots,N-1 \end{cases}$$

$$(4-44)$$

5. 频率调整

经过上述运算后的谱线不为实际频率的谱线,需要将其反向搬移,转换成实际频率,进而得出细化后的频率。即

$$X_0(k) = \begin{cases} D \cdot G(k - L_0) & k = L_0,L_0+1,\cdots,L_0+N/2-1 \\ D \cdot G(k - L_0 + N) & k = L_0 - N/2,\cdots,L_0-1 \end{cases}$$

$$(4-45)$$

经过上述 5 个步骤的运算和处理以后,其最终结果 $X_0(k)$ 能很好地反映出原来采样序列在某一频带内的频谱特性。与同样点数的 PPT 方法相比,本方法所获得的频率分辨率要高 D 倍,可获得更精密的频谱信息。

4.6.3 精密相位的实现

上述细化谱分析过程中,低通数字滤波的设计非常关键,原因之一是理想的低通数字滤波器无法实现,实际的滤波器会给频带两端带来误差;原因之二是数字滤波器还会给不同的频率成分造成不同的相移,而 PPT 分析方法最重要的指标就是相位,相位误差会对后期的定性和定量分析产生致命的影响。因此精细和准确的相位计算是精密脉冲相位分析法必须解决的关键技术。

1. 细化倍数的确定

细化谱的细化倍数 D 通常不宜过大,一般取 10 以下,当 D 较大时,则要采用多次细化串联使用的方式[15]。这样做既能降低运算量和存储量,也能简化数字滤波器的设计。设各级细化的倍数为 D_i,则总的细化倍数 D_T 为[18]:

$$D_T = \prod_{i=1}^{N} D_i \qquad (4-46)$$

式中,N 为自然数,一般多用 2 级串联系统。

2. 数据序列的处理

与振幅相比,相位对噪声更加敏感,很小的噪声会造成很大的相位误差,误差最大可达 $90°$,所以在相位细化分析前要对信号进行平滑处理,可采取先中值滤波,然后平均滤波的组合滤波方法,也可以在热像仪中设置硬件滤波的方式。为了进一步改善相位分析结果,还可以采用上一章数据拟合方法,在温度上升段用多项式拟合,在温度下降段用指数拟合,可以得到很平滑的相位信息,实验表明拟合对改善相位图像效果明显[16]。

3. 采样参数的选择

在采样时间间隔一定的情况下,采样窗口长短对相位有较大的影响。采样窗口对相位分析的影响主要有:频率分辨率、相位大小误差、窗口截断引起的能量泄漏等。采用合适的采样截断窗口形式可以减小能量泄漏,但同时也减小了相位分辨率,所以实际中采用矩形窗口。采样时间缩短,意味着信息丢失较多,热图序列不完整,增大了相位估计误差。在脉冲相位分析中,主要关心的是相位大小,因为它直接影响了相位图像的分辨率,减小窗口会引起相位减小,可以看到随着采样时间的延长,变换得到的频谱更准确,相位差也越大,所以保持足够大小的采样窗口除了可以提高频率分辨率外,还有利于提高相位图像的对比度。

考虑到上一章脉冲热像温度下降过程可以使用多种模型来进行精确的拟合,我们可以使用拟合模型来扩展采样的时间长度和点数。由于采样频率不变,所以可分析的最大频率不变,但数据长度增大,必然可以同步提高频率分辨率,进而改进相位的分辨率。因此这对脉冲相位测量技术来讲是有利的,特别是在细化谱分析的降采样中,可以摒弃补零的办法,可以获得更为准确的长采样数据。分析表明扩展后的相位值大小也有所增加,尤其是在低频处增大较多,高频处与扩展前的相位值渐渐接近[16]。当然,曲线的拟合扩展与实际情况还是有一定差距的。

由于实际的红外热波的温度—时间变化的有效信息分布在低频段,高频往往是噪声引起的,所以太高的采样频率虽然可以使检测更迅速,但也会带来噪声。另一种情况是采样频率太低,由于采样频率的降低,采样时间加长,采样点减小,虽然可以带来频率分辨率的提高,但最后得到的频率分布点可能相应地减少,且高频的相位差也变小。

总之,在实际工作中,对热传导快的目标要采取较高的采样频率,但同时要考虑避免采样频率高带来的噪声影响,所以采样参数要根据实际情况进行选择。特别是在考虑采用细化分析时,应该综合考虑各种采样参数的相互制约关系,必要时拟合扩展可以解决一定的问题。

4. 相位的修正与补偿

在频谱细化过程中,信号通过低通滤波器时会产生相移,因此在最后结果里,并不是真正的相位值。所以,必须按照滤波器的相位特性予以修正或补偿,得到真正的相位,从而实现相位的细化,为 PPT 定量分析奠定基础。

1)线性相位的修正

因 FIR 滤波器在特定条件下具有良好的线性相位特性,因此采用的 FIR 滤波器需要满足一定条件,即 FIR 滤波器的脉冲响应应具有对称特性。若设其滤波系统函数为

$$H(z) = \sum_{n=0}^{N-1} h(n)z^{-n} \qquad (4-47)$$

式中:$h(n)$ 是滤波器脉冲响应系数;z 为 Z 变换的变量;$N-1$ 为滤波器阶数。

那么 FIR 滤波器的脉冲响应该满足如下条件:

$$h(n) = h(N-n-1), \quad 0 \leq n \leq N-1 \qquad (4-48)$$

此时滤波器的相位因子为 $e^{-i\omega(N-1)/2}$,与频率 ω 是线性关系,所以相位 θ 应修正为

$$\theta(\omega) = \omega(N-1)/2 \qquad (4-49)$$

同样的道理,IIR 滤波器也具有良好的线性相位性质,因此也可采用经典的 IIR 低通数字滤波器,并对相位进行修正。

2)相位补偿

一般情况下,在信号变换过程中不希望信号的相位发生改变,因此零相位滤波器是更好的选择,也避免了修正环节。所以在细化谱分析中可以引入零相位数字滤波器。零相位滤波器的实现也不复杂,可以使用信号中当前点前后的数据信息,先进行正向滤波,再进行一次反向滤波,这样正反向滤波产生的线性相移正好得到补偿或抵消,消除了相位失真,实现了零相位滤波。

4.6.4 应用实例

图 4 – 17 和图 4 – 18 是脉冲热像和脉冲相位图像检测效果的对比试验结果[14]。其中图 4 – 17 是某玻璃预埋缺陷试件在 3 个不同时刻的脉冲热像原始温度图,其时间分别是 15s、28s、78.5s。其左图标明各缺陷的深度数据,显然 PT 方法最多可以探测出 3mm 深的缺陷。而图 4 – 18 是用 PPT 方法获得的 3 个相位图,其频率分别是 0.0014Hz、0.0020Hz 和 0.0042Hz。从其高频率分辨率的相位图上可以看出 PPT 方法最深可以探测到 6mm 深的缺陷,比 PT 法高了一倍左右,效果良好。

图 4 – 17　3 个不同时刻的 PT 原始温度图

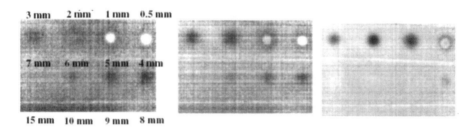

图 4 – 18　3 个不同细化频率下的相位图

但从其实验情况来看,其采用频率为 3.75Hz,采样点数为 6000,采用总时间达到 26min,频率分辨率达到 0.000625。这样的频率分辨率虽然很好,但其采用总时间却过长,无法满足现场无损检测的要求。因此,虽然 PPT 算法相对于 PT 算法可以达到很高的低频探测效果,但是其检测时间过长,并不实用。

图 4 – 19 和图 4 – 20 是 PPT 和精密 PPT 方法实验结果对比[15]。该试验试件为铝制板状样件,背面加工有 6 个直径为 10mm,深度分别为 1.4 mm、1.6 mm、1.8 mm、0.8 mm、1.0 mm 和 1.2 mm 的平底孔来模拟损伤。

采用单面法进行实验,热激励为两只闪光灯,能量为 6.4kJ,加热脉冲持续 l0ms。热像仪像素分辨率为 320 × 240,采样频率为 60Hz,采样点数为 30,采用时间 0.5s,细化倍数为 10。从图中不难发现两种方法的左边的幅值谱受试件表面状况影响大,噪声干扰较大,虽然精密幅值图更清晰,但检测效果仍然不够理想;相反右边的相位图受试件表面干扰的影响很小,精密相位图具有更好的检测

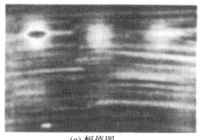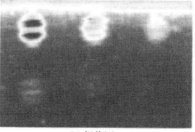

(a) 幅值图   (b) 相位图

图4-19　PPT方法获得的幅值和相位图

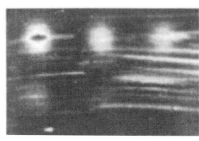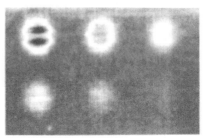

(a) 幅值图   (b) 相位图

图4-20　精密PPT方法获得的幅值和相位图

效果。

　　由此可见,精密PPT方法兼具检测速度快和检测效果好双重优点,因此,该方法具有良好的应用前景。

4.7　小　　结

　　本章首先较全面地介绍了热波图像序列经典的处理方法,运用实例对各种经典方法的处理效果进行对比和分析;然后对奇异值分解和主分量分析两种新方法进行较深入的研究和探讨;最后对精密脉冲相位法的原理、实现和应用进行研究和论述。

参 考 文 献

[1] 黄建祥, 张金玉,黄小荣. 基于差值图像的红外热波图像融合增强算法研究[J].第二炮兵工程学院学报,2011,25(3):35-39.

[2] Huang Jianxiang, Zhang Jinyu. Comparison Research on Infrared Thermal Wave Image Sequence Processing Technology. The 4th International Conference on Image and Signal Processing(CISP11). 2011.10.

[3] 黄建祥, 张金玉,黄小荣. 基于小波变换的独立分量及其在红外热波图像中的应用[J]. 无损检测.

[4] 黄建祥. 基于BSS的红外热波图像增强技术研究[D]. 西安:第二炮兵工程大学,2011.

[5] Maldaglle X. Theory and Practice of Infrared rIkhn0109y for Non—destructive Testing ［M］. New York：John Wiley&Sons. 2001.

[6] 张志强,赵怀慈,赵大威,等. 基于 SVD 算法的红外热波无损检测方法研究[J]. 机械设计与制造, 2012. 4 53 – 55.

[7] 赵璨媛,王黎明. 基于 SVD 算法的红外序列图像增强技术研究[J]. 红外技术,2009,31(1) :47 – 50.

[8] 杨绍普,申永军,李其汉. 基于奇异值分解的突变信息检测新方法及其应用[J]. 机械工程学报. 2002, 38(6) :102 – 105.

[9] 陈伏兵. 人脸识别中鉴别特征抽取若干方法研究[D]. 南京:南京理工大学,2006.

[10] 杨世元,吴德会,苏海涛. 基于 PCA 和 SVM 的控制图失控模式智能识别方法. 系统仿真学报[J]. 2006,18(05) :1314 – 315.

[11] 杨正伟,张炜,田干,等. 红外热波方法检测壳状结构脱粘缺陷[J]. 红外与激光工程,2011,40(2) : 186—191.

[12] 刘俊岩,戴景民,王扬. 红外图像序列处理的锁相热成像理论与试验[J]. 红外与激光工程,2009,38 (2) :346 – 351.

[13] X. Maldague, S. Marinetti, Pulse phase infrared thermography, J. Appl. Phys. 1996, 79 (5) : 2694 – 2698.

[14] Masashi Ishikava, Hiroshi Hatta, Yoshio Habuka, etc. Detecting Deeper Defects Using Pulse Phase Thermography, Infrared Physics & Technology, 2013, 57 :42 – 49.

[15] 马说邯,马齐爽. 红外脉冲相位复调制细化检测算法［J］. 红外与激光工程, 2012, 41(8) : 2222 – 2228.

[16] 田裕鹏. 红外辐射成像无损检测关键技术研究[D]. 南京:南京航空航天大学,2009. 1.

[17] 江波,唐普英. 基于复调制的 ZoomFFT 算法在局部频谱细化中的研究与实现[J]. 大众科技, 2010, (7) :48 – 49.

[18] 王兰炜,赵家骝,王子影,等. 频率细化技术在超低频、极低频电磁信号检测中的应用[J]. 地震学报, 2007,29(1) :59 – 66.

第五章　热波图像序列的配准与增强技术

热波图像获取过程中,由于手持热像仪难免会产生抖动以及分区检测位置的不准确,获取的热波图像序列各帧之间总会存在一定的位移或形变。这种位移和形变显然将降低缺陷的识别精度,也会对后续图像序列处理方法产生不利影响。同时,实际获取的红外热图因受到各种不利因素的影响,存在对比度低、噪声大及加热不均匀等问题,特别是对于金属类的高反射率的材料,噪声更大,缺陷信号很难提取。因此,本章首先研究图像序列的配准技术,然后着重探讨三种新的增强算法。

5.1　图像配准技术

图像配准是指对取自不同时间、不同传感器(或成像设备)、不同视角和不同拍摄条件(天候、照度等)下获取的两幅或多幅图像进行空间和时间上最佳匹配的过程。图像配准始于20世纪70年代,由美国飞行器辅助导航系统、武器系统的末制导应用等研究中提出来的。经过几十年的发展,图像配准技术已被广泛用于计算机视觉、制造业、医学图像分析、遥感图像处理、军事、自动目标识别等领域,并成为图像重建、理解和融合中的关键技术之一。

5.1.1　常见图像配准方法

图像配准方法通常分为基于灰度的配准、基于特征的配准和基于变换域的配准等三类方法[1-3]。

基于灰度的配准方法是指利用图像的灰度信息建立相似性度量,采用某种搜索策略寻找使相似性度量值最大或最小,实现两幅图像的配准。主要包括相关系数法、模板匹配法、序贯相似性方法、最大互信息法[4-6];为了减少搜索空间和配准时间,人们相继提出了多子区域相关配准算法、两级模板配准算法、分层序贯配准算法等各种快速配准算法;为了抗噪声干扰和减少几何失真问题,又提出了随机符号变化准则和不变矩等算法。

基于特征的配准方法是指利用图像的某些显著特征(点、线、边界、轮廓、闭合区域以及统计矩)作为模型,通过匹配特征求解变换模型参数,实现图像的配准。

基于变换域的配准方法主要是指根据傅里叶平移理论,计算两幅图像的互功率谱,再通过傅里叶反变换找到最大峰值出现的时间,进而计算配准参数。傅里叶变换方法实现还可以对存在旋转和平移角度的图像进行配准。

此外,变换域配准方法还可以采用其他变换方法。如 G. Lazaridis 等人提出将 Walsh Transform 变换的思想引入图像配准中,对仅存在旋转和平移的图像进行配准[7];Shirin Mahmoudi Barmas 等人提出用 Contourlet 变换提取图像边缘,再以边缘信息为基准进行图像配准;刘斌等人提出利用小波分解,将两幅待配准图像的伸缩、旋转、平移等配准问题转化为对其作小波变换后两幅图像近似分量的伸缩、旋转、平移配准问题等[8]。

这三类配准方法各具特点,在工程上都有成功的应用。各种方法的优缺点如表 5 - 1 所列。

表 5 - 1 各种图像配准方法的优缺点

方法	优　点	缺　点
基于灰度	人工干预少,能最大限度的保留图像的信息,精度较高,可应用于多模态图像配准	计算量大、时间长;对噪声、几何变形等比较敏感
基于特征	计算量小、速度快、精确度高,对灰度变化、图像形变和遮挡等都有较好的适应能力	需人工干预,特征的获取比较困难,对特征依赖性高
基于变换域	对噪声有一定抵抗能力,采用 FFT 的方法可提高执行速度;适合于多传感器和光源变化采集的图像配准	一般要求重叠区域比较大,只能用来配准灰度属性有线性正相关的图像

5.1.2　图像配准的基本框架

图像配准的基本框架包括:特征空间、搜索空间、搜索策略和相似度度量。实际应用时,需要综合考虑配准精度和速度、算法的复杂性、稳定性和可靠性等,确定合适的配准策略[1,3]。

特征空间是指从待配准图像中提取的可用于配准的特征(比如点特征、边缘、轮廓、闭合区域等),特征的选取大体决定了图像配准算法的运行速度、精度和鲁棒性等性能。

搜索空间是指在图像配准过程中对图像进行变换的范围及变换的方式,包括线性变换(刚体变换、仿射变换及投影变换)和非线性变换(比如二次、三次函数及薄板样条函数等)。插值技术是指对图像变换过程中非整数像素点赋值的问题。通常采用反向映射的方法进行插值,即从配准后图像上的坐标位置出发,找到原始图像上对应的坐标位置,利用该位置周围像素点的灰度值,通过插值方法求出该点的灰度值,并将该灰度值赋给配准后图像上对应的像素点[2]。表 5 - 2 列出了各种插值法的性能比较。

表 5－2　各种插值法性能比较

插值法	优点	缺点
最近邻域插值	实现简单,计算量小	使线状目标边界产生锯齿,结果不够精确,精度很低
双线性插值	效果较好,保持了像素灰度值的连续性,图像比较平滑	平滑作用使图像的细节产生退化,图像轮廓模糊
立方卷积插值	精度高,图像边缘细节保持较好	计算量大,计算时间长
PV 插值	不产生新的灰度值、精度高	仅用于互信息配准,存在局部极值

此外,样条插值(B－样条,三次样条,薄板样条)、Lagrange 插值法、Gaussian 插值法、sinc 函数插值等都被证明各有优缺点,适应于不同的应用场合。

搜索策略是指在搜索空间中找到最优的配准参数的方法,关系到图像配准的快慢和精度。搜索策略以图像配准时采用的相似度测度作为判优依据,常用的搜索策略及优缺点如表 5－3 所列[2,3]。

表 5－3　各种搜索策略及优缺点

搜索方法	优点	缺点
穷举法	原理简单	计算量大,速度慢
黄金分割法	需给定包含极值点的初始空间,稳健性好	线性收敛速度
Brent 法	收敛速度快,鲁棒性好	全局搜索能力不强
Powell 法	无需计算梯度,目标函数连续即可,速度快,局部寻优能力极强,只考虑一个变数	依赖于初始点,易落入局部最优解,搜索方向要求线性无关
遗传算法	全局搜索能力极强,精度高	可能会陷入局部极值,计算时间较长
蚁群算法	通过信息素的积累和更新而收敛于最优路径,具有分布、并行、全局收敛能力	前期信息素匮乏、算法速度慢
牛顿法	收敛快,不会终止于鞍点	需求目标函数的二阶导数,计算量较大
模拟退火法	无需求偏导数和解大型方程组,编程简单,对初始值选取要求低,全局搜索能力强	计算时间长,参数难以控制、速度慢,易进入错误搜索方向
单纯形法	不需计算导数,同时考虑所有变量	收敛速度慢,全局搜索能力差
进退法	可自动确定包含极值点的初始空间	速度慢、全局搜索能力差
最速下降法(梯度法)	实现简单、有一阶的收敛速度	求得的是局部最优解,不能保证全局最优,和初始点有关

相似度度量(相似性测度)是用来衡量每次变换结果优劣的准则,用来对变

换结果进行评估,为下一步的搜索方向提供依据,确保得到的变换参数为最佳配准参数。通常将相似性测度分为基于距离的相似性测度、基于相关性的相似性测度和基于信息熵的相似性测度三种,其性能比较如表 5 - 4 所列。

表 5 - 4   各种相似性测度及性能比较

相似性测度	实 例	特 点
距离测度	绝对值误差和、均方根误差、Hausdorff 距离	原理简单、实现方便,但是速度慢,精度较低
相关性测度	相关系数、相关比率、梯度互相关	计算量大,不适合多模图像配准
熵测度	条件熵、互信息、联合熵	不用预处理操作,精确度和鲁棒性高、易受噪声影响

5.2   热波图像序列的配准

热波图像序列的配准主要包括单组热像不同时刻的热像间的配准和多组热像之间的拼接配准两个方面[9]。

5.2.1   热波图像序列的几何形变及配准策略

在热波检测过程中,由于热像的获取大部分都是采用手持热像仪的方法完成的,操作人员手的抖动和移位是在所难免的,同时由于热像仪视场角有限,对大尺寸试件进行检测时需要分区成像,这些因素导致热像仪容易出现靠前和靠后(即检测距离发生变化)、旋转或倾斜等现象,获取的热波图像序列各帧之间存在一定的旋转和平移等几何形变。几何形变在热波图像中是比较常见的,特别是在分区检测时各组热波图像序列之间的几何形变会更加明显。在进行图像处理前,必须进行配准操作。

首先考虑特征配准方法。为了弄清有效的热波图像配准策略,我们用真实的热波图像做特征提取的试验。试验结果如图 5 - 1 所示。其中:图(a)为预埋缺陷试件进行热波成像后,经过差分等处理得到的显示效果较好的热波图像,图(b)为 Sobel 算子边缘检测结果,图(c)为 Log 算子边缘检测结果,图(d)为 Prewitt 算子边缘检测结果。

从检测结果图可以看出,热波图像的特征提取效果很不理想;角点检测时存在大量的误检测点,几乎无法提取任何有用的特征和边缘;而且针对不同时刻获取的热波图像的灰度值和缺陷显示效果存在明显差异,缺陷的不确定性和无规则性将导致特征提取更加困难。因此,基于特征提取的配准方法在热波图像中是行不通的。

(a) 试件1的第136帧图像　　　　　　　(b) Sobel算子边缘检测结果

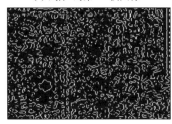

(c) Log算子边缘检测结果　　　　　　　(d) Prewitt算子边缘检测结果

图 5 - 1　热波图像及特征提取结果

其次考虑人工控制点法。即人为的在热成像前对试件进行标注,或在获取的热波图像上提取和查找同名点。采用人工控制点的方法具有原理简单、计算量小等特点,但是这种方法对操作人员的要求较高,自动化和实时性不够,并且精度完全取决于控制点的选取精度以及它们在图像上的分布情况。由于每个人都有一定的偏好,因而使得这种图像配准的精度难以保证,同时标注控制点可能破坏试件或缺陷的显示,而且在很多场合是没有办法事先对试件进行标注的。

因此,热波图像的配准策略不宜采用基于特征或控制点的配准方法,应考虑采用其他图像配准方法,或者在热像获取时采取更为有效的措施,尽量减少抖动。

5.2.2　热波图像序列拼接配准策略

在对不同组(即不同采集时间和采集位置)的热波图像序列进行拼接配准时,需要考虑两幅图像在时间域上的对应关系。例如进行大尺寸试件检测时,利用热像仪对试件不同区域进行热波成像,分别得到具有一定重叠区域的多个图像序列。在进行拼接和融合之前,首先需要对这多个图像序列在时间上和空间上进行配准。在这种情况下,热波图像序列的配准不但需要求解两个图像序列之间的空间对应关系,而且还要求解不同序列中的待拼接的两帧图像在时间上的对应关系。也就是说,热波图像序列之间的拼接配准不仅需要解决空间上的配准问题,而且还需要解决时间上的配准问题。

目前,序列图像的配准主要包括三种策略:

(1)指定图像序列中的某一帧作为参考图像,其余各帧都以该帧为基准进行配准。

（2）按照图像序列本身的顺序进行两两配准，就是第 i 帧图像与第 $i+1$ 帧图像进行配准。在两两配准后，再通过变换矩阵进一步计算，进行整合。

（3）对已配准的图像提取出匹配情况良好的模板区域，建立一个模板库，通过不断更新模板库来实现序列图像的配准。

显然，第一种方法的配准误差较大，适应性不高；第二种方法存在严重的误差传递问题，且计算复杂；第三种方法能够较好地解决误差传递的问题，但是模板的提取缺乏具体的理论指导。

综合考虑各方面的因素，针对热波检测技术和图像序列的特点，易采用以下策略实现热波图像序列的分组配准。

（1）组内采用分段配准策略，即将相邻几帧图像划为一段，以每段的第一帧图像作为该段的参考图像，先将该段内的所有帧图像进行配准，然后将每段的最后一帧与后一段的第一帧图像进行配准。通过这种分段配准的方式不仅可以避免温度变化过大带来的导致灰度值差异较大而出现误配准现象，也可在一定程度上降低传递误差。

（2）组间采用模板配准策略，即在第一组图像序列中的最佳对比度图像上提取模板，再在第二组图像序列中以该组序列的最佳对比度图像的前后数帧作为搜索范围，找到最佳的配准帧，则可以同时完成时间和空间的配准。其他各组则以此为基准，进行相应的配准。

5.3　基于遗传算法的热波图像序列配准

上述的配准策略中模板匹配是其一个关键环节。模板匹配的基本原理是在待配准的图像中选择一幅作为基准图像，并在该图中定义一个参考模板 C，然后利用一定的搜索算法在另一幅图像（浮动图像）上找到与参考模板 C 具有最佳匹配效果的区域 C′（配准模板），最后根据参考模板 C 和配准模板 C′之间的几何变换关系确定待配准图像之间的配准参数。

模板匹配的传统搜索策略是通过将参考模板 C 依次在浮动图像中进行逐点移动，每次一个像素，在每一点处计算模板 C 与该区域的匹配程度，直到找到具有最佳匹配效果的配准模板 C′。当两幅图像存在旋转和缩放等形变时，这一穷举搜索过程将会十分复杂，即使两幅图像只存在水平和垂直位移，配准过程的计算量依然十分庞大，导致配准的速度十分缓慢。显然，这种穷举搜索策略无法很好地应用于热波图像的配准。

遗传算法作为一种智能优化算法，以其特有的全局优化、随机搜索、自适应、并行性和鲁棒性等优点在参数优化方面具有无可比拟的优势。由于模板匹配是一个参数优化问题，因而可以利用遗传算法来实现热波图像序列的配准，对匹配过程中的参数进行最优化控制,从而提高匹配的精度,降低运算的时间。

5.3.1 遗传算法的改进策略

由于遗传算法固有的局部搜索能力差、易早熟等缺点,容易陷入局部最优解,为此,将多种群自适应遗传算法用于热波图像的配准[9]。其算法流程如图 5-2 所示。

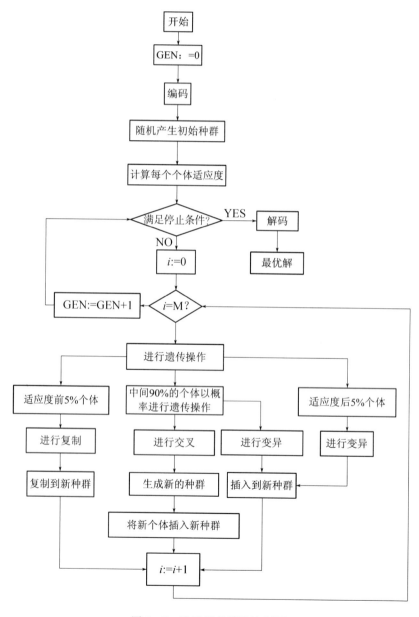

图 5-2 改进遗传算法流程图

124

1. 编码方式

由于热波图像的配准过程涉及 4 个实数参数:水平位移 t_x、垂直位移 t_y、旋转角度 θ 和缩放因子 s,因而,采用实数编码方式。实数编码适合于参数变化较大、精度要求较高和存在较大空间的参数优化情况,同时可以减少采用二进制方式时编码、译码所耗费的时间,提高配准的速度。

2. 改进遗传操作数

遗传操作数决定了种群中个体的进化模式和种群的多样性,进而影响和决定了算法迭代的精度和收敛速度。针对基本遗传算法中遗传操作数的缺点,采用以下策略改进遗传操作数。

(1)选择父代中的个体适应度排在前 5% 的个体,不参与交叉和变异运算,直接用它们来替换掉经过交叉、变异等操作后适应度最低的个体;

(2)选择父代中个体适应度排在后 5% 的个体,设定其变异概率为固定值 0.2;

(3)针对余下的 90% 的个体,采用自适应交叉、变异概率。

自适应交叉操作的基本思想是对适应度高的个体采用较小的交叉率,对适应度低的个体采用较大的概率进行交叉,交叉概率 p_c 的取值由式(5-1)确定:

$$p_c = \begin{cases} a \times \dfrac{f' - f_{avg}}{f_{\max} - f_{avg}} & f' \geq f_{avg} \\[3mm] b + \dfrac{f' - f_{avg}}{f_{\max} - f_{avg}} & f' < f_{avg} \end{cases} \qquad (5-1)$$

自适应变异概率的基本思想是适应度高的个体变异概率小,适应度低的个体变异概率大,编译概率 p_m 取值由式(5-2)确定:

$$p_m = \begin{cases} c \times \dfrac{f'' - f_{avg}}{f_{\max} - f_{avg}} & f'' \geq f_{avg} \\[3mm] d + \dfrac{f'' - f_{avg}}{f_{\max} - f_{avg}} & f'' < f_{avg} \end{cases} \qquad (5-2)$$

式(5-1)和式(5-2)中,f' 为选中的待交叉的两个个体中较大的适应度值,f'' 为待变异个体的适应度值,f_{avg} 为当前种群中个体适应度的平均值,$f_{\max}$ 为当前群体中最大的适应度值。a、b、c、d 为自适应概率参数,实际应用中可以根据不同的输入图像和要求进行调节,取值范围 a 为 $0 \sim 0.5$,b 为 $0.5 \sim 0.9$,c 为 $0 \sim 0.3$,d 为 $0.3 \sim 0.8$。

3. 适应度函数

在模板匹配中常用的适应度函数(即相似性测度)有最小平方误差和互信息。当图像 A 的模板 C 和图像 B 中的待配准区域 C' 完全匹配时,二者之间的像素灰度值之差应为最小。所以我们可以利用最小平方误差 $D(i,j)$ 来衡量二者的相似程度,并将其作为遗传算法的适应度函数:

$$\underset{0<i\leqslant M,0<j\leqslant N}{fit(i,j)} = \left|\frac{1}{1+D(i,j)}\right|^2 \qquad (5-3)$$

式中:

$$D(i,j) = \frac{1}{MN}\sum_{i=1}^{M}\sum_{j=1}^{N}\left|C'(i,j)-C(i,j)\right| \qquad (5-4)$$

即目标窗口(区域 C′)和配准窗口(模板 C)内各自灰度值的平均绝对差,其值越小,则适应度 $fit(i,j)$ 越高,表明解的质量越好,越接近最佳匹配位置。

4. 参数的选择

种群规模 M 为 80、进化代数 T 为 120、水平位移 t_x 范围为 $[-50,50]$、垂直位移 t_y 范围为 $[-50,50]$、旋转角度 θ 范围为 $[-10°,10°]$、缩放因子 s 范围为 $[-3,3]$。

5. 终止条件

由于迭代过程中每一代都包含 M 个个体,即涉及 M 个大小为 $m\times n$ 的图像的计算,因而计算量较大。为此,常采用为遗传算法设定一定的进化代数,当迭代次数达到规定的代数时停止搜索。

5.3.2 基于灰度值修正权值的反距离插值技术

图像经过几何变换后,像素点的坐标可能出现与原采样网格不重合的现象,因而须对变换后的图像进行重采样和插值处理,在插值运算过程中易引入新的灰度值,降低配准的精度。因此,选取合适的插值方法对配准结果也是十分重要的。

根据热波图像的灰度值直接反应了试件表面的温度值这一特点,可以采用基于灰度值修正权值的反距离插值技术。具体方法是[9]:选取待插值点周围的16 个临近点,对这 16 个点分配不同的权值,各权值大小采用反空间距离分配权值的度量方法,即较近的像素点被赋予一个较高的权重份额,较远的像素点被赋予一个较小的权重份额,即

$$\begin{cases} SUM = \sum_{i=1}^{n}\frac{1}{d_i} \\ \lambda_i = \frac{1}{d_i\times SUM} \end{cases} \quad i = 1,2,\cdots,16 \qquad (5-5)$$

式中,d_i 为第 i 点到当前待插值点的空间距离;n 为参与计算的像素点数,这里取 $n=16$,插值点选取如图 5-3 所示。

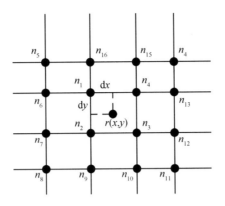

图 5 - 3　插值技术示意图

求得权值后,再根据各临近点的灰度值 e_i 大小对各点权值进行修正:

$$\varepsilon_i = \lambda_i \times \frac{e_i}{\sum\limits_{i=1}^{n} e_i} \quad i = 1,2,\cdots,16 \qquad (5-6)$$

求出最大值权值 $\varepsilon_{\max}$ 和最小值权值 $\varepsilon_{\min}$ 后,进行归一化得到各点最终的权值:

$$w_i = \frac{\varepsilon_i - \varepsilon_{\min}}{\varepsilon_{\max} - \varepsilon_{\min}} \quad i = 1,2,\cdots,16 \qquad (5-7)$$

5.3.3　基于多种群自适应遗传算法的热波图像序列配准

1. 模板的选取

基于模板匹配的热波图像配准的精度在很大程度上依赖于模板的选取是否合适。由于热波图像存在大量的背景区域,环境的影响较为明显且图像对比度较低,因而不能采用常规的模板选取方法。

根据热波检测原理中关于热量在试件中的传导特性,以及热波图像灰度信息直接反映试件的温度这一特点,可以知道,缺陷区域的温度积累使得灰度值与周围背景的差异较大,因而可以利用缺陷区域作为配准的要素。也即根据热波图像中的缺陷区域的大小和形状选取用于配准的模板,这样做不仅能够增加配准的精度,而且由于缺陷区域反映了更多的细节信息,对噪声敏感度较低,因而配准精度较高。

由于环境和设备本身的热辐射的影响,获取的热波图像在不同区域的灰度值可能几乎相同,即存在较好的局部匹配,在利用遗传算法进行最佳模板匹配时,可能得到局部极值,导致误配准。同时考虑到实际的缺陷往往不止一个,因而可以采用多个种群(多个模板)相结合的方法实现热波图像序列的配准,通过不同种群之间的信息交流和共享机制,以避免陷入局部最优解[9]。

2. 多模板配准策略

基于多种群自适应遗传算法的热波图像配准策略的基本步骤如下：

（1）根据缺陷区域在参考图像中选取几处作为配准模板,模板数为 N（一般 $N \leqslant 4$）。

（2）分别对每一个模板构建一个子种群,按照前面的改进遗传算法对得到的 N 个子种群独立进行 10 次迭代。计算各个子种群中所有个体的平均适应度值,并将每个种群中的个体按适应度排序（为种群迁移做准备）。

（3）种群操作。

① 选择。根据平均适应度值,对每一种群中的个体进行选择操作,淘汰适应度值低于平均适应度值的个体。

② 交叉（迁移）。可以采用两种策略,一是将前一种群中排在奇数位的个体赋给后一种群,而将后一种群的奇数位个数赋给前一种群,完成了两种群的信息交流;二是随机选取 n 个个体,将前一种群和后一种群中的个体进行交换。当子种群之间的差异较大时,可以通过增大交叉的个体个数,从而增大各种群之间的信息交流量,防止陷入无解状态（即终止时各种群的适应度仍然差异较大）。

③ 变异。对经过选择交叉后的种群按式(5-2)进行变异操作,并将新个体填充到各个子种群当中。

（4）算法终止条件:当两种群的个体平均适应度在下一个 10 代过程中不再发生变化或进化代数达到 120 代时,则认为找到最优解。

多种群遗传算法的热波图像序列配准的流程如图 5-4 所示。

基于多种群（多模板）的配准方法中,由于种群之间的信息交流,确保了算法不会陷入局部最优解,避免了陷入误配准的问题。N 个种群在经过一段时间的进化后均可获得位于个体串上的一些特定位置的优良模式,通过交流,可以获得包含不同种类的优良模式的新个体,同时由于低于平均适应度值的个体被淘汰,算法的收敛速度提高。由于在每一个种群中采用了自适应的变异概率,因而种群的多样性得到了保留。而且除去进行种群交流的时间段,所有的种群可以同时在多个处理器上独立运行各自的迭代,这样,运算效率可以明显提高,因而算法的总体时间并没有显著增加。

3. 几个问题的讨论

（1）初始种群的选取（即模板的选择）影响算法的收敛性,采用的多模板策略,再加上多个子种群的信息交流,可以显著地降低这种不利因素的影响。

（2）当某个子种群进化得到的配准系数差距较大时,认为某一种群陷入了局部最优解或误配准。这时,根据其余组的配准系数的平均值再扩大 1.5 倍,并根据该值重新选择初始种群进行迭代,从而避免算法的过早收敛,可以更加可靠地避免模板选取的不当和陷入局部匹配问题。

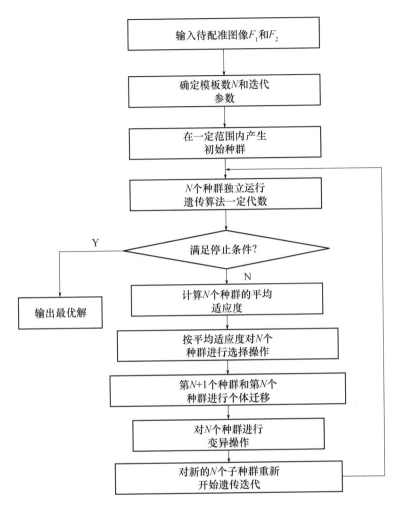

图5-4 基于多种群自适应遗传算法的热波图像序列配准流程图

（3）当种群进化到一定代数时，可以将所有好的个体集合起来，直接对好的个体的种群进行迭代（即单种群），这样可以消除或降低噪声的影响，算法的计算速度明显提高，但是增大了陷入局部匹配的可能性。为此，可以采用将较高适应度个体组成的种群和较低适应度组成的种群都进行迭代，前者注重交叉操作，后者注重变异操作，这样在保证运算速度的同时，种群多样性也能得到很好的保留。

5.3.4 配准实验结果分析

为了验证上述配准算法，对一组热波图像序列进行配准实验。实验中选择热波图像序列中对比度较好的单帧图像进行配准。原始图像选用前面章节实验

129

的热波图像序列的第 58 帧图像和第 70 帧图像,每组数据进行 3 次实验,目的是比较不同的灰度值对配准精度的影响。每组实验的实际变换参数如表 5 - 5 所列。

表 5 - 5 实际变换参数

	图像来源	实验次数	水平位移	垂直位移	旋转角度
第一组	试件 1 第 58 帧图像	1	10	10	5
		2	20	20	8
		3	30	30	12
第二组	试件 1 第 70 帧图像	1	9	9	5
		2	7	7	8
		3	5	5	10

图 5 - 5 为存在平移、旋转和缩放几何形变的热波图像,图 5 - 6(a)为模板选取示意图,图 5 - 6(b)为部分热波图像配准结果示意图。表 5 - 6 列出了穷举法、基本遗传算法和多种群自适应遗传算法等不同搜索策略下得到的图像配准参数及与实际变换参数的误差,以及配准时间等。

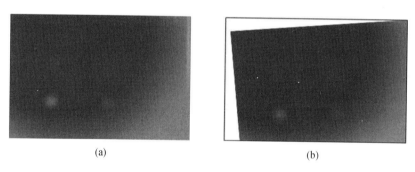

(a)   (b)

图 5 - 5   存在旋转和平移的两幅待配准图像

 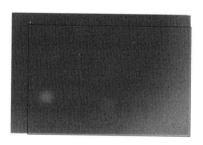

(a) 模板选取示意图   (b) 配准结果

图 5 - 6   配准后的热波图像

图像配准方法性能的评价主要包括配准精度、配准时间、配准概率、算法复杂度、适用性和可移植性等，这里选用精度和时间来评价。

实验配准结果表明基于改进遗传算法的热波图像配准算法的运算速度和基本遗传算法相差不多，但明显高于穷举法；改进算法能有效减少无效的交叉操作，全局搜索能力和局部搜索能力比基本遗传算法均得到了较大的提高，算法具有较强的稳定性。因而，配准精度得到提高，能达到或接近 1 个像素。

此外，第一组实验和第二组实验选用不同的热波图像，可以认为是不同的灰度值对配准精度的影响，从配准结果来看，二者的精度差不多，表明灰度值对配准精度影响不大。

表 5-6 改进遗传算法用于图像配准的性能比较

实验次数	参数	水平位移 t_x	误差 Δt_x	垂直位移 t_y	误差 Δt_y	旋转角度 θ	误差 $\Delta\theta$	计算时间
第1组	1 实际值：(10,10,5) 穷举法	12	2	13	3	6	1	45.88s
	单种群	11.34	1.34	10.89	0.89	5.82	0.82	11.57s
	多种群	10.67	0.67	11.4	1.4	5.04	0.04	23.58s
	2 实际值：(20,20,8) 穷举法	23	3	24	4	10	2	78.02s
	单种群	18.34	1.66	22.78	2.78	9.27	1.27	25.78s
	多种群	20.74	0.74	19.27	0.73	8.89	0.89	32.47s
	3 实际值：(30,30,12) 穷举法	32	2	34	4	13	1	124s
	单种群	31.16	1.16	31.76	1.76	13.24	1.24	78.57s
	多种群	31.09	1.09	31.11	1.11	12.93	0.93	40.80s
第2组	1 实际值：(9,15,5) 穷举法	9	0	16	1	7	2	40.78s
	单种群	10.37	1.37	16.48	1.48	5.78	0.78	15.78s
	多种群	9.87	0.87	15.97	0.97	5.64	0.64	28.56s
	2 实际值：(15,9,8) 穷举法	16	1	11	2	6	2	36.47s
	单种群	14.0	1	10.70	1.70	8.97	0.97	19.74s
	多种群	15.73	0.73	9.90	0.90	8.94	0.94	30.45s
	3 实际值：(5,5,10) 穷举法	6	1	6	1	13	3	31.48s
	单种群	7.75	2.75	6.57	1.57	11.82	1.82	17.45s
	多种群	4.01	0.99	6.72	1.72	10.92	0.92	21.47s

热波图像获取过程中，因受到各种不利因素的影响，存在对比度低、噪声大及加热不均匀等突出问题，特别是对于金属类的高反射率的材料，噪声更大，缺陷信号很难提取。因此，下面着重研究单帧热波图像的增强技术。

5.4 热波图像增强的一般方法和评估标准

热波图像增强是通过对热波图像的某些特征,如边缘、轮廓和对比度等,进行调整和锐化,使之更适合人眼的观察或机器处理的一种技术。热波图像增强是一种基本的处理手段,并不意味着一定能增强热波图像信息,有时甚至会损失一些信息,但是通过增强处理后的热波图像加强了对特定信息的识别能力,意味着待处理热波图像中令人感兴趣的部分得到了加强[10-13]。

图像增强的方法很多,并且往往具有良好的针对性,需要根据处理进行选择和设计,其处理结果也主要依靠人眼的主观感觉加以评价。红外热波图像增强的目的就是要突出被测试件的温度异常区域。目前热波图像增强的研究和应用已经相当成熟,方法也层出不穷[12-25],总体上讲,主要分为空域法和频域法两大类。空域法主要是对图像的各个像素点进行操作,而频率域处理技术是以图像的傅里叶变换为基础的。图像的频率与图像的像素点值的变化率直接相关,变化最慢的频率成分主要对应着一幅图像的平均灰度级,低频部分对应着图像的变化较慢的分量,高频部分对应着图像的变化较快的分量。具体地讲,热波图像增强方法主要有对比度增强、直方图修正、中值滤波、图像锐化、伪彩色增强、频域增强以及近年来发展起来的小波算法和 Retinex 算法等。

5.4.1 图像时域增强

时域增强主要有如下 6 种方法。

1. 对比度增强

即按一定的规则逐点修改输入图像每一个像素的灰度值,从而改变图像灰度的动态范围,主要包括线性变换和非线性变换两类。线性变换的主要思想是将一幅灰度范围 $[m,M]$ 的原图像 $f(x,y)$ 变换为灰度范围 $[n,N]$ 的图像 $g(x,y)$,其公式为

$$g(x,y) = \frac{N-n}{M-m}[f(x,y)-m]+n \qquad (5-8)$$

线性变换是对图像的每一个像素的灰度值进行线性拉伸,根据图像特点,线性变换可以将较小的灰度范围拉伸扩展到较大的灰度范围,有时也被称作灰度拉伸。

有时候仅仅依靠线性变换很难满足实际应用的需求,我们可以利用非线性变换。常用的有 Gamma 校正:设 f 为图像的灰度,r 为入射光的强度,两者之间的关系可表示为:$f=cr^{\gamma}$,式中,γ 为常数。一般来说,希望图像的灰度和光强度成正比关系,为此构造了如下变换:

$$g = kr = k\left(\frac{f}{c}\right)^{\frac{1}{\gamma}} \qquad\qquad (5-9)$$

式中, k 为常数, 通常取 1; $\frac{1}{\gamma}$ 通常取 0.4 ~ 0.8。

2. 直方图调整

直方图调整是通过改变图像灰度级的概率分布从而达到提高图像对比度的一种方法, 包括直方图匹配和直方图均衡, 其中较为常用的是直方图均衡。真方图均衡是指将一幅原灰度级不均匀的图像修正为灰度均匀分布的直方图, 其指导思想是使图像的灰度级概率密度较大的向附近像素扩展, 使灰度层次增大, 而概率密度小的像素灰度级收缩。可以看出该方法使图像充分利用了各个灰度级, 从而增强图像的对比度。但是直方图均衡的处理存在相邻灰度级合并的问题, 以及原图直方图上频率较小的灰度级可能会被归入很少几个或一个灰度级, 也有可能不在原来的灰度级上。与线性变换相比它克服了线性拉伸过程中较少的像素占用较大灰度空间的问题, 但直方图均衡的运算较慢, 直方图均衡在提高图像的对比度的同时也会增强噪声。

3. 中值滤波方法

中值滤波是一种邻域运算, 类似于卷积, 但是它在计算过程中不是加权求和, 而是将邻域中的像素值按灰度级进行排序, 然后取该组的中间值作为输出像素值。中值滤波是一种典型的基于次序统计的非线性滤波器, 通常选用的窗口有十字形、线性、圆形和方形等。

该算法的原理是: 先选取一个可移动的窗口, 在待处理的图像上从左到右、从上到下逐行输出。处理中所选定的窗口含有像素个数 m (m 一般取奇数), 用窗口中所有像素的中值取代窗口中央像素的值, 这样经过处理后图像中某像素的输出值就等于该像素邻域中各像素灰度的中值。

中值滤波对于去除图像中的随机噪声和椒盐噪声非常有效。该算法的优点主要是运算简单, 在滤除图像噪声的同时能够很好地保护图像的细节信息, 而且中值滤波器很容易自适应化, 从而可以进一步提高滤波的特性。窗口形状和大小的选择是中值滤波的关键所在, 另外算法的速度也是影响滤波器性能的一个重要因素, 因为每次都要对窗口内的像素值进行排序, 必须选择有效的快速排序算法。

4. 图像锐化处理

图像锐化通过增强图像中的纹理、边缘部分, 使边缘和轮廓线模糊的图像变得清晰, 使图像的细节更加清晰。在图像拍摄过程中, 由于对焦不准、图像获取方法的固有影响以及景物的移动等原因都可能造成图像的模糊。例如, 当图像的分辨率有限时, 拍摄获取的图像像素值不是一点的亮度, 而是周围景物像素点的平均值, 从而造成图像的模糊。图像的锐化和图像的边界提取都是图像的微熵过程,不同的是在边界提取时有阈值取舍的过程而锐化没有。实际的图像的边缘和轮廓常常具有任意方向的特点,因此只有微分算子才具有检测能力。常用的有:零交叉方法、roberts 算子、Sobel 算子、prewitt 算子、log 算子、canny 算子。

5. 伪彩色增强

图像的伪彩色是指将一幅黑白图像经过变换为彩色图像,或者是将单色图像变换为特定彩色分布的图像。由于人眼对于灰度微弱递变的敏感程度小于对彩色变化的敏感程度,只能够分辨出 40 个左右的灰度级。为了有效地运用图像的有用信息,图像增强中的伪彩色处理方法把单色图像的灰度级按线性或是非线性映射函数变换为不同的颜色。因为红外热波图像是反映目标物体热辐射的分布情况,一般来说,像素灰度值动态的范围较小,不会占据整个的灰度级空间,并且大部分的像素都集中于某些相邻灰度级范围,凭人的肉眼很难观察出这些细微的差别,因此也很难获取丰富的信息。为了提高图像的显示效果,增强图像的细节,需要对红外热波图像进行伪彩色增强处理。

6. Retinex 算法

Retinex 理论又称为视网膜大脑皮层理论,主要包括:物体的颜色是物体对波场的反射能力决定的,而不是由反射光强度的绝对值决定;物体的色彩不受光照不均的影响,具有一致性。Retinex 理论主要用于补偿光照影响较大的图像,一般步骤就是要将一幅源图像分解成两幅不同的图像,照射分量图像和反射分量图像,这种做的好处在于能够移除前景光照和后景光照对图像的不利影响,而且能够增强室内和室外图像的空间光照变化。事实上,照射光直接决定了一幅图像中像素能达到的动态范围,而反射物体则决定了一幅图像的内在性质。故 Retinex 理论的实质就是从图像中获得物体的反射性质,即抛开照射光的性质来获得物体的本来面貌。

红外热波图像与可见光图像的成像机理不同,但类比可见光图像成像的机理,做出以下假设:认为物体发出的红外辐射是在红外光源照射下物体对红外光线的反射,而红外图像就是由物体反射的红外光线所形成的。通过分析对比了红外图像与低照度可见光图像的信号和直方图特点,可以得出红外图像与低照度可见光图像特点相同。同时,Retinex 算法在处理彩色图像时,它分别对每个颜色通道进行处理,然后再合成,对于红外灰度图像,可以认为只有一个颜色通道,因此 Retinex 算法也适于对灰度图像进行处理。

5.4.2 图像频域增强

对图像进行傅里叶变换就可以得到图像的频谱,在频域中,零频率分量对应着图像的平均灰度,低频分量相当于平滑的图像信号,高频分量对应着图像的细节和边缘。一般认为噪声的频谱也是处于高频分量中,因此,可以通过处理图像的高频部分来平滑图像;反之,去掉低频部分就可以实现对图像的锐化处理。

常用的频率增强有:低通滤波法、高通滤波法和同态滤波等。

1. 低通滤波

在频域中,通过滤波器函数压低或衰减高频分量而尽量使低频信息保留的过程称为低通滤波。我们知道,热波图像的细节和噪声大多数存在于高频部分,而通过对热波图像进行低通滤波可以对热波图像起到很好的平滑和降噪声的作用。常使用的低通滤波器有:理想低通滤波器、巴特沃斯低通滤波器、指数低通滤波器和梯形低通滤波器等。

在图像处理中,傅里叶变换后的能量主要集中在频谱中心,合理的选择截止频率对图像能量的保留是非常重要的。截止频率越小,滤波后所能通过的能量就越小,处理的结果会造成图像模糊;若截止频率选取较大,通过的信息也比较多,但滤除噪声的能力变差,可能不会起到很好的滤波作用。因此,合理的选择截止频率是低通滤波器取得较好效果的关键。

2. 高通滤波器

从滤波器的形式来看,高通滤波器与低通滤波器的形式相反。我们知道,图像中的边缘和灰度发生骤变的地方都与图像频谱中的高频信息有关,所以采用高通滤波器可以增强图像的边缘信息,从而起到图像锐化的作用。其基本原理是尽量滤除或抑制热像的低频分量,让高频分量顺利通过。经常使用的高通滤波器有:理想高通滤波器、巴特沃斯高通滤波器、高斯高通滤波器、梯形高通滤波器等。

3. 同态滤波

同态滤波是一种在频率域中同时将图像亮度范围进行压缩和将图像对比度增强的一种处理方法。它的基本思想是将非线性问题转化为线性问题来处理,首先将非线性混杂信号做某种数学运算 D(一般取对数),变换为加性的,然后用线性滤波方法处理,最后做逆变换恢复处理后的图像。其处理的目的是通过对图像进行非线性变换,使构成图像的非可加性变为可加性,从而容易实现滤波处理。

图像频域增强是图像增强的一个重要的方面,基本的方法是低通滤波和高通滤波,在实际中有时单靠一种方法很难满足要求,因此使用中可以组合使用。

5.4.3 图像质量评估标准

在图像处理领域,人们一直致力于研究如何评价一幅图像经过处理后图像的好坏,然而图像质量的评价标准并不统一,一般分为主观评价方法和客观评价方法。

1. 主观评价方法

主观评价方法就是观察者根据事先规定的评价尺度或者自己的经验,对测试图像按视觉效果作出质量判断,给出评价分数。这种方法虽然很好地利用了观测者的经验,较好地反映出了图像的直观质量,但是无法用数学统计模型进行描述,不易定量测量,不利于信息化处理,而且评价的结果受观测者的知识背景、情绪以及疲劳程度等因素的影响。因此,在实际应用中,主观评价方法受到了严重限制。

2. 客观评价方法

客观评价方法的优势在于可以根据一定的数学模型对实验图像进行定量的计算和测量,一般有亮度、对比度、熵、均方根误差、峰值信噪比和空间频率等。为了更加准确的评价处理后的图像的性能,一般可以采用熵、空间频率、均方根误差和峰值信噪比进行比较,下面介绍这4个客观评价参数:

(1)熵(Entropy)源自信息熵理论,变量的不确定性越大,其熵值也就越大。信息熵是信息论中度量信息量的一个参数,假若一个系统越是无序的,信息熵值也就越高,将信息熵理论应用到图像的客观评价方法中,其定义为

$$H = -\sum_{i=1}^{N} \left(E_i(x,y) \log_2 E_i(x,y) \right) \tag{5-10}$$

式中,$E(x,y)$是图像中某个像素点处对应灰度值在整个图像中出现的频率;$\log_2 E_i(x,y)$为求出该点对应灰度值频率的对数。

对于一幅图像来说,图像的信息熵越大其信息量就越多,图像的细节也就越丰富。

(2)空间频率(Spatial Frequency,SF)可以表征一幅图像的清晰程度,是衡量图像细节信息丰富程度的一个重要指标。热波图像的空间频率越高,其细节成分越丰富,也即缺陷区域越清晰。空间频率的定义为

$$\text{SF} = \sqrt{\text{RF}^2 + \text{CF}^2} \tag{5-11}$$

式中,RF 为行空间频率;CF 为列空间频率,其表达式为

$$\text{RF} = \sqrt{\frac{1}{MN} \sum_{m=1}^{M} \sum_{n=2}^{N} \left[F(m,n) - F(m,n-1) \right]^2} \tag{5-12}$$

$$\text{CF} = \sqrt{\frac{1}{MN} \sum_{n=1}^{N} \sum_{m=2}^{M} \left[F(m,n) - F(m-1,n) \right]^2} \tag{5-13}$$

式中,$F(m,n)$表示图像中坐标为(m,n)点的灰度值。

(3)均方根误差(Root - Mean - Square - Error,RMSE)指处理后图像 F 和标准参考图像 R 之间的误差:

$$\text{RMSE} = \sqrt{\frac{\sum_{i=1}^{M} \sum_{j=1}^{N} \left(R(i,j) - F(i,j) \right)^2}{M \times N}} \tag{5-14}$$

RMSE 反映了处理后图像与标准图像之间的差异程度,其值越小,表明通过图像增强算法使图像的改变越小,为了便于计算,取与均方根误差成反比的峰值信噪比作为计算指标。

(4)峰值信噪比(Peak Value Signal – to – Noise Ratio,PSNR)定义为

$$PSNR = 10 \times \lg \frac{255 \times 255}{RMSE^2} \tag{5 – 15}$$

PSNR 越高,说明图像的处理效果越好。

5.5　基于高频强调滤波的热像序列增强方法

图像经高通滤波后,会丢失了许多低频信息,图像的平滑区基本消失,这并不符合热波图像处理的实际需要。一个好的办法是采用高频强调滤波[19]。

5.5.1　高频强调滤波方法的原理

首先给高通滤波器加上一个偏移量,然后给传递函数乘以一个大于 1 的常数,达到增加高频成分的目的,最后将二者叠加,只要这里所乘的常数与偏移量比较小,低频增强的影响就弱于高频增强的影响,实现强调高频成分的效果。高频强调滤波器的传递函数可表示为

$$H_{hfe}(u,v) = a + bH_{hp}(u,v) \tag{5 – 16}$$

式中,a 是偏移量,b 是乘数常数,$H_{hp}(u,v)$ 是高通滤波器的传递函数。

采用高频强调滤波方法对主动式红外热波图像进行图像增强,其具体步骤如下:

(1)图像填充。读入图像后,编写图像填充函数,对输入图像进行填充,为后续的高通滤波和高频强调滤波做准备。

(2)高通滤波。首先确定截至频率 D_0 值,一般为已填充图像垂直尺寸的5% 左右,与原始图像大小有关。其次设计高通滤波器种类。若 $D \leqslant D_0$,其为理想高通滤波;若 $H = 1/(1 + D_0/D)^{2n}$,其为巴氏高通滤波;若 $H = 1 - \exp(-D^2/(2\sigma_0^2))$,其为高斯高通滤波。最后将其与填充后图像进行高通滤波。其中$D = \sqrt{u^2 + v^2}$。

(3)高频强调滤波。设置偏移量 a 和乘数 b,确定高频强调滤波传递函数,将其与填充后图像进行高通滤波。高频强调滤波可处理所有的滤波细节并输出经滤波和剪切后的图像。

高频强调滤波法会突出图像的边缘和细节,所以其受图像噪声的影响很大。而空域滤波中的中值滤波具有去除噪声的特性,其主要目的是保护图像边缘和去除噪声。因此,可考虑空域和频域相结合的方法进行图像增强,即首先采用中

值滤波对热波探伤图像进行处理,然后采用高频强调滤波法对其进行图像增强。

5.5.2 实验与结果分析

实验材料分别为含夹杂、脱粘玻璃纤维复合材料以及钢壳体材料。由于受到各种噪声的影响,使得探伤图像对比度低、含噪声高,严重地影响红外热波探伤图像缺陷的正确判读。因此,选取探伤原图进行图像增强显得很有必要。

1. 含夹杂玻璃纤维复合材料的图像增强

含夹杂玻璃纤维复合材料试件的探伤图像如图5-7所示,其中3个不同大小和深度的缺陷被预埋。从序列图像可以直观地看到探测初期图像模糊,特别是右下角缺陷特征不明显。随着探测时间的延长,缺陷特征逐渐明显,但到后期,图像又逐渐模糊了,可以运用热波探伤原理进行解释,即红外热波探伤技术是通过加热试件,并记录和显示温差。加热完毕后,探伤时间越长,试件温差越小,最终趋于平衡,所以温差的减小导致探测后期图像变得模糊。

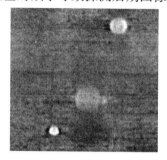

图5-7　含夹杂玻璃纤维复合材料试件

通过采用高频强调滤波方法对图5-7进行图像处理,其图像增强效果如图5-8所示。

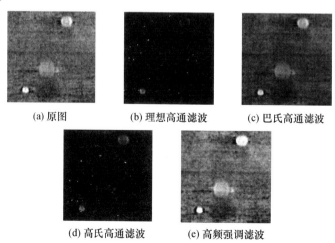

(a) 原图　　　　(b) 理想高通滤波　　　　(c) 巴氏高通滤波

(d) 高氏高通滤波　　　　(e) 高频强调滤波

图5-8　含夹杂缺陷玻璃纤维复合材料的高频强调滤波增强过程图

138

从图 5 - 8 可以看出,经高频强调滤波后,红外探伤原始图像(a)对比度明显增强,主要表现在中间不明缺陷得到锐化和增强,如图(e)所示。高频强调滤波图(e)最好,优点在于图像中由低频成分引起的灰度级色调得以保持,图像增强效果最好。巴氏高通滤波图(c)滤波效果次之,理想高通滤波图(b)和高斯高通滤波图(d)滤波效果最差,缺陷被淹没在背景和噪声中。

2. 玻璃纤维复合材料含脱粘缺陷的图像增强

玻璃纤维平底洞试件如图 5 - 9 所示,其原始热像图如图 5 - 10 所示。从序列图像中可以直观地看到探测初期图像模糊,特别是右下角缺陷特征不明显,随着探测时间的延长,缺陷特征逐渐明显,但到后期,图像又逐渐模糊。

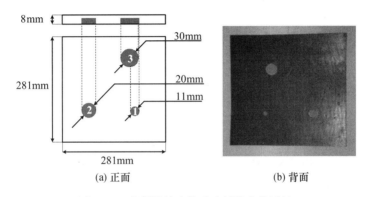

(a) 正面　　　　　　　　　　(b) 背面

图 5 - 9　含脱粘缺陷的玻璃纤维壳体试件

3s　　　　　　　　5s　　　　　　　　7s

图 5 - 10　含脱粘缺陷的玻璃纤维壳体试件原始热像图

采用高频强调滤波方法对图 5 - 10 进行图像处理,其图像增强效果如图 5 - 11 所示。

从图 5 - 11 可看出,分析结果同含夹杂玻璃纤维复合材料的高频强调滤波图像增强效果一样,经高频强调滤波后,红外探伤原始图像(a)对比度明显增强,主要表现在中间不明缺陷得到锐化和增强,如图(e)所示。高频强调滤波图(e)最好,优点在于图像中由低频成分引起的灰度级色调得以保持,图像增强效果最好。理想高通滤波图(b)滤波效果次之,高斯高通滤波图效果(c)再次之,巴氏高通滤波图最差,缺陷几乎完全被淹没在背景和噪声中。

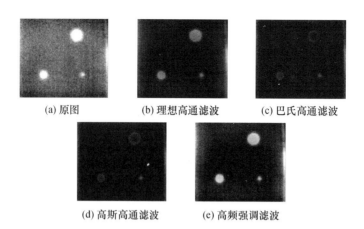

(a) 原图　　　　　(b) 理想高通滤波　　　　(c) 巴氏高通滤波

(d) 高斯高通滤波　　　　(e) 高频强调滤波

图 5-11　含脱粘缺陷玻璃纤维复合材料的高频强调滤波增强过程图

3. 实验比较

为了体现高频强调滤波方法的有效性,采用经典的图像增强方法重复上述实验。这些增强方法包括直方图均衡化、锐化滤波和中值滤波。

图 5-12 和图 5-13 分别是三种缺陷的经典增强图像处理方法,其中,图中的(a)为红外热波探伤原始图像,(b)为直方图均衡化处理图像,(c)为锐化处理图像,(d)为中值滤波处理图像。从上述经典的图像增强方法的处理效果来看,它们都存在着问题:经过直方图均衡化增强方法处理后,增强缺陷部位信息和非缺陷部位信息同时得到了增强;锐化滤波处理后,图像对比度明显变低;中值滤波的对比度也没有得到改观。经增强处理的图 5-11 中的(e)和上述经典增强图像处理方法相比,对比度明显增强,缺陷部位信息变得更加清晰。

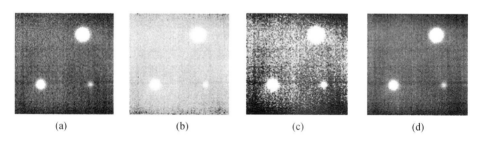

(a)　　　　　　(b)　　　　　　(c)　　　　　　(d)

图 5-12　含脱粘缺陷的经典增强法

4. 实验分析

通过上述实验研究表明,和其他滤波方法相比,经过高频强调滤波的红外热波图像明显得到增强,噪声和背景得到了有效去除,缺陷特征进一步得到突显。

为检验红外探伤图像的增强效果,可采用峰值信噪比 PSNR 进行评价,上述 4 种高频滤波的 PSNR 值如表 5-7 所列。

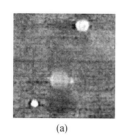 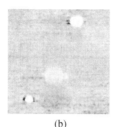 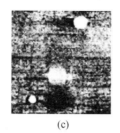 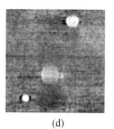

(a)   (b)   (c)   (d)

图 5-13　含夹杂缺陷的经典增强法

表 5-7　各种高通滤波法的峰值信噪比

实验对象	理想高通滤波峰值信噪比(PSNR)	巴氏高通滤波峰值信噪比(PSNR)	高斯高通滤波峰值信噪比(PSNR)	高频强调滤波峰值信噪比(PSNR)
含夹杂玻璃纤维复合材料	12.6133	0.3329	5.9929	43.5453
含脱粘玻璃纤维复合材料	49.7328	14.1220	41.3459	59.5831
钢壳体试件	8.7620	8.1690	2.0800	37.4812

通过计算 4 种滤波器的峰值信噪比,易知,高频强调滤波图像的 PSNR 最大,与定性分析基本吻合。

实验结果表明:采用高频强调滤波法对红外探伤图像处理,在突出高频分量的同时,仍能保留经过高通滤波后丢失的低频分量,对比度得到明显增强,峰值信噪比变大,图像缺陷判读变得更加容易。

5.6　基于同态增晰技术的热像序列增强方法[22]

5.6.1　同态增晰热像增强原理

同态滤波也称同态增晰技术,是在频率域中将图像亮度范围进行压缩,同时又将图像的对比度增强的一种方法。

根据图像生成的基本原理可知,一般的图像 $f(x,y)$ 可以用照射分量 $i(x,y)$ 和反射分量 $r(x,y)$ 的乘积来表示,即有

$$f(x,y) = i(x,y) \cdot r(x,y) \tag{5-17}$$

式中,$0 < f(x,y) < i(x,y) < \infty, 0 < r(x,y) < 1$。

要想对这样的图像进行处理,首要任务就是要将式(5-17)右端相乘的两个分量 $i(x,y)$ 和 $r(x,y)$ 在频谱上分开,取对数是行之有效的方法。对式(5-17)的两端取对数,可得:

141

$$z(x,y) = \ln f(x,y) = \ln i(x,y) + \ln r(x,y) \quad\quad (5-18)$$

再对上式两端取傅里叶变换 $F(z(x,y)) = F[\ln i(x,y)] + F[\ln r(x,y)]$,可得到其频域的线性表示,即

$$Z(u,v) = I(u,v) + R(u,v) \quad\quad (5-19)$$

假设滤波器的传递函数为 $H(u,v)$,其截面图如图 5-14 所示。

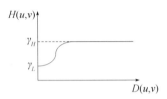

图 5-14 传递函数的截面图

根据滤波器的工作原理可知:

$$S(u,v) = H(u,v)Z(u,v) = H(u,v)I(u,v) + H(u,v)R(u,v)$$
$$(5-20)$$

取傅里叶反变换 $s(x,y) = F^{-1}[S(u,v)]$,然后再对 $s(x,y)$ 取指数,可以得到同态滤波后的图像为

$$g(x,y) = \exp[s(x,y)] \quad\quad (5-21)$$

其中可设:$S(u,v) = K_i I(u,v) + K_r R(u,v)$,$K_i = 0.5$,$K_r = 2$(相当于高通滤波)。

从上述同态滤波的原理可以知道,该滤波器先是将图像用傅里叶变换到频率域上,然后再用适当的滤波函数对变换后的高频部分和低频部分施加不同的影响,最后再做傅里叶反变换。在同态滤波的处理过程中影响处理效果的主要是传递函数 $H(u,v)$,它的选择直接影响热波图像处理的效果,目前较为常用的是巴特沃斯高通滤波器和指数高通滤波器,它们的效果都是抑制低频而增强高频,可以达到同态滤波所要达到的效果。

5.6.2 实验及结果分析

1. 试件的设计

本书中的实验采用首都师范大学的主动式红外热波检测设备对固体火箭发动机的小曲率钢壳体/绝热层脱粘试件、平板钢壳体/绝热层平底洞试件和含夹杂缺陷的玻璃纤维试件进行热波无损检测。

1)小曲率钢壳体/绝热层脱粘试件

实验中所用的小曲率钢壳体/绝热层脱粘试件如图 5-15 所示。其中钢壳体材料为超高强度的合金钢,绝热层为三元乙丙橡胶。试件的具体尺寸为:弧长为 310mm,弦长为 300mm,宽为 200mm,钢壳体厚度为 4mm,绝热层的厚度为

1mm,绝热层中含有 3 个直径分别为 15mm、20mm 和 16mm 的圆形平底洞用以模拟试件中的脱粘缺陷。试件的材料参数分别为:导热系数 $\kappa = 49.8W/(m \cdot K)$,比热容 $c = 465J/(kg \cdot K)$,密度 $\rho = 7790kg/m^3$。在试件示意图 5-15 中,图(a)为试件的正面,图(b)为试件的背面,图(c)为试件的具体尺寸示意。

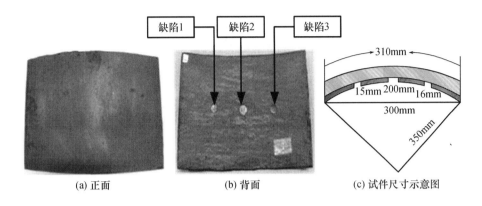

图 5-15　小曲率钢壳体/绝热层脱粘缺陷试件

2)平板钢壳体/绝热层平底洞试件

实验中所用的平板钢壳体/绝热层平底洞试件如图 5-16 所示。试件的长为 255mm,宽为 156mm,钢壳体厚度为 4mm,绝热层厚度为 2mm。在绝热层材料中含有 5 个平底洞试件,其直径大小分别为 30mm、20mm、15mm、10mm 和 5mm,相应的缺陷编号分别为 1、2、3、4 和 5。该试件的材料参数分别为导热系数 $\kappa = 36.7W/(m \cdot K)$,比热容 $c = 470J/(kg \cdot K)$,密度 $\rho = 7790kg/m^3$。在试件示意图 5-16 中,图(a)为试件的正面,图(b)为试件的背面,图(c)为试件的具体尺寸示意。

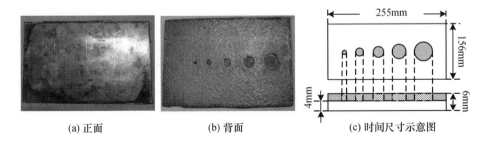

图 5-16　平板钢壳体/绝热层平底洞试件

3)含夹杂缺陷的玻璃纤维壳体试件

实验中所用的含夹杂缺陷的玻璃纤维壳体试件如图 5-17 所示。该试件是由两层玻璃纤维材料压制而成的,试件的长宽都为 250mm,厚度为 6.78mm,3 个人工模拟的圆形缺陷是夹杂在玻璃纤维层压板中的聚四氟乙烯层压片,缺陷的直径分别为20mm、30mm和10mm,缺陷的深度分别为试件厚度的1/2、3/4和1/3,所对应的缺陷编号依次为1、2和3。该试件的材料参数分别为:导热系数 κ =0.67W/(m·K),比热容 c =1200J/(kg·K),密度 ρ =190kg/m³。图5-17中,图(a)为试件的正面,图(b)为试件的背面,图(c)是试件的具体尺寸示意。

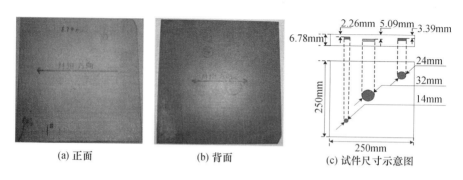

(a) 正面　　　　　(b) 背面　　　　　(c) 试件尺寸示意图

图5-17　含夹杂缺陷的玻璃纤维壳体试件

2. 热波探伤图像分析

实验中采用 FLIR 公司的 THermaCAMTMSC3000 红外热像仪。该热像仪采用320×240像元的焦平面探测器,其工作波段为8~9μm,温度灵敏度在室温下是0.02K,热像仪的镜头采用40°的广角镜头,在固定检测距离42cm时的检测面积是24cm×32cm。THermaCAMTMSC3000 提供了优异的图像分辨率、精确的温度测量能力、极高的热灵敏度、超宽的动态范围以及高速的数据采集能力。

在图5-18中,(a)、(b)、(c)三个图依次是小曲率钢壳体/绝热层脱粘试件、平板钢壳体/绝热层平底洞试件和含夹杂缺陷的玻璃纤维壳体试件的红外热波探伤原始序列图。在红外热波探伤过程中,当待测试件表面吸收加热脉冲后,在试件的表面形成实际的热源,在试件内部热能沿着温度梯度的方向传输,在传输过程中遇到材料与缺陷相交的空气界面时发生能量聚集,经过一段时间后,聚集的能量将影响被检测试件表面的温度分布。由于在检测过程中,试件内部的缺陷大小不同,则缺陷在热图中显现的时间就不一样,缺陷越大,显现的时间就越长。在热波探伤图像中,温度相对较高的区域呈现亮色。从图5-18中可以看出,原始的热波探伤图像中缺陷的特征不明显,噪声影响较大,给后续的缺陷识别带来了较大困难,因此,必须对热波探伤图像进行增强处理。

3. 热波探伤图像增强

在热波检测实验中,针对红外热像仪采集到的热波探伤序列图像,在3个试件的热波序列图像中分别取出一帧进行增强处理。

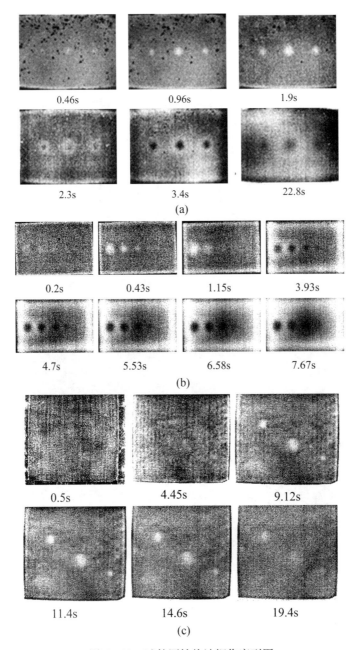

0.46s   0.96s   1.9s

2.3s   3.4s   22.8s

(a)

0.2s   0.43s   1.15s   3.93s

4.7s   5.53s   6.58s   7.67s

(b)

0.5s   4.45s   9.12s

11.4s   14.6s   19.4s

(c)

图 5 – 18   试件原始热波探伤序列图

1）小曲率钢壳体/绝热层脱粘试件热波探伤图像增强

在该试件热波探伤原始序列图像中选取一帧作为增强处理的原图（见图 5 – 19），从图像中可以看出被测试件中预埋了 3 个缺陷。从图 5 – 18(a)中可以看出，热波探伤原始图像模糊，图像中存在较大的噪声影响，掩盖了缺陷的

145

特征,随着采集时间的增加,图像序列由模糊变得清晰,再由清晰变得模糊,这主要是由于热波检测技术是通过加热试件来进行缺陷检测的,对试件加热完以后,时间越长,试件的温差越小,并最终趋于平衡,由于试件温差的减小导致热波检测图像出现上述变化现象。

图 5 – 19　小曲率钢壳体/绝热层脱粘试件热波探伤原始图像

利用图 5 – 19 作为增强处理的原图,其图像增强结果如图 5 – 20 所示。

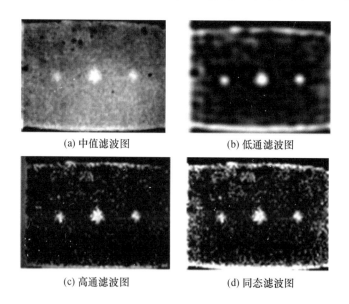

(a) 中值滤波图　　　　　　　　(b) 低通滤波图

(c) 高通滤波图　　　　　　　　(d) 同态滤波图

图 5 – 20　小曲率钢壳体/绝热层脱粘试件热波探伤图像增强处理结果图

2) 平板钢壳体/绝热层平底洞试件热波探伤图像增强

在该试件热波探伤原始序列图像中选取一帧作为增强处理的原图(见图 5 – 21),从图像中仅仅可以看出被测试件中预埋的 4 个缺陷,而第 5 个缺陷由于直径过小而未被检测出来,而且缺陷 4 在原始图像中比较模糊,难以观察到它的存在,因此为了识别试件中的缺陷,必须对采集到的图像进行增强处理。

利用图 5 – 21 作为增强处理的原图,其图像增强结果如图 5 – 22 所示。

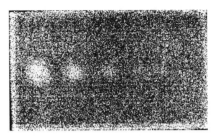

图 5 - 21　平板钢壳体/绝热层平底洞试件热波探伤原始图像

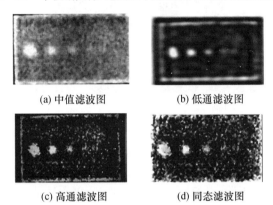

(a) 中值滤波图　　　　　　(b) 低通滤波图

(c) 高通滤波图　　　　　　(d) 同态滤波图

图 5 - 22　平板钢壳体/绝热层平底洞试件热波探伤图像增强处理结果图

3) 含夹杂缺陷的玻璃纤维壳体试件热波探伤图像增强

在该试件热波探伤原始序列图像中选取一帧作为增强处理的原图 (见图 5 - 23),从图像中可以看出被测试件中预埋了 3 个大小不同的缺陷。从图 5 - 18 中可以看出,在 3 个试件采集的原始图像中,复合材料的探伤图像中噪声的影响较小,图像缺陷的对比度较好。

图 5 - 23　含夹杂缺陷的玻璃纤维壳体试件热探伤原始图像

利用图 5 - 23 作为增强处理的原图,其图像增强结果如图 5 - 24 所示。

4) 实验结果比较与分析

通过上面对 3 个试件原始热图的增强处理,从处理结果可知,中值滤波能较

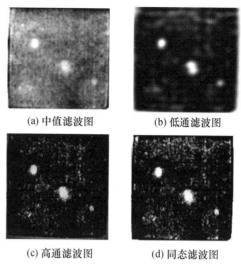

(a) 中值滤波图　　　　(b) 低通滤波图

(c) 高通滤波图　　　　(d) 同态滤波图

图 5 – 24　含夹杂缺陷的玻璃纤维壳体试件热波探伤图像处理结果图

好地保护图像的边界,但是有时会丢失原图像中细线或小块的区域;低通滤波后的图像比原图像缺少了一些尖锐的细节部分,图像变得有些模糊;高通滤波后的图像在图像的平滑区内减少了一些灰度级的变化并突出了图像的细节部分;而同态滤波处理后的图像,在增强高频的同时也保留了图像的低频信息,实现了压缩图像的动态范围和增强图像的对比度,有效地去除图像中的噪声和背景,使图像中的缺陷特征变得清晰可见。通过图像的直方图可以更加直观地看出图像对比度增强的情况,各个图像的直方图如图 5 – 25 所示(图中横坐标为图像灰度级数目,默认为 256,纵坐标为灰度图像)。

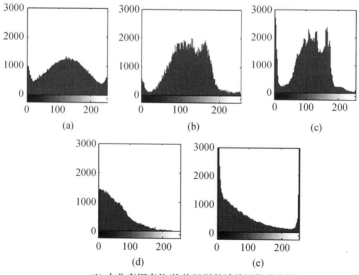

(1) 小曲率钢壳体/绝热层脱粘试件图像直方图

148

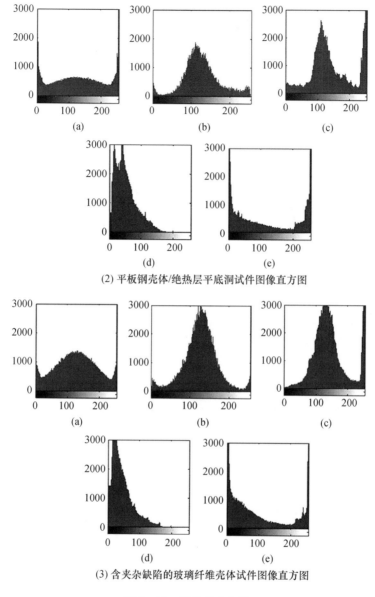

(2) 平板钢壳体/绝热层平底洞试件图像直方图

(3) 含夹杂缺陷的玻璃纤维壳体试件图像直方图

图5-25 图像的直方图

图5-25 各个图像的直方图中,图(a)为原图的直方图;图(b)为中值滤波后图像的直方图;图(c)为低通滤波后图像的直方图;图(d)为高通滤波后图像的直方图;图(e)为同态滤波后图像的直方图。

为了检验图像的增强效果,采用图像的峰值信噪比 PSNR 对图像的质量进行评价,上述处理后的图像的峰值信噪比如表5-8所列。

表 5 - 8 被处理图像及其增强后图像的峰值信噪比

实验对象	中值滤波 PSNR	低通滤波 PSNR	高通滤波 PSNR	同态滤波 PSNR
小曲率钢壳体/绝热层脱粘试件	18.8725	13.6838	2.8839	46.3911
平板钢壳体/绝热层平底洞试件	14.8376	12.2625	21.9305	33.0721
含夹杂缺陷的玻璃纤维壳体试件	34.3692	15.8259	5.579	28.1765

由表 5 - 8 中计算出的图像的峰值信噪比可知,同态滤波方法的 PSNR 较大,其图像增强效果较好,抑制了图像中的噪声,增强了有用信号的强度。

5.7 基于微分的热波图像序列增强方法[23]

5.7.1 基于一阶微分热波图像灰度翻转前后相减的图像增强方法

红外热波图像反映的是受到脉冲热激励后材料表面的温度场分布,由一维理想情况下推导的材料表面温度表达式:

$$T_{\text{sound}}(0, t) = \frac{q}{\sqrt{\pi \rho c \lambda t}} \tag{5 - 22}$$

以及含损伤区域的表面温度表达式:

$$T_{\text{corr}}(0, t) = \frac{q}{\sqrt{\pi \rho c \lambda t}} \left(1 + \sum_{n=1}^{\infty} e^{-\frac{(2nh)^2}{4at}} \right) \tag{5 - 23}$$

可知,损伤区域的表面温度将与正常区域的表面温度产生差异,热图像上的热斑即表明了损伤的存在,并反映了损伤的大小和深度等信息。如果损伤深度较浅或大小较小,热像仪就难以分辨损伤处的热斑,无法检测到损伤。因此,需要对采集的热图序列进行处理,以提高图像中损伤区域的对比度。

对式(5 - 22)和式(5 - 23)求导,得到:

$$\frac{dT_{\text{sound}}(t)}{dt} = -\frac{1}{2} \frac{q}{\sqrt{\pi \rho c \lambda}} \cdot t^{-\frac{3}{2}} \tag{5 - 24}$$

$$\frac{dT_{\text{corr}}(t)}{dt} = \frac{q}{\sqrt{\pi \rho c \lambda}} \left[-\frac{1}{2} t^{-\frac{3}{2}} \left(1 + \sum_{n=1}^{\infty} e^{-\frac{(2nh)^2}{4at}} \right) + \frac{n^2 h^2}{a} t^{-\frac{5}{2}} \sum_{n=1}^{\infty} e^{-\frac{(2nh)^2}{4at}} \right]$$
$$\tag{5 - 25}$$

按照上述方法对每一个像素点的温度曲线进行微分处理,得到损伤区域和正常区域的温度及其一阶微分曲线如图 5 - 26 所示。

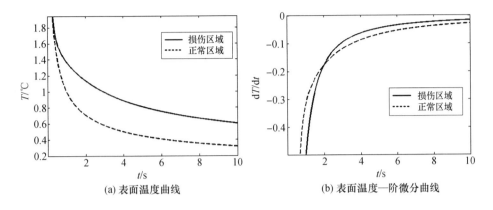

(a) 表面温度曲线　　　　　　　　(b) 表面温度—阶微分曲线

图 5 - 26　损伤区域与正常区域表面温度及其一阶微分曲线

从图 5 - 26 中可以看出,损伤区域表面温度在未处理之前一直大于正常区域表面温度,经过一阶微分处理后,损伤区域对应表面的灰度值与正常区域经历了一个相对大小转换的过程。首先正常区域对应的表面灰度值大于损伤区域表面的灰度值,然后两条曲线相交,之后损伤区域对应的表面灰度值大于正常区域表面的灰度值,最终整个图像的灰度趋于一致。图像序列如图 5 - 27 所示。

t=0.04s　　　　t=0.12s　　　　t=0.18s　　　　t=0.44s

图 5 - 27　经过一阶微分处理后的序列热图

从图 5 - 27 中可明显看出,0.18s 左右,图像中损伤区域与正常区域灰度值的相对大小发生了翻转。经计算两条曲线的交点对应的时间为最佳检测时间,即损伤区域与正常区域对应的表面温差达到最大的时间。因此,可利用损伤区域与正常区域表面的灰度值转换前后图像相减来提高损伤的对比度,结果如图 5 - 28 所示。

由图 5 - 28(c)可以看出,损伤周围的噪声大大降低,损伤的对比度得到了相应的增强,最小蚀坑的热斑也被增强而显示出来。采用常用的图像降噪算法对相减后的图像进行处理,以增强缺陷的显示效果,结果如图 5 - 28(d)所示。从图 5 - 28(e)与(f)三维显示图中可以看出,经滤波处理后,图像中的噪声得到明显的抑制,损伤区域的对比度得到了提高。

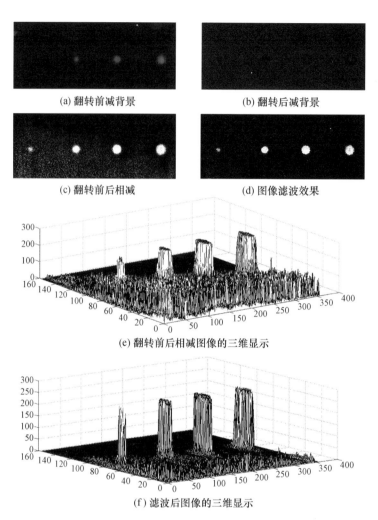

(a) 翻转前减背景

(b) 翻转后减背景

(c) 翻转前后相减

(d) 图像滤波效果

(e) 翻转前后相减图像的三维显示

(f) 滤波后图像的三维显示

图 5 – 28　一阶微分热图像灰度翻转前后相减的损伤图像增强效果

5.7.2　基于二阶微分温度对比度图像灰度翻转前后相减的图像增强方法

红外热像仪采集到的图像信息中,灰度信息反映了各个像素点的温度对比度,即温差信息,一维理想情况下损伤区域与正常区域对应的表面温差变化为

$$\Delta T = \frac{q_0}{\sqrt{\pi \rho c \lambda t}} \mathrm{e}^{-\frac{h^2}{at}} \qquad (5-26)$$

可知,损伤区域的表面温差先上升到一个最大温差,然后开始下降,直到温差变为 0。表面热图序列的灰度也将经过一个先上升后下降的过程,直到和正常区域平衡,如果温差过小,热像仪就难以分辨,无法检测到损伤。对式(5 –

26)求导,得到:

$$\frac{\mathrm{d}(\Delta T)}{\mathrm{d}t} = \frac{q_0}{\sqrt{\pi \rho c \lambda}}\left(-\frac{1}{2}t^{-\frac{3}{2}}\mathrm{e}^{-\frac{h^2}{at}} + \frac{h^2}{a}t^{-\frac{5}{2}}\mathrm{e}^{-\frac{h^2}{at}}\right) \qquad (5-27)$$

$$\frac{\mathrm{d}^2(\Delta T)}{\mathrm{d}t^2} = \frac{q_0}{\sqrt{\pi \rho c \lambda}}\left(\frac{3}{4}t^{-\frac{5}{2}}\mathrm{e}^{-\frac{h^2}{at}} - \frac{3h^2}{a}t^{-\frac{7}{2}}\mathrm{e}^{-\frac{h^2}{at}} + \frac{h^4}{a^2}t^{-\frac{9}{2}}\mathrm{e}^{-\frac{h^2}{at}}\right) \qquad (5-28)$$

这样,就可以得到腐蚀区域对应的温差及其一阶微分和二阶微分曲线,如图 5-29(b)和(c)所示。可以看出,经过微分处理后,损伤区域与正常区域的对比度得到了一定程度的增强,并且对于一些加法性噪声,微分处理能够有效的去除。

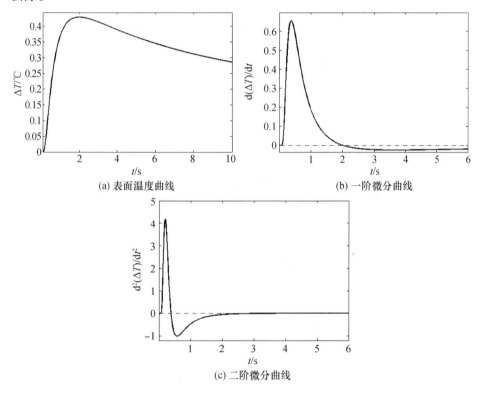

(a) 表面温度曲线

(b) 一阶微分曲线

(c) 二阶微分曲线

图 5-29　腐蚀区域表面温差及其一阶、二阶微分曲线

按照上述方法对每一个像素点的温度曲线进行微分处理,得到二阶微分序列热图如图 5-30 所示。

由图 5-30 可以看出,损伤对应表面的灰度与正常区域相比经历了一个翻转的过程,首先灰度逐渐变大到一定程度后又开始减少,一直减小到小于正常区域的灰度,然后又继续增大,最终整个表面的灰度又趋于一致,利用灰度翻转前后的图像相减即可提高损伤图像的对比度,结果如图 5-31(a)所示。

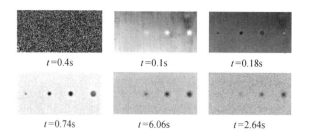

$t=0.4$s $t=0.1$s $t=0.18$s

$t=0.74$s $t=6.06$s $t=2.64$s

图 5 - 30　二阶微分处理的温度对比度序列红外热图

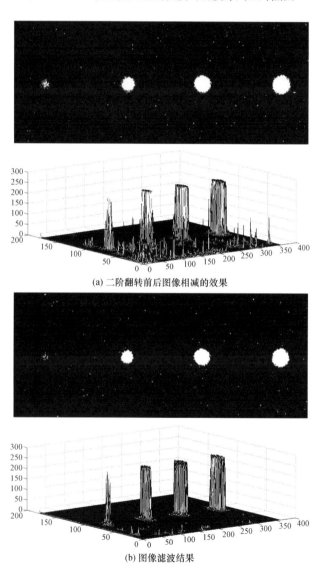

(a) 二阶翻转前后图像相减的效果

(b) 图像滤波结果

图 5 - 31　二阶微分温度对比度图像灰度翻转前后相减的损伤图像增强效果

由图 5 - 31 可看出,经过相减处理后,较大 3 个损伤周围的噪声大大降低,第 4 个损伤的对比度也得到了增强。在上述处理结果的基础上,利用同态滤波方法做进一步的处理,可增强损伤的显示效果,有利于对损伤的识别,结果如图 5 - 31(b)所示。

5.8 小　　结

首先针对手持检测时操作人员手的抖动、分区检测时检测位置的不固定等因素导致的热波图像序列存在一定的几何形变这一问题,介绍了热波图像常用的配准技术,分析论证了宜采用基于灰度值的配准策略对热波图像进行配准,结合改进的多种群自适应遗传算法和基于灰度值修正权值的反距离插值技术,研究了热波图像的快速、高精度配准方法。实验结果表明,基于遗传算法的配准方法精度能达到 1 个像素范围,由于采用多模板策略,对噪声干扰有一定的抑制作用,为后续的图像处理奠定了基础。

然后针对热波探伤图像存在的不均匀和高噪声、高背景、低对比度等问题,研究了红外热波单帧图像的增强问题。在分析比较图像增强常用方法和评判指标的基础上,针对热波图像序列存在的高噪声、高背景及低对比度等问题,研究了基于高频强调滤波的热像序列增强方法、基于同态增晰技术的图像序列增强方法和基于一阶、二阶微分的图像序列增强方法。实验结果表明,这些热波图像序列增强方法能够有效地提高图像的对比度,增加可视性,使缺陷的判别更加容易。

参 考 文 献

[1] Barnea E I. Silverman H F. A Class of Algorithms for Fast Digital Image Registration[J]. IEEE Transactions on Computers, 1972, 21(2):179 - 186.

[2] A Collignon, F Maes, D. Delaere, et al. Automated Multi - modality Image Registration Based on Information Theory[C]. Proc. of the Information Processing in Medical Imaging Conference, 1995:263 - 274.

[3] Chen H. Varshney P K. A Cooperative Search Algorithm for Mutual Information Based On Image Registration [J]. Proc SPIE, 2001, 4385:117 - 128.

[4] Kuglin C D, Hines D C. The phase Correlation Image Alignment Method[C]. IEEE International Conference on Cybernetics and Society, New York, 1975:163 - 165.

[5] 郑志彬,叶中付. 基于相位相关的图像配准算法[J]. 数据采集与处理,2006,21(4):444 - 449.

[6] 强赞霞,彭嘉雄,王洪群. 基于傅里叶变换的遥感图像配准算法[J]. 红外与激光工程. 2004,33(4):385 - 387.

[7] Lazaridis G, Petrou M, Image Registration Using the Walsh Transform[J]. IEEE Transactions on Image processing, 2006, 15(8):2343 - 2357.

[8] 刘斌,彭嘉雄. 图像配准的小波分解方法[J]. 计算机辅助设计与图形学学报,2003,15(9):

1070 – 1077.

［9］黄小荣. 基于遗传算法的红外热波图像序列处理技术研究［D］. 西安:第二炮兵工程大学,2010.

［10］金阿立,王永仲. 基于局部自适应中值滤波的红外背景抑制方法［J］. 红外技术,No.8,2007.

［11］张明源,王宏力,等. 改进型中值滤波器在图像去噪中的应用［J］. 网络与信息技术,No.8,2007.

［12］王红梅,李言俊,张科. 基于平稳小波变换的图像去噪声方法［J］. 红外技术,No.7,2006.

［13］周凤岐,邃小光,周军. 基于平稳多小波变换的红外图像噪声抑制方法［J］. 红外与毫米波学报,No.2,2005

［14］李洪均,梅雪,林锦国. 基于 Contourlet 域 HMT 模型的红外图像去噪算法［J］. 红外技术,No.6,2007.

［15］黄富元,季云松,等. 基于 Markov 场的图像边缘增强方法［J］. 激光与红外,No.12,2006.

［16］郭兴旺,吕珍霞,高功臣. CFRP 层压板脉冲热像检测的图像重建与增强［J］. 红外技术,No.5,2006.

［17］姜长胜,王迪,葛庆平,等. 红外热波无损检测序列图像的增强方法［J］. 无损检测,No.8,2007.

［18］黄小荣,张金玉. 遗传算法在图像增强中的应用［J］.四川兵工学报,2010,31(6):67 – 70.

［19］张炜,蔡发海,马宝民,等. 基于高频强调滤波法的红外探伤图像增强方法研究［J］. 无损检测,No.1, 19 – 21, 2010.

［20］张炜,蔡发海,马宝民,等. 基于数学形态学的红外热波图像缺陷的定量分析［J］. 无损检测,No.8,2009.

［21］蔡发海. 主动式红外热波探伤图像处理与缺陷识别研究［D］. 西安:第二炮兵工程大学,2009.

［22］王冬冬. 红外热波探伤图像非均匀校正及缺陷重建方法研究［D］. 西安:第二炮兵工程大学,2010.

［23］金国锋. 长贮推进剂贮箱腐蚀的热波检测与剩余寿命预测研究［D］. 西安:第二炮兵工程大学,2013.

第六章　热波图像序列信息的融合与分离技术

在热波检测技术中,不同深度缺陷所对应的显示效果最佳的热图,会出现在不同的时刻;不同检测参数和检测方式下缺陷的显示效果也各有特点与侧重,探索多帧热波图像与多种检测方法信息的有效融合与分离是无损检测的发展新方向。本章在总结、介绍热波图像融合与分析的一般理论与方法的基础上,重点探讨两种像素级热波图像融合方法和两种热波图像盲分离方法。

6.1　概　　述

多源传感器信息的集结和综合一般包括两个相反的过程。一个是相互支持或相互冲突信息的合理的融合或叠加。一般地,相互支持的信息的融合可以获得更加正面的或具有更高可信度的信息;相互矛盾或冲突的信息的融合可能会降低原来信息的可信度。另一个过程是各种源信号中相对独立的成分或部分信息各自归为一类并自动分离出来。通常复杂信号中具有共同来源的子信号会自动合并和融合在一起,不同来源的信号会分离开来,从而实现各种独立信息的有效分离和提纯。这两个过程一个是合、另一个是分,表面上是完全相反的,但本质上其目的是一样的,即相同、相似或相互支持的信息融合在一起,不同或矛盾的信息是要分离开来。当然,这两种过程的侧重点是不一样的,前者强调融合,后者强调分离,共同点是提高信息的纯度。

热波图像序列中包含着各种各样的信息,有些是一些分散在各个时刻或各种检测方法下的缺陷信息,这些信息需要被有机地融合起来,达到增强缺陷的可视性和识别能力;有些信息可能是装备的结构、材料、噪声和检测方法等独立性信息,这些信息需要被有效地分离。合理的运用信息融合和盲源分离方法,不仅可以分离出影响热波图像可视性和识别能力的有害或无用信息,而且可以有效地提炼出相互印证的装备缺陷的图像信息,实现更为准确和有效的无损检测与评估。

热波图像序列的融合主要包括两方面。一是指热波图像序列的融合,即综合利用不同时刻缺陷的特征信息,实现在一幅图像上直观地反映出全部缺陷,增强缺陷的显示效果,提高图像的信噪比和清晰度,在有效地保留缺陷信息的同时,减少加热不均和热噪声等不利因素的影响。二是指不同方法或不同来源的检测图像的融合,如对像素级红外热图像与可见光图像的融合,这样做的原因在于首先可见光成像也是一种可视检测方法,通过两种图像的融合,可以得到更丰富的检测信息。另外,红外热波图像受到被检对象表面状况的影响严重,特别是现场检测时更加明显,因此一般在进行红外检测的同时获取其可见光图像,以便对检测结果进行对比判读,从而改善检测效果,红外图像的判读需要专门的训练和专业的知识,融合可见光图像将有助于红外检测结果的准确解释。

热波图像序列分离包括两大部分。其一是主分量分析,是按照主分量分析(PCA)理论,将红外热波图像序列分解成几个主要组成部分,这部分内容在第四章已经做了介绍,可以获得一定的处理效果。其二是独立分量分析(ICA)或者称为盲源分离(BSS)理论,即运用 BSS 理论,将热波图像序列中的独立的有效成分,诸如缺陷、结构、材料、噪声等图像,自动地分离出来,以达到提纯缺陷图像,实现更准确的无损检测与评估的目的。

6.2　图像融合技术

图像融合技术是在信息融合技术上发展起来的图像处理技术,最早被应用于遥感图像的分析和处理中[1,2]。20 世纪 80 年代初期,Daily、Laner 和 Todd 进行了雷达图像、Landsat – RBV 图像和 Landsat – MSS 图像的融合实验;80 年代末,图像融合技术引起人们的广泛关注,并逐步应用于遥感光谱图像的合成,进行地质、矿产、气候、环境的探测和研究;90 年代后,图像融合技术的研究呈不断上升趋势,应用领域扩展到军事目标的检测、识别与跟踪、集成电路的检测、产品表面测量与检测、复杂设备的诊断、交通管制、安检系统、环境监测、智能机器人等方面,融合图像源包括遥感图像、可见光图像、红外图像和医学图像处理等[3,4]。

6.2.1　图像融合的定义及层次

图像融合是指充分利用不同图像的信息,通过对多幅图像及其反应的景物信息的合理利用,把在空间或时间上可冗余和可互补的信息依据某种原则进行组合,以获得更为准确、可靠的一致性解释或描述。由于综合了多个源图像信息,融合图像具有比单一图像更加丰富、可靠和全面的信息,通过信息互补排除各种干扰,提高了图像的视觉效果。通常将图像融合分为像素级融合、特征级融合和决策级融合 3 个层次[1,5]。

像素级融合是在严格配准的条件下,直接使用来自各个传感器的信息进行图像像素关联的融合方法。特征级融合是利用从各个图像中提取的局部(单个)特征信息进行综合分析处理。决策级融合是对来自各个图像的决策进行相关处理,融合获取联合判断。图 6 – 1 所示为图像融合的层次结构示意图。

表 6 – 1 列出了图像融合不同层次的性能比较和常见的融合方法[6]。

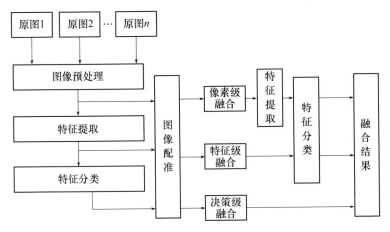

图 6-1　不同层次图像融合示意图

表 6-1　不同层次融合方法的性能比较和常见的融合方法

融合层次 性能	像素级融合	特征级融合	决策级融合
融合级别	低	中	高
信息损失	小	中	大
实时性	差	一般	好
要求配准精度	高	中	低
容错性	差	一般	好
抗干扰能力	弱	一般	好
计算量	大	中	小
融合性能	高	中	低
传感器类型	同类	同类或异类	多种传感器
处理数据量	大	中	小
常用方法	HIS、PCA、小波、金字塔方法、逻辑滤波	Bayesian、D-S理论、神经网络、聚类法	Bayesian、D-S理论、模糊集理论、专家系统

6.2.2　图像融合的一般方法

图像融合方法很多,就像素级图像融合而言,主要有逻辑滤波器法、加权平均法、数学形态法、金字塔图像融合法等。就高谱图像融合来说,在像素级还有色度、亮度和饱和度变换、颜色归一化变换、合成变量比值变换等方法。图像融合方法可大致分为空间域融合和变换域融合两类方法[7-20]。

由于像素级融合保留了尽可能多的原始图像信息,精度比较高,考虑到热波图像序列融合的目的便是对缺陷信息的综合利用,因而我们主要研究的热波图像融合方法均是基于像素级融合层次的。

1. 融合规则

在图像融合过程中,融合规则非常重要,它的选择直接影响着融合的效果,同时也是图像融合中至今尚未很好解决的难点问题。最直观的融合方法是对两个像素的值进行逻辑运算,可以取大、取小和取均值。显然,一个更合理地决定像素取舍的方法是通过考察以输入像素为中心的某一邻域内的像素来决定,用区域内的某个量的比较来代替单个像素的量的比较,这样更能反映图像的特征和趋势。局部区域的大小可以是 3×3、5×5 或 7×7 等,某方面的特征量可以是计算以某一个像素为中心的窗口内的方差、梯度或能量的方法等,从而完成对多个原始图像的融合。这其实也是一种基于邻域的区域特征融合方法。

2. 对比度调制融合

对比度调制是图像融合领域中一种应用相当广泛的方法,主要用在两幅图像的融合处理。具体的操作方法一般是将一幅图像进行归一化处理,提取其细节信息,然后将归一化的结果与另一幅图像相乘,最后进行重新量化和显示[7]。这种融合方法用在可见光图像与热波图像的融合上,可以取得很好的效果。

3. 多分辨图像融合

所谓的多分辨图像融合,是指使用图像多分辨分析与表征的方法,先对各原始图像进行多分辨分解,然后将分解后的各个原始图像,在各个尺度或分辨空间进行数据融合,最后依据多分辨方法重构所需的融合图像。多分辨率图像融合算法是比较成熟的图像融合方法,也是目前的主流融合方法,可分为多分辨金字塔融合算法、基于小波变换的融合算法以及基于 EMD 分解的多分辨图像融合方法等。

4. 透明度融合

所谓的透明度融合,是指可以透过一幅图像看到另外一幅图像,就像在一幅图像上面盖了另一幅透明的图像一样,这是前面所述的技术做不到的。要达到上述效果,最主要的融合方法是使用 Alpha 通道。Alpha 通道是指加在 24 位真色彩图像上的另外一个 8 位字节信息,用来描述该像素点 256 级不同透明度的数值。所以当将一张图像叠合在另一张图像上面时,在该图像中的 Alpha 字节便决定了如何将上面图像混合到下面图像上,使得融合后的图像的每个像素都会产生一个新的颜色,从而实现我们期望的效果。采用这种融合办法可以显著提高红外热波图像的可读性,有利于复杂装备缺陷的判读和定位。

需要指出的是热波图像的融合与常规数字图像的融合是有区别的,其主要区别在于前者不仅要求尽可能多地保留原始热像的各方面信息,同时还能够有效地对有用的缺陷信息进行强化。一般的数字图像融合方法虽然能够应用于各种不同的热波检测场合,但是每种融合方法都各有自己的特点,需要有区别地加以运用。譬如线性加权法比较简单易用,但降低了整体信息量,容易淹没微弱缺陷信号,导致融合图像信噪比降低,视觉效果变差;金字塔分解法对于两幅存在明显差异区域的图像进行融合时容易出现斑块效应,重构过程具有不稳定性;HIS 变换法主要用于遥感图像,并且光谱失真较大;PCA 方法容易损失有用信息,计算量较大,且多用于多光谱图像的融合;小波变换法分解层数太多时图像的空间细节表现能力较差,层数太少时又容易出现分块效应,并且合理地选取小波基以及分解层数也是一个难点;滤波法存在明显的斑点,图像目视判读效果较差[3,4]。因此,实际工作中往往需要综合运用各种融合方法,才能获得较好的处理效果。

6.3 基于图像差值的融合方法

根据热波检测的原理可知,实际获取的热波序列图像的大部分区域是环境或无缺陷区域,其对应的图像区域前后相同或相近,仅在缺陷区域其热像有较大变化,因此,如果直接利用原始热像进行信息融合,那么得到信息增强的必然是变化不大的背景或无缺陷区域,而真正能反映缺陷的区域则被削弱,因而必须做进一步的处理。首先利用热像序列间差分的方法来突出温度的变化情况,实现对缺陷区域的突出显示,然后利用多帧差值图像对热波图像序列进行数据融合,达到增强缺陷细节信息、提高信息量的目的[21,22]。

热波图像序列中某两帧待融合图像 $F_1(i,j)$ 和 $F_2(i,j)$ 之间的差值图像可以定义为对应位置像素值的绝对差值所构成的图像,即

$$\Delta F(i,j) = \left| F_2(i,j) - F_1(i,j) \right| \tag{6-1}$$

式中,$\Delta F(i,j)$ 为差值图像,i,j 的取值范围为:$0 < i \leqslant M$、$0 < j \leqslant N$,$M \times N$ 表示图像的大小。

$\Delta F(i,j)$ 反映了两幅待融合图像在对应位置上的灰度值差异程度,也即对应位置上试件表面的温度变化情况,因而反映了试件内部缺陷区域的细节信息。

当 $\Delta F(i,j)$ 较小时,表明待融合图像在点 (i,j) 处的差异较小,也即温度变化不明显,因而可以认为是被测试件的背景区域(非缺陷区域)。此时,不同的融合方法(融合系数)对融合效果的影响不大,在该点处的融合方法可以简单地采用最大灰度值融合规则或加权平均法。

当 $\Delta F(i,j)$ 较大时,表明待融合图像在点 (i,j) 处的差异较大,也即温度变化比较明显,可以认为是被测试件的缺陷区域。此时,不同的融合方法对融合增强效果的影响较大。因此,需要选择合适的融合方法来确定融合系数。

基于差值图像的融合方法的基本思想是根据差值图像的灰度值分布特性选取不同的融合权值系数对图像进行融合。其基本思路有两步。首先对待融合图

像进行差分处理,得到差值图像,并根据需要对差值图像进行去噪声,再根据差值图像的灰度值分布情况,将图像融合划分为不同的层次,不同的层次对应着不同的融合权值系数,原则是灰度值越高,在融合中给定的系数越大,从而可以突出缺陷区域。其次再利用这些权值系数实现热波图像的融合运算。融合后的图像不仅能够实现在一幅融合图像中直观地反映出全部缺陷,而且能够通过对缺陷区域的突出显示增强缺陷的显示效果,并能消除随机噪声的影响。

6.3.1 差值图像的处理

为了使得融合系数的选取更加合理,凸显缺陷区域的变化,根据热波图像的特点及其灰度直方图的分布特性,易用多阈值分层方法对差值图像进行分层。根据背景区域和缺陷区域在加热后的不同热传导特性以及随机热噪声的影响,将差值图像分为三层,具体方法如下:

设 T_n 为差值图像的分层阈值,则差值图像被分成三部分:

$$\Delta F = \begin{cases} \Delta F_1 & 0 \leqslant |\Delta F(i,j)| \leqslant T_1 \\ \Delta F_2 & T_1 < |\Delta F(i,j)| \leqslant T_2 \\ \Delta F_3 & |\Delta F(i,j)| > T_2 \end{cases} \qquad (6-2)$$

阈值的选择对于图像融合的效果至关重要,采用别的方法并不合适,这里采用遗传算法来实现图像的最优阈值选择。将差值图像的分层阈值 T_n 作为一组变量参与最优化过程,T_n 的取值范围可以根据差值图像的灰度值分布情况确定,这种方法能使融合结果达到近似最优解。

6.3.2 融合系数的确定

在各种图像融合方法中,最核心的问题是确定由待融合图像产生新的融合图像的规则,也即确定融合权值系数[5,6]。令 F 为融合后的图像,对于融合图像中的每一像素点 $F(i,j)$,采用基于单像素点的加权融合方法可以表示为

$$F(i,j) = w_1 F_1(i,j) + w_2 F_2(i,j) \qquad (6-3)$$

式中,w_1、w_2 为融合权值系数,取值范围为:0~1.5,权值系数大于1的目的是为了在实现图像融合的同时还能对缺陷进行增强。

这样,图像融合的本质问题就转变为确定融合权值系数。根据上面的分析,差值图像被分为三个部分,分别为每一部分分配一个融合权值系数,则融合图像就可以在这些融合权值系数下融合而成。融合图像 $F(i,j)$ 可以表示为

$$F(i,j) = \begin{cases} f(w_1, F_1(i,j), F_2(i,j)) & \Delta F(i,j) \in \Delta F_1 \\ f(w_2, F_1(i,j), F_2(i,j)) & \Delta F(i,j) \in \Delta F_2 \\ f(w_3, F_1(i,j), F_2(i,j)) & \Delta F(i,j) \in \Delta F_3 \end{cases} \qquad (6-4)$$

式中:

$$f(w_k, F_1(i,j), F_2(i,j)) = \begin{cases} w_k F_1(i,j) + (1 - w_k) F_2(i,j) & \Delta F_k(i,j) \geq 0 \\ (1 - w_k) F_1(i,j) + w_k F_2(i,j) & \Delta F_k(i,j) < 0 \end{cases}$$

$$(6-5)$$

因此,融合后的图像 F 可以表示为

$$\begin{aligned} F &= \sum_{i=1}^{M} \sum_{j=1}^{N} F(i,j) \\ &= \sum_{k=1}^{3} f(w_k, F_1(i,j), F_2(i,j)) \end{aligned} \qquad (6-6)$$

这里的融合权值系数可以采用三种方法确定:一是根据差值图像灰度值分布情况人工确定;二是线性函数确定法;三是采用优化搜索算法[8]。第一种方法需要人工干预,难以寻找到比较理想的融合方案;第二种方法线性函数的构建以及函数系数的选取没有统一的标准,而且容易受噪声的影响;第三种方法根据融合性能评价函数自动选择最优化的加权融合系数,这种优化方法是一种非线性关系,可以根据适应度函数值的回馈信息及时调整参变量的值,融合效果最好,但是计算量很大,容易产生模糊效果。

利用差值图像进行融合时,融合效果主要取决于差值图像的分层阈值和融合权值系数,图像分层方案和融合权值系数的不同,将导致融合结果出现较大的差异。为了得到最优的融合结果,建议采用遗传算法对融合系数进行优化,通过反复迭代和比较,找到最佳的融合权值系数。

6.3.3 基于遗传算法的热波图像序列融合

综上所述,该热波图像融合算法可总结如下:

(1) 对待融合的两幅热波图像,通过式(6-1)计算二者的差值图像。

(2) 利用遗传算法最优化分层阈值 T_n 和融合权值系数 w_1、w_2,编码方式为实数编码,进化代数为 120 代。

(3) 设计合理的适应度函数;适应度函数的选择对融合结果的影响很大,合理的适应度函数能够保证搜索方向的准确性和算法的收敛性。因为热波图像融合的目的是增强缺陷的显示效果,因此采用能准确反映缺陷对比度变化的统计学指标作为其适应度函数,即

$$fits = SNR = (T_d - T_{nd})/S_{nd} \qquad (6-7)$$

式中,T_d 和 T_{nd} 表示缺陷区域和无缺陷区域的平均灰度值;S_{nd} 表示无缺陷区域的标准差。

(4) 运行遗传算法,获得最优解。

(5) 解码上述优化得到的全局最优分层阈值和权值系数,对热波图像进行

融合,得到最优融合结果。

6.3.4 实验结果分析

为了检验基于差值图像的热波图像加权融合方法的可行性和融合效果,设计2组实验。

1. 试件1热波图像融合验证实验及结果分析

图6-2所示是待融合图像,选用试件1中缺陷1显示效果最好的第79帧和缺陷2显示效果最好的第136帧。图6-3是图像融合的结果,其中图(a)是待融合的差值图像,图(b)是空域灰度值取小的融合结果,图(c)是空域灰度值取大的融合结果,图(d)是空域灰度值取平均的融合结果,图(e)是高通滤波的融合结果,图(f)是相关系数法的融合结果,图(g)是基于差值图像的线性函数确定融合系数的结果,图(h)是基于遗传算法确定融合系数的结果。

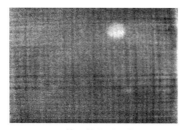 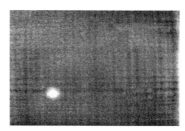

(a) 第79帧热波图像　　　　　　　　(b) 第136帧热波图像

图6-2　试件1待融合热波图像

比较图6-3中不同融合方法的结果可以看出,基于差值图像的融合方法的融合效果明显优于其他融合方法,而其中通过遗传算法优化融合系数的结果最好,该方法不仅实现了不同深度缺陷的同时显示,而且图像的对比度和信噪比得到明显增强,特别是在原图中几乎不能用肉眼观察到的缺陷3在融合图中清晰地显示出来,表明基于差值图像的融合方法在实现图像融合的同时还能有效地增强缺陷的显示效果。

 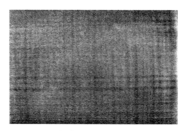

(a) 差值图像　　　　　　　　(b) 灰度值取小融合结果

164

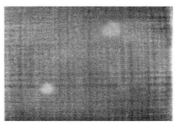

(c) 灰度值取大融合结果   (d) 灰度值取平均融合结果

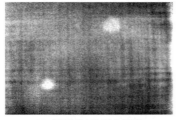
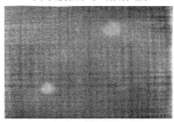

(e) 高通滤波法融合结果   (f) 相关系数法融合结果

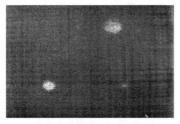
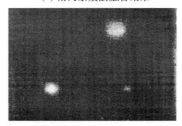

(g) 线性函数确定系数融合结果   (h) 遗传算法优化系数融合结果

图 6 – 3 试件 1 融合结果

2. 试件 2 热波图像融合验证实验及结果分析

图 6 – 4 是待融合图像,分别选自试件 2 中缺陷 1 显示效果最好的第 83 帧和缺陷 3 显示效果最好的第 150 帧。图 6 – 5 是图像融合的结果。其中图(a)是待融合图像的差值图像,图(b)是空域灰度值取小的融合结果,图(c)是空域灰度值取大的融合结果,图(d)是空域灰度值取平均的融合结果,图(e)是高通滤波法的融合结果,图(f)是相关系数法的融合结果,图(g)是基于差值图像的线性函数确定融合系数的结果,图(h)是基于遗传算法确定融合系数的结果。

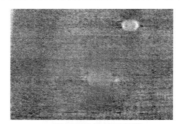

(a) 第83帧热波图像   (b) 第125帧热波图像

图 6 – 4 试件 2 待融合热波图像

165

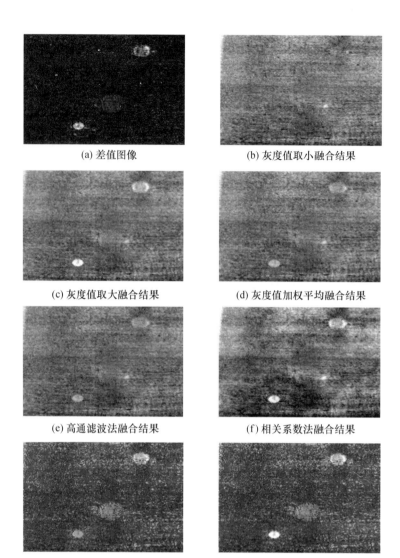

(a) 差值图像

(b) 灰度值取小融合结果

(c) 灰度值取大融合结果

(d) 灰度值加权平均融合结果

(e) 高通滤波法融合结果

(f) 相关系数法融合结果

(g) 线性函数确定系数融合结果

(h) 遗传算法优化系数融合结果

图 6 - 5　试件 2 融合结果

比较图 6 - 5 中不同融合方法的结果同样可以看出,基于差值图像的融合方法得到的融合图像的缺陷显示效果最好,图像对比度得到增强。但是融合后的热波图像的平滑度降低,视觉效果变差,这主要是因为原图像像素值之间的差异性较大,获取的差值图像的灰度值分布散乱造成的。

因此,可以通过平滑处理来改善融合图像的视觉效果。图 6 - 6(a) 为经过平滑滤波后得到的差值图像,图 6 - 6(b) 为新的热波图像融合结果图。从图中可以看出,融合图像的平滑度有所提高,视觉效果得到改善。因此,在实际应用中,可以根据需要对差值图像进行平滑、去噪等处理后再进行热波图像的融合。

166

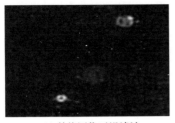
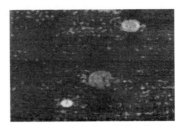

(a) 差值图像平滑滤波　　　　　　　(b) 遗传算法优化系数融合结果

图 6 - 6　平滑滤波后融合结果

　　总之,基于差值图像分配权值的热波图像融合方法能够对不同深度缺陷所对应的最佳热图进行有效的融合,实现在一幅融合图像上反映出所有缺陷,而且能够消除噪声的影响,对缺陷显示效果的增强作用比较显著。同时由于该方法在一定程度上兼顾了相邻像素点的相关性,因而融合效果明显好于其他空域图像融合方法,但是融合图像可能存在平滑度降低、视觉效果下降的现象,这可以通过对差值图像进行滤波、去噪等方法加以改善。

6.4　基于小波变换的融合方法

　　小波变换作为典型的数字信号分析处理工具,以其良好的方向性、各尺度上的独立性、能够无失真地重建图像并且在时间域和频率域上同时具有良好的局部化性质等优点,而被广泛应用于数字图像的压缩、编码、分割、融合、配准等领域。由于可以有针对性地对不同融合图像的不同特征选择不同的小波基和小波变换次数,而且能够根据实际需要引入待融合图像的各种细节信息,对高频细节分量和低频近似分量采用不同的融合策略,使得小波变换在图像融合中得到广泛应用,融合效果明显好于其他频率域图像融合方法。此外,基于小波变换的图像融合方法对原图像中的局部非刚性变换具有较好的鲁棒性[9,10]。

6.4.1　热波图像的小波变换

　　热波图像经过二维小波变换分解后,得到图像的低频近似分量和高频细节分量(包括水平高频分量、垂直高频分量和对角高频分量)。图 6 - 7 中,(a) 为小波变换的二级分解结构,(b) 为热波图像经过二级小波分解后的结果。从图中可以看出,低频分量反映了热波图像的近似特征和轮廓,而高频分量反映了热波图像的细节信息,特别是在缺陷区域的细节信息[11,12]。

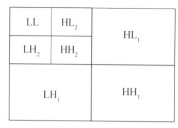
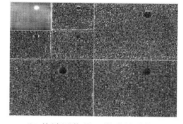

(a) 二层小波分解结构   (b) 热波图像的二维小波分解

图 6-7 热波图像二层小波分解塔式结构及分解结果

6.4.2 热波图像的融合及融合规则

基于小波变换的热波图像融合方法的基本原理是:首先对待融合的两帧热波图像进行小波分解,得到图像的低频近似分量和高频细节分量,并对垂直、水平和对角方向上的高频小波系数分别乘以一个倍数以突出有用信息[10]。然后对低频分量和高频分量分别采用不同的融合策略进行融合处理,得到融合图像的低频和高频分量,最后通过小波重构运算得到融合图像。基于小波变换的热波图像融合的关键在于小波基函数的选择、分解层次、融合规则以及低频和高频分量的融合策略。图 6-8 所示为基于小波变换的热波图像融合示意图。

基于小波变换的热波图像融合规则主要分为两类:基于像素点的融合和基于区域特征的融合[10-15]。

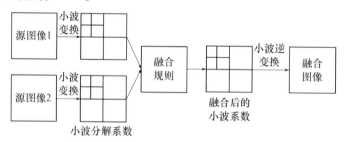

图 6-8 基于小波变换的热波图像融合示意图

根据热传导理论,热波图像区域之间具有较强的相关性,因而如果采用基于像素点的融合规则对热波图像进行融合,将导致图像的细节特征被孤立,融合效果较差,而且容易受噪声的干扰。因此,大多采用基于区域特征的融合规则对热波图像进行融合。由于考虑了与相邻像素点的相关性,基于区域特征的融合规则更加符合热波图像中对不同深度缺陷所对应的最佳热图进行融合的要求,同时通过系数倍增的方法可以在实现图像融合的同时增强缺陷的显示效果,提高图像的对比度。

区域特征主要有区域能量、区域方差和区域梯度等。图像经过小波变换后,原图像中的边缘、线段等特征对应绝对值较大的小波系数[16],如果采用图像分解后的小波系数来计算图像的区域能量,则区域能量越大,越能代表原图像中的明显特征,对热波图像而言,也即越能反映出缺陷的细节信息。因而,采用基于小波变换的区域能量融合规则对热波图像进行融合。

6.4.3　基于小波变换的热波图像区域融合

1. 低频域融合方法

图像经过小波分解后的低频子图像反映了原图像的近似特性,也即原图像的轮廓,因此低频域小波系数的选择将影响融合图像的视觉效果,对融合图像的质量好坏起到非常重要的作用。为了尽可能多地保留原图像的信息,得到信息更加丰富、质量更高的融合图像,采用系数倍增取大法对低频域小波系数进行处理。同时,为了保留缺陷的边缘特征,降低噪声的影响,选取以待融合点为中心的 $m \times n$ 区域内的平均小波系数作为该点的实际小波系数,通过修正后的小波系数来计算融合图像在该点处的系数值。低频域小波系数融合规则如下。

首先计算低频子图像中以待融合点 (x, y) 为中心的 $m \times n$ 区域内小波系数的平均值 c_1 和 c_2,对较大的系数乘以一个倍数作为融合图像在该点的低频系数 c,即

$$c = a|c_1 + c_2| \qquad (6-8)$$

区域取得太大,得到的小波系数平均值涉及的不相关的信息量将增多,融合精确度也随之降低;区域取得太小,又容易丢失原图像中的区域特性,得不到很好的融合效果[17]。一般根据原始热波图像中缺陷的近似大小选用 10×10 区域。同样,倍数取得太大,虽然能增强在一幅图像中出现而在另一幅图像中未出现的缺陷轮廓,但是图像的信噪比会因为噪声的增大而降低,融合图像视觉效果较差。

2. 高频域融合方法

高频分量包含了原图像的细节特征,这对于热波图像来说是至关重要的,因为能否有效地利用这些细节特征增强缺陷的视觉效果,直接关系到热波图像融合的成败。在原图像中,明显的图像特征(如轮廓、区域等)通过灰度值的异常表现出来,经过小波变换后对应小波系数的绝对值的大小[17],原始图像中某一特征越明显,其小波系数的值越大。考虑到热波图像中缺陷区域具有的像素相关性,选取以待融合像素点为中心的区域能量较大的图像对应的小波系数作为融合图像对应点的系数值[18]。高频域小波系数融合规则如下。

对待融合热波图像 $F_1(i, j)$ 和 $F_2(i, j)$(大小为 $m \times n$)进行小波分解,第 J 层上以 (x, y) 为中心位置的局部区域能量可表示为

$$E_{JF_1}^i = \sum_{p \in m, q \in n} \left[D_{JF_1}^i(x + p, y + q) \right]^2 \qquad (6-9)$$

$$E_{JF_2}^i = \sum_{p \in m, q \in n} \left[D_{JF_2}^i(x + p, y + q) \right]^2 \qquad (6-10)$$

区域中值 MED_J^i 定义为

$$MED_{JF_1}^i = \sum_{p \in m, q \in n} \frac{D_{JF_1}^i(x + p, y + q)}{m \times n} \qquad (6-11)$$

$$MED_{JF_2}^i = \sum_{p \in m, q \in n} \frac{D_{JF_2}^i(x + p, y + q)}{m \times n} \qquad (6-12)$$

式中,m、n 表示区域的大小,p、q 的变换范围在 m,n 之内;$D_{JF_1}^i$、$D_{JF_2}^i$ 表示图像 F_1(i,j)和 $F_2(i,j)$ 的像素第 J 层小波分解对应的小波系数矩阵;$i=1,2,3$ 分别表示水平、垂直和对角线的 3 个方向。

定义两幅图像对应区域的能量匹配度为[19]

$$Match_J^i(x,y) = \sum_{p \in m, q \in n} \frac{2 \times D_{JF_1}^i(x + p, y + q) \times D_{JF_2}^i(x + p, y + q)}{E_{JF_1}^i(x,y) + E_{JF_2}^i(x,y)}$$

$$(6-13)$$

对于式(6-13)定义的能量匹配度,选取适当的匹配阈值 Thr(通常取 0.5 ~ 1)。若 $Match_J^i(x,y) \leqslant Thr$,则融合后的高频系数为

$$S_J^i(x,y) = \begin{cases} D_{JF_1}^i & D_{JF_1}^i \geqslant D_{JF_2}^i \\ D_{JF_2}^i & D_{JF_1}^i < D_{JF_2}^i \end{cases} \qquad (6-14)$$

若 $Match_J^i(x,y) > Thr$,则融合后高频系数为

$$S_J^i(x,y) = \frac{MED_{JF_1}^i(x,y) + MED_{JF_1}^i(x,y)}{2} \qquad (6-15)$$

基于区域能量的融合方法中区域和匹配阈值的大小直接关系到融合图像的质量,不同的区域选择方案和匹配阈值得到的融合图像差异较大。因此需要采用遗传算法等对区域大小和匹配阈值进行优化,并根据实际情况对高频域小波系数乘以一个倍数(比如取 1.5),目的是在获取最佳融合图像的同时,增强在一幅图像中出现而在另一幅图像中未出现的细节信息。这里适应度函数仍然使用式(6-7)定义的热波图像的信噪比,进化代数为 120 代。

在获取融合图像的低频域系数和高频域系数后,采用小波分解的逆运算进行图像的重构,即可得到融合后的热波图像。

6.4.4 实验及结果分析

为了验证基于小波变换的热波图像序列融合方法的融合效果,仍然用上一节的两组热波图像进行实验研究。

1. 试件1热波图像融合验证实验及结果分析

图6-9中,图(a)和图(b)分别表示待融合的两帧热波图像,采用sym小波基函数对热波图像进行二层小波分解。图(c)为小波系数取大

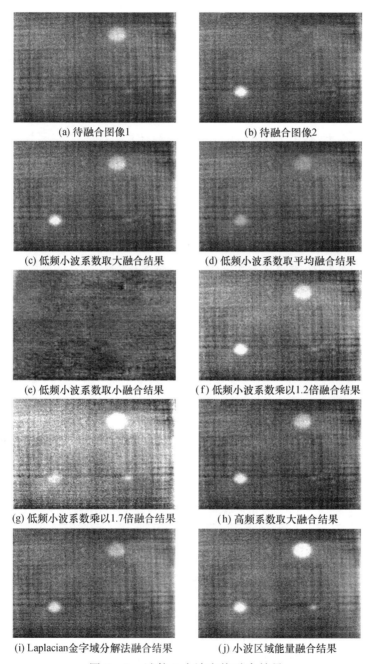

(a) 待融合图像1　　　　　　(b) 待融合图像2

(c) 低频小波系数取大融合结果　　(d) 低频小波系数取平均融合结果

(e) 低频小波系数取小融合结果　　(f) 低频小波系数乘以1.2倍融合结果

(g) 低频小波系数乘以1.7倍融合结果　　(h) 高频系数取大融合结果

(i) Laplacian金字域分解法融合结果　　(j) 小波区域能量融合结果

图6-9　试件1小波变换融合结果

的融合结果,图(d)为小波系数取平均的融合结果,图(e)为小波系数取小的融合结果,图(f)为对低频小波系数乘以系数 1.2 倍后取大的融合结果,图(g)对小波系数乘以 1.7 倍后取大的融合结果,图(h)为高频域系数取大的融合结果,图(i)为二层 Laplacian 金字塔分解法融合结果,图(j)为基于小波变换的区域能量融合方法的融合结果。从图中可以看出,基于区域能量的融合图像中,缺陷的显示效果得到明显增强,融合图像的对比度和信噪比都较原图像有所提高。

表 6-2 列出了试件 1 热波图像融合实验中采用不同融合方法得到的融合图像的评价参数,选择低频系数乘以 1.7 倍融合结果作为标准参考融合图像。从表中可以看出,基于小波变换的区域能量融合方法算法在熵、平均梯度和空间频率上均优于传统小波融合算法和 Laplacian 金字塔分解法,融合结果不仅有效地保持了原图像的不同细节特征和轮廓特征,而且增强了原始图像中的微弱缺陷。表 6-1 中基于小波变换的区域能量融合方法算法融合结果的部分评价指标低于小波系数倍增法,主要原因是小波系数倍增法增强了噪声,比较图 6-9(g)和(h)可以发现该方法融合图的视觉效果明显高于小波系数倍增法,对噪声的抗干扰能力更强,更符合实际应用和研究需要。

表 6-2 试件 1 不同融合方法的性能比较

融合方法	熵	平均梯度	空间频率	峰值信噪比
低频系数取大法	6.9142	0.0713	24.9329	-18.7108
低频系数平均法	6.8351	0.0669	23.3830	∞
低频系数取小法	6.7941	0.0712	24.8864	-18.7668
低频系数乘以 1.2 倍	7.1173	0.0852	29.7700	-29.2140
低频系数乘以 1.7 倍	6.7497	0.1076	37.6081	-37.5976
高频系数取大	6.9406	0.0752	26.3031	-18.7449
Laplacian 金字塔	6.9350	0.0749	26.1926	-16.1081
小波区域能量方法	7.0379	0.0863	34.6422	-30.9258

2. 试件 2 热波图像融合验证实验及结果分析

图 6-10 中(a)~(j)图的图示说明与图 6-9 中完全相同。从图中同样可以看出,基于小波变换的区域能量融合方法不仅能够有效地融合不同深度缺陷所对应的热波图像,而且融合图像中缺陷的显示效果,特别是微弱缺陷的显示效果得到增强,图像的对比度和信噪比均得到提高。

表 6-3 同样列出了试件 2 热波图像融合实验中采用不同融合方法得到的融合图像的评价参数,选择低频系数乘以 1.4 倍融合结果作为标准参考融合图

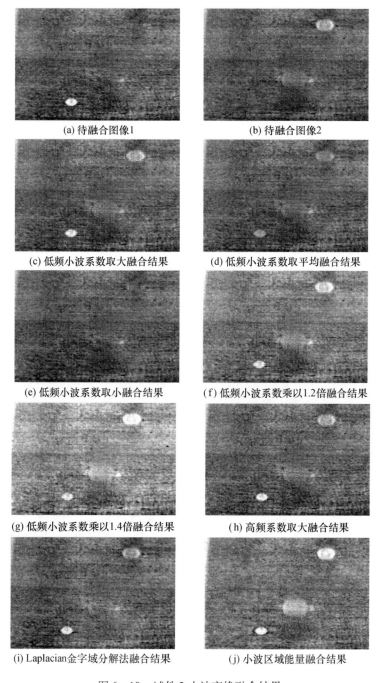

(a) 待融合图像1   (b) 待融合图像2

(c) 低频小波系数取大融合结果   (d) 低频小波系数取平均融合结果

(e) 低频小波系数取小融合结果   (f) 低频小波系数乘以1.2倍融合结果

(g) 低频小波系数乘以1.4倍融合结果   (h) 高频系数取大融合结果

(i) Laplacian金字域分解法融合结果   (j) 小波区域能量融合结果

图 6 - 10　试件 2 小波变换融合结果

像。分析比较表中的各项数据可以得到与试件 1 验证实验相同的结论,进一步表明了基于小波变换的区域能量的热波图像融合方法是可行和有效的。

表 6-3　试件 2 不同融合方法的性能比较

融合方法	熵	平均梯度	空间频率	峰值信噪比
低频系数取大法	6.6788	0.0665	22.3269	-19.6060
低频系数平均法	6.6379	0.0662	22.2660	∞
低频系数取小法	6.5934	0.0572	19.2424	-19.6663
低频系数乘以 1.2 倍	6.8237	0.0731	24.5717	-28.3681
低频系数乘以 1.4 倍	6.9671	0.0803	27.0112	-33.8589
高频系数取大	6.7578	0.0726	24.4262	-19.5786
Laplacian 金字塔	6.5886	0.0566	19.1566	-17.9874
小波区域能量方法	6.7329	0.0747	27.1213	-29.3017

　　总之,通过对实验结果的主观评价和客观定量分析可知,基于小波变换的区域能量热波图像融合方法能够有效地实现在一幅图像上同时显示所有缺陷,而且融合后的图像的显示效果明显加强,缺陷对比度得到明显提高,抗噪声干扰能力显著增强,同时克服了基于像素点融合方法造成部分缺陷信息丢失的问题,更好的保持源图像特征信息。采用遗传算法搜索最优区域和匹配阈值,保证了得到的融合图像是全局最优的,但是计算时间上稍长一些。

6.5　热波图像序列盲分离技术

　　图像盲源分离技术是 BSS 理论在图像处理中的一种新的应用。随着盲源分离理论的深入发展以及在信号处理领域的成功应用,盲源分离在图像处理中的应用越来越多,并取得了许多令人满意的结果[21,23]。

6.5.1　热像盲源分离基础

　　由于红外热波无损检测技术的复杂性,各种信息和噪声的存在必然会对红外热波图像造成不利的影响,进而影响后续的精确估计,为了获得较好的检测效果,必须对采集的图像进行科学的分离。一般地,红外热波图像可以用下列数学模型来描述。

$$x = Hs + N \tag{6-16}$$

式中,$x = (x_1, x_2, \cdots, x_m)^T$ 为 m 维零均值观测信号向量,它是由 n 个未知的零均值独立源信号 $s = (s_1, s_2, \cdots, s_n)^T$ 线性混合而成;$H = [h_1, \cdots, h_n]$ 为 $m \times n$ 阶满秩源信号混合矩阵;N 为图像中的噪声信号。

　　BSS 算法的基本思想是在于求解一矩阵 W,使其作用于观测信号 x 所得估计信号:

$$y(t) = Wx(t) = WHs(t) = Gs(t) \tag{6-17}$$

式中，**G** 称为全局传输矩阵（系统矩阵）。

盲源分离的问题就是求解分离系统 **W**，使输出量尽可能地满足独立性条件，达到逼近独立源信号的目的。

当有用信号在图像中占优势时，试件的缺陷显示效果较好；当有用信号为弱信号并淹没在噪声中时，必须要将两者分离出来，才能获得好的显示效果。因为有用信号和噪声信号可以被看成是由不同的相互独立的源产生的并且满足 BSS 的假设条件，所以它们的混合信号可以用 BSS 进行有效地分离，从而达到提高检测效果的目的[23]。

在上述模型中，应该要注意两个要点。一是噪声应符合独立和非高斯两个基本假设条件。现实中由于热波图像的有用信号与噪声之间往往是相互独立的，并且具有非高斯性，因此该条件是满足的。二是观测向量和假设源向量均是零均值的。这就要求对输入图像进行必要的预先处理。

6.5.2 基于 BSS 的热波图像数据处理方法

为了让红外热波图像更好的满足盲源分离的基本要求，减少部分干扰因素和加快运行速度，先在空间域和时间域上截取一定范围内的有效热波图像序列，然后进行盲分离处理，其处理流程如图 6-11 所示。

图 6-11 红外热波图像的 BSS 处理流程图

处理步骤如下：

（1）降维三维序列图像，构造数据矩阵。若待处理的序列图像如图 6-12 所示，每帧图像大小为 W 像素 $\times H$ 像素，共 N 帧。将热波序列图像中的每帧图像按行首尾相接，拉直为一维行向量，那么每帧图像的二维数据就变成了一个一维向量。结果如图 6-13 所示。

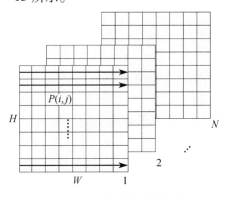

图 6-12 待处理序列图像模型

图 6 – 13   转换后的图像行向量模型

（2）将转换后的每一个行向量按一定的顺序组合为一个新的二维矩阵,作为混合输入信号 X。

（3）对 X 进行白化处理,使处理后的信号 $\tilde{x}$ 满足 $E\{\tilde{x}\tilde{x}^{\mathrm{T}}\} = I$,初始化随机权向量 w_0,然后设置收敛误差范围 $0 < \varepsilon < 1$。

（4）按照迭代式（6 – 18）调整 w_{k+1},然后进行去相关和归一化处理[25]。

$$\begin{cases} w_{k+1} = w_{k+1} - \displaystyle\sum_{j=1}^{k} (w_{k+1})^{\mathrm{T}} w_j \\ w_{k+1} = w_{k+1} / \sqrt{w_{k+1}^{\mathrm{T}} w_{k+1}} \end{cases} \qquad (6-18)$$

（5）如果 $|w_{k+1} - w_k| < \varepsilon$,则表示算法收敛,成功地分离出一个独立分量,否则重复步骤（4）和步骤（5）。

（6）将得到的分离数据按照步骤（1）的逆过程重构图像。从而可以得到 N 幅独立的分离图像。

6.5.3   实验结果及分析

由于红外热波序列图像数据巨大,假如直接利用全序列图像进行 BSS 处理的话,处理速度势必非常缓慢。因此先只采用具有代表性的三幅原始热波图像进行盲分离。

图 6 – 14 所示是待处理图像及其直方图。第一幅图像主要反映了加热不均;第二幅图像反映的是缺陷显示效果较好的图像;第三幅图反映的是缺陷显示效果一般的图像。图 6 – 15 是 BSS 处理后的 3 幅图像及其直方图。从实验结果可以直观地看出该方法消除了加热不均的影响,并且图像的视觉效果得到了很大的改善。比较处理前后图像的直方图可以发现,该方法很好的消除了图像中的高频噪声分量,增强了图像的低频分量。图 6 – 16 是处理前后的三维显示,可以更清楚地发现处理后的热波图像的缺陷得到了增强,图像加热不均被明显抑制。

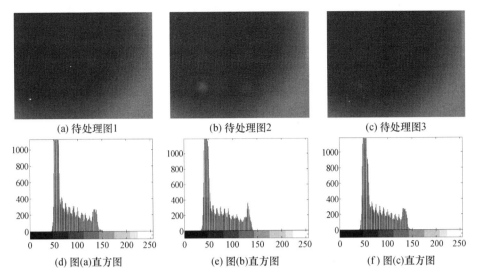

(a) 待处理图1　　　　　　　(b) 待处理图2　　　　　　　(c) 待处理图3

(d) 图(a)直方图　　　　　　(e) 图(b)直方图　　　　　　(f) 图(c)直方图

图 6-14　待处理图像及其直方图

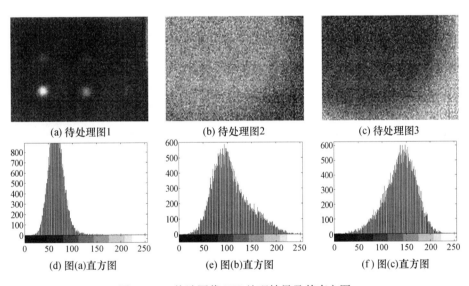

(a) 待处理图1　　　　　　　(b) 待处理图2　　　　　　　(c) 待处理图3

(d) 图(a)直方图　　　　　　(e) 图(b)直方图　　　　　　(f) 图(c)直方图

图 6-15　热波图像 BSS 处理结果及其直方图

　　此外,由于 BSS 算法固有的特性,处理后的三幅图像在顺序上是无序的,但很明显处理后的三幅图像代表着原始图像中的 3 个独立分量。第一幅图像反映的是实验试件的缺陷信息,第二幅图像反映的是含噪声分量的独立分量,第三幅图像表征的是由于热源激励不均造成的分布不均的独立分量。这就很好地印证了热波图像 BSS 分析的假设,说明该方法是可行有效的。

　　为了更好的对结果进行客观评价,采用熵、空间频率、均方根误差、峰值信噪比、PI(性能指标)以及迭代时间等客观指标进行一次全面的比较。

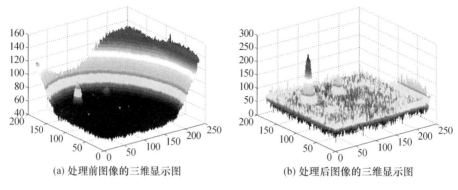

| (a) 处理前图像的三维显示图 | (b) 处理后图像的三维显示图 |

图 6-16　热波图像 BSS 处理前后图像的三维显示对比

　　熵是图像信息量度量的一个标准。依据该指标可以大致判断算法处理的效果。原始图像和处理后图像的熵值见表 6-4，从表中可以明显地看出处理后熵值的减小，这是因为三幅图像都含有一定的相关信息，通过 BSS 分离处理，这些相关信息被融合在一起，当成是独立分量保留在一幅图像中了；从空间频率来看，输出的三幅图像的空间频率都得到了增大，这说明图像的细节变得更加丰富，也就说明了缺陷区域更加清晰了；而均方根误差的结果表明处理后的图像与源图之间的差异较大，这就意味着通过该方法处理的结果图与原始图像之间的信息发生了很大的改变。

表 6-4　热波图像 BSS 分析中各个图像的性能比较

算法	熵	空间频率	均方根误差	峰值信噪比
图 6-14(a)	8.8329	6.0360	——	——
图 6-14(b)	8.8040	6.2019	10.4792	63.8375
图 6-14(c)	8.8286	6.0693	3.9584	83.3085
图 6-15(a)	6.0837	28.0860	31.0171	48.1345
图 6-15(b)	7.1900	36.7572	41.5640	36.2806
图 6-15(c)	7.0471	40.4489	88.8374	28.4877

　　从算法的运算过程看，该分离实验获得的全局传输矩阵 G 为

$$G = \begin{bmatrix} 1.000000 & 0.774346 & 0.313051 \\ 0.098193 & 0.763174 & 1.000000 \\ 0.304450 & 0.785912 & 1.000000 \end{bmatrix}$$

　　性能指标 $PI = 0.50$，运行时间 $t = 0.80s$。容易看出该方法分离性能指标并不是很理想，这是因为所选取的实验图像之间的互信息较大。

　　综上所述，该方法有效地分离和凝聚了热波图像中相同的独立成分，提炼出独立分量的缺陷图像，分离出独立的噪声图像，也提取了加热不均图像。通过

BSS 算法处理后的图像不仅直观上显示效果得到了很大的改善,而且从客观评价标准中熵值、空间频率和均方根误差都得到了增强,但是也应该指出该方法也存在着分离精度和收敛速度不够的问题,因此需要更为先进的处理方法。

6.6　基于小波变换的热波图像序列盲分离方法

独立分量分析是盲源分离的重要内容,该算法以非高斯源信号为研究对象,采用二阶统计量、高阶统计量、互信息等优化指标,完成对独立分量信息的自动分离。对于热波图像数据而言,其大部分重要的特征信息,如图像的边缘和细节等,与图像像素间的高阶统计特性有着密切的联系,采用高阶统计量方法可能获得更好的效果。在实际处理中,由于观测信号一般是若干个独立源信号的线性叠加,并且夹杂着观测噪声,因此,直接利用独立分量分析法处理原始信号往往无法获得理想的处理结果。

研究表明:在各个源信号的概率密度分布相同时,算法的稳态误差与源信号的峭度的平方成反比[25],并且算法的精确度与源信号的峭度成正比,而小波分析对奇异性信号有突出的分析能力,小波域高频子图像的分布近似为拉普拉斯分布,具有更大的峭度[26]。根据这一特性,可以将小波变换和独立分量分析结合起来,用于红外热波图像的自动分离,其基本思路是利用小波变换实现图像的前期处理(小波分解)和后期处理(图像重构),利用高阶独立分量分析法对小波分解的子图像进行分离运算。其技术路线主要有 3 条,下面分三小节分别讨论[21,23]。

6.6.1　单帧热波图像小波变换的 BSS 分析法

1. 算法与实验步骤

目前基于小波变换的独立分量算法还主要用于一维信号处理。我们将其推广运用于二维红外热波图像处理,其基本原理如图 6 – 17 所示。首先通过对热波图像每个通道的数据进行特定尺度的小波分解,得到不同频谱范围的图像细节;然后运用 BSS 算法分离出与源图像有关的独立分量,并且消除源图像中的噪声分量;最后运用小波重构算法重构得到去噪后的图像。其主要步骤如下:

(1) 选取将实验获取的图像中显示效果最好的图像进行小波分解,对各个通道的数据分别进行特定尺度的小波分解(这里采用的是单层小波分解),得到不同频率范围的子图像分别是:低频子图、水平高频子图、垂直高频子图和对角高频子图。

(2) 将上述各个子图分别进行 BSS 处理。首先将各个子图像转换为一维行向量,再将这些一维行向量组成一个矩阵,这样就可以实现对数据进行独立分量分析,从而得到独立分量。

（3）最后一步是对处理后的源图像进行重构，再转换成二维图像矩阵。

红外热波图像经过小波分解后的子图像一般具有更强的非高斯分布特性[27]，从而使得 BSS 处理的效果更好。

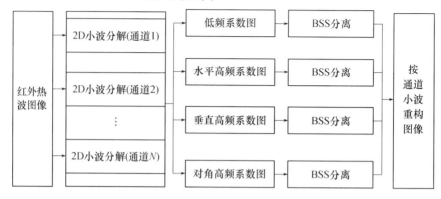

图 6-17　单帧热波图像小波变换的 BSS 分析算法流程图

2. 实验结果及分析

为了验证单帧热波图像小波变换的 BSS 分析方法，采用 MATLAB7.8 软件和钢壳体试件热波图像进行实验研究，计算机基本配置是：Intel(R) Core2 CPU T6500 8.10GHz；RAM：8.00GB。

此次试验采用离散小波变换（DWT）对红外热波图像进行多分辨分解，热波图像经过二维 sym4 小波变换单层分解后，得到图像的低频近似分量和高频细节分量如图 6-18 所示。从中可以看出，低频分量反映了热波图像的近似特征和轮廓，而高频分量反映了热波图像的细节信息[23,28]。

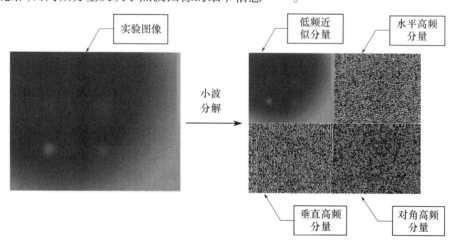

图 6-18　实验图像的小波分解图

对应的直方图分布如图 6-19 所示，图中横坐标为图像灰度级数目，默认值为 256,纵坐标为灰度的频数。

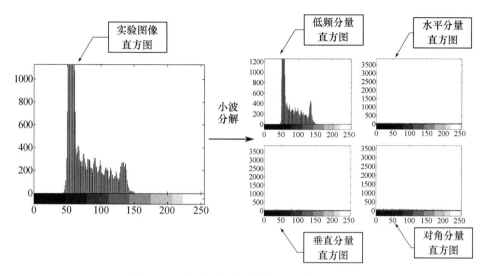

图 6 – 19 实验图像小波分解图对应的直方图

对小波分解获取的子图像做 BSS 分析,处理结果如图 6 – 20、图 6 – 21 和图 6 – 22 所示。

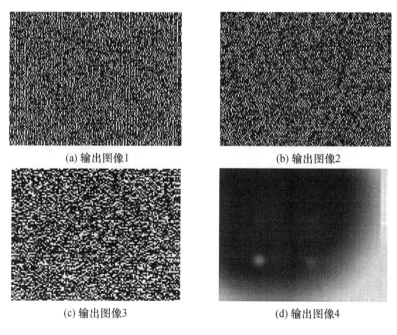

(a) 输出图像1

(b) 输出图像2

(c) 输出图像3

(d) 输出图像4

图 6 – 20 单帧热波图像小波变换的 BSS 分离出的图像

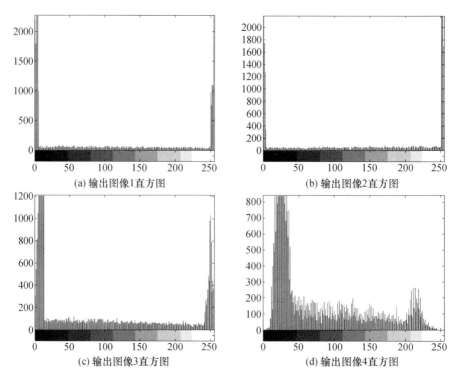

(a) 输出图像1直方图

(b) 输出图像2直方图

(c) 输出图像3直方图

(d) 输出图像4直方图

图 6 – 21　单帧热波图像小波变换的 BSS 分离出的图像直方图

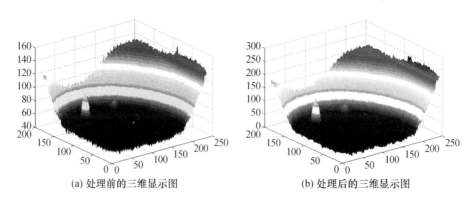

(a) 处理前的三维显示图

(b) 处理后的三维显示图

图 6 – 22　单帧热波图像小波变换的 BSS 处理前后图像的三维显示

单帧热波图像小波变换的 BSS 分析的传输矩阵为

$$G = \begin{cases} 1.000000 & 0.000902 & 0.054110 & 0.000810 \\ 0.003958 & 0.000914 & 0.031392 & 1.000000 \\ 0.016572 & 1.000000 & 0.094692 & 0.006154 \\ 0.000631 & 0.002748 & 1.000000 & 0.004169 \end{cases}$$

其性能指标 $PI = 0.02$,运行时间为 $0.59\mathrm{s}$,PI 值越小说明分离效果越好,这是因为原始图像经过小波变换后分解为低频分量和高频分量,通常图像的概率分布是近似高斯分布,而小波分解后的高频分量的分布是近似拉普拉斯分布。因此该方法具有更高的分离精度和收敛速度。而获取的传输矩阵值较小的原因是:红外热波图像进行小波变换后,各个子图像之间的互信息较少。

从图 6 – 21 的直方图分析可以看出处理后的图像得到了均衡,图 6 – 21 的图(d)说明去噪后直方图更加平坦,层次感增强,突出了图像的细节,然而图像平滑度下降。可以通过图 6 – 22 的三维显示很明显地看出处理前后图像的加热不均现象未能够很好地解决,图像缺陷的增强效果不是很理想。

表 6 – 5 给出了这些图像的熵、空间频率、均方根误差和峰值信噪比等客观评价指标。可以看出,处理前后图像的熵值增大,说明很好地保存了图像的细节,增大了图像的有用信息;比较图 6 – 20(d)和低频近似分量的空间频率和均方根误差的值,可以看出这些数据值都有所增大,这说明图像缺陷的显示效果得到了一定地改善,图像变得更加清晰。尽管该方法解决了算法的分离精度和收敛速度的问题,图像缺陷的显示效果得到了一定地改善,但是未能很好的解决加热不均的问题。

表 6 – 5　单帧热波图像小波变换的 BSS 分析中各个图像的性能比较

算法	熵	空间频率	均方根误差	峰值信噪比
图 6 – 14(b)	8.8329	6.0360	——	——
低频近似分量	8.7713	4.8366	14.5860	57.2241
水平高频分量	3.7475	197.5929	111.3818	16.5660
垂直高频分量	3.8000	194.7683	110.6324	16.7010
对角高频分量	4.3084	218.6542	100.3217	18.7010
图 6 – 20(a)	8.2162	190.3045	108.8351	17.0286
图 6 – 20(b)	4.9090	153.8660	148.6953	11.6110
图 6 – 20(c)	6.4391	178.9412	98.7842	19.5833
图 6 – 20(d)	6.9684	11.6849	41.9162	36.1118

由于单帧热波图像小波变换的 BSS 分析法的对象为一幅图像,这就决定了该方法不能充分利用序列图像互信息多的特点,因此也很难消除图像的加热不均问题。

6.6.2　多帧热波图像小波变换的 BSS 分析法

针对单帧热波图像缺乏相互补充和相互支持的信息的问题,一个可行的解决方法是采用多帧图像进行盲分离分析。

1. 算法与实现步骤

该方法的基本思想是:首先通过对多幅热波图像进行特定尺度的小波分解,

183

得到多组不同频谱范围的图像细节;然后对各组图像运用 BSS 算法分离出与源图像有关的独立分量,消除源图像中的噪声分量;最后运用小波重构算法重构得到去噪后的图像。其算法流程如图 6－23 所示。

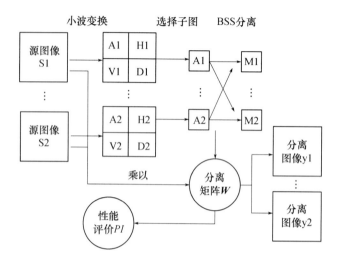

图 6－23　多帧热波图像小波变换 BSS 分析的算法流程图

以三帧图像为例,其图像分离的具体步骤如下:

(1) 选取实验中获取的显示效果最好和显示效果一般的两幅图像以及加热不均显示较好的一幅图像,见图 6－14,分别进行小波分解(采用 sym4 小波基,小波分解尺度为1),一共得到 12 幅子图像,其中 3 幅为低频子图像,9 幅为高频子图像。

(2) 直接剔除高频子图像,只选取小波变换后的 3 幅低频子图像进行盲源分离分析,即将二维图像信号按照行转换成一维行信号,再将这些一维行向量组成一个矩阵,然后运用 BSS 算法对其进行盲分离。

(3) 对分离后的行向量进行反向处理,重构分离后的热波图像。

2. 实验结果及分析

图 6－24 为图 6－14 小波分解后保留低频分量而得到的图像,图 6－25 是采用 FastICA 盲分析算法分离出的三幅图像及其直方图,图 6－26 是其三维显示。显然可以看出处理后的热波图像的缺陷显示更加明显,图像加热不均的现象得到了很好地改善。

本次实验获取的全局传输矩阵为

$$\boldsymbol{G} = \begin{cases} 0.707484 & 0.381470 & 1.000000 \\ 0.888339 & 1.000000 & 0.079618 \\ 0.804403 & 1.000000 & 0.346773 \end{cases}$$

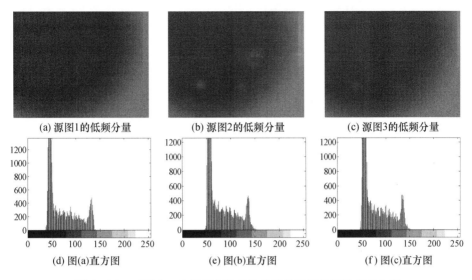

(a) 源图1的低频分量　　　(b) 源图2的低频分量　　　(c) 源图3的低频分量

(d) 图(a)直方图　　　　(e) 图(b)直方图　　　　(f) 图(c)直方图

图 6 - 24　对图 6 - 14 进行小波变换得到的低频分量及其直方图

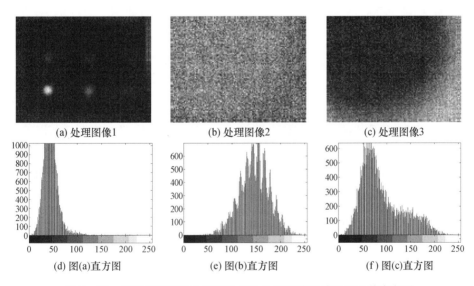

(a) 处理图像1　　　　(b) 处理图像2　　　　(c) 处理图像3

(d) 图(a)直方图　　　　(e) 图(b)直方图　　　　(f) 图(c)直方图

图 6 - 25　多帧热波图像小波变换 BSS 分析的输出结果图及其直方图

与直接利用 BSS 对三帧热波图像进行处理相比,该方法的运算速度得到了很大地提升,经过计算,$PI = 0.34$,运行时间 0.36s,可以看出处理后图像的缺陷显示效果得到了很好的改善,解决了图像的加热不均问题。其性能评价结果如表 6 - 6 所列。

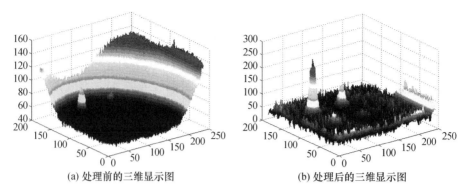

(a) 处理前的三维显示图　　　　　　　(b) 处理后的三维显示图

图 6-26　多帧热波图像小波变换 BSS 分析处理前后图像的三维显示

表 6-6　多帧热波图像小波变换 BSS 分析中的各个图像的性能比较

算法	熵	空间频率	均方根误差	峰值信噪比
图 6-14(a)	8.8329	6.0360	——	——
图 6-24(a)	8.7713	4.8366	14.5860	57.2241
图 6-14(b)	8.8145	6.2130	10.2091	64.3596
图 6-24(b)	8.6927	4.8810	17.7830	53.2604
图 6-14(c)	8.8374	6.0450	3.5198	88.6574
图 6-24(c)	8.7697	4.8327	14.7072	57.0585
图 6-25(a)	8.8993	14.7094	48.9321	38.6329
图 6-25(b)	6.9486	37.7441	86.5268	21.6162
图 6-25(c)	7.2473	28.0385	28.6752	43.7046

从表 6-6 可以看出,处理前后图像的熵值增大,说明很好地保存了图像的细节,增大了图像的信息量;比较源图像 1 的低频分量和输出图像 1 的空间频率和均方根误差的值,可以看出这些数据值都有所增大,意味着图像的显示效果得到了改善,图像缺陷的显示变得更加清晰。

6.6.3　基于虚拟通道的小波变换 BSS 分析法

多帧算法虽然较好地利用了相互支持信息,但直接舍弃了热像的高频细节信息,造成了较大的信息损失。下面来研究可以利用高频细节信息的方法。

1. 算法与实验步骤

为了能用上高频细节信息,先采用二维小波变换,获取图像的高频噪声信息,并称之为虚拟观测通道,然后将该虚拟观测信号与原始热波图像进行 BSS 分析处理,从而达到提纯与去噪的目的[21,29]。算法的流程图如图 6-27 所示,具体步骤如下:

(1) 选取一帧显示效果最好的图像进行小波分解,令低频子图像值置零,保留高频子图像,进行重构,重构的图像主要由噪声信息和图像的高频信息组成,作为虚拟观测通道。

(2)为了有效地消除实验时加热不均的影响,将一幅有明显加热不均的图像看成一个独立分量。

(3)将虚拟观测通道、加热不均图像与显示效果最好的一帧图像作为待分离的输入信号,进行预处理,即将二维图像信号按照行转换成一维信号,构成白化观测矩阵。

(4)利用 BSS 分离算法进行盲源分离分析,最后将一维信号还原为二维的图像形式。

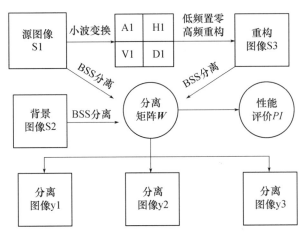

图 6 – 27　基于虚拟通道的小波变换 BSS 算法流程图

2. 实验结果及分析

图 6 – 28 是由图 6 – 18 进行小波分解后低频分量置零、构建而成的虚拟噪声通道。图 6 – 29 是运用 FastICA 算法分离出的三幅图像及其直方图,图 6 – 30 是处理前后的三维图像,可以发现热波图像的缺陷得到了明显增强,图像加热不均被明显抑制。

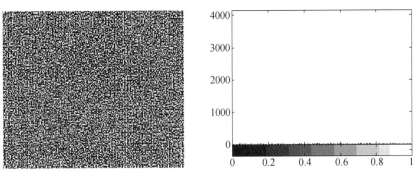

图 6 – 28　虚拟噪声通道及其直方图

187

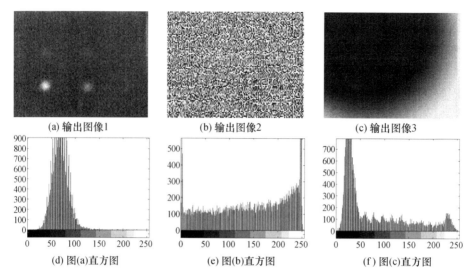

(a) 输出图像1　　　　　(b) 输出图像2　　　　　(c) 输出图像3

(d) 图(a)直方图　　　　(e) 图(b)直方图　　　　(f) 图(c)直方图

图 6 – 29　基于虚拟通道的小波变换 BSS 处理结果及其直方图

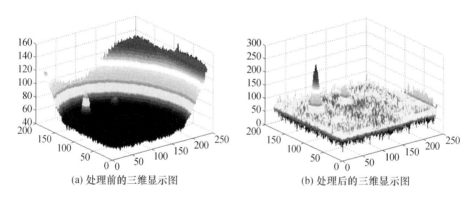

(a) 处理前的三维显示图　　　　　　(b) 处理后的三维显示图

图 6 – 30　基于虚拟通道的小波变换 BSS 处理前后的三维图像

本次实验的全局矩阵为

$$G = \begin{cases} 0.916042 & 0.000628 & 1.000000 \\ 0.149318 & 1.000000 & 0.191526 \\ 1.000000 & 0.000516 & 0.1808773 \end{cases}$$

此次运算迭代时间为 0.27s，$PI = 0.24$。和前面的两个算法比较，其运行速度和分离精度都得到了改善，并且图像的处理效果非常明显，容易看出全局矩阵 G 各行各列仅有一个元素为 1，这说明该算法已经成功分离了源图像。分离前后图像的性能指标如表 6 – 7 所列，其空间分辨率、均方根误差以及峰值信噪比均明显增加，说明获得了理想效果。

188

表 6-7　基于虚拟通道的小波变换 BSS 中各个图像的性能比较

算法	熵	空间频率	均方根误差	峰值信噪比
图 6-14(a)	8.8329	6.0360	——	——
图 6-14(b)	8.8040	6.2019	10.4792	63.8375
图 6-14(c)	8.9631	230.8026	128.4656	14.6687
图 6-29(a)	6.0583	28.4789	30.7137	48.3311
图 6-29(b)	7.7115	133.9556	111.5077	16.5434
图 6-29(c)	6.9945	13.4622	41.9745	36.0840

6.7　本 章 小 结

本章主要研究基于信息融合和基于盲源分离的热波图像信息提纯处理技术。主要工作如下。

(1) 针对热波图像序列的特点,研究提出了基于差值图像的单点像素融合和基于小波变换的区域能量融合方法,并使用遗传算法对融合过程中的参数进行最优化控制,取得了满意的结果。实验结果表明,基于差值图像的融合方法根据待融合图像之间的异同特性实现图像的融合,由于在一定程度上兼顾了相邻像素的相关性,融合图像中缺陷对比度明显增强,且计算简单,只是图像平滑度有所降低;基于小波变换的融合方法采用小波分解后的高频图像的区域能量作为融合算子,并采用遗传算法对区域大小和匹配阈值进行优化,能最大限度地突出高频子图像中该区域中心像素点与区域像素点之间的相关性,更能体现图像中的细节(缺陷)等重要特征,得到的融合图像平滑度高,对比度和抗噪声能力明显增强。

(2) 将 BSS 算法直接引入红外热波图像提纯处理中,通过维度变换解决了热波图像的盲分离问题,试验结果表明,该方法能够较好地解决热波图像存在的问题,但也存在着收敛速度和运算速度较慢的缺点。针对这些不足,研究探讨了三种基于小波变换的热波图像独立分量分析方法,用实验验证了这些方法的有效性。研究发现直接进行热波图像的盲分离,一般至少需要选取三帧代表性的图像可以实现分离,图像的显示效果得到改善,但存在着分离精度和迭代速度不够的问题。增加小波变换以后,盲分离的效果得到改善,但是单帧热波图像的盲分离只针对一幅热波图像,不能很好地解决加热不均的问题,存在局限性。多帧热波图像的盲分离不仅很好地保留了原盲分离的优点,而且很好地改善了算法的分离精度和迭代时间。基于虚拟通道的盲分离是一种自适应提纯与除噪方法,具有更好的分离性能。四种方法相比,后两个方法更加先进和有效。

189

参 考 文 献

[1] 刘卫光.图像信息融合与识别[M].北京:电子工业出版社,2008.

[2] 田裕鹏.红外检测与诊断技术[M].北京:化学工业出版社,2006.

[3] 夏明革,何友,唐小明,等.多传感器图像融合综述[J].电子与控制,2002,9(4):1−7.

[4] 牛凌宇.多源遥感图像数据融合技术综述[J].空间电子技术,2005,1:1−6.

[5] 胡旺.图像融合中的关键技术研究[D].四川:四川大学,2006.

[6] 刘坤,郭雷,陈敬松.基于区域分割的序列红外图像融合算法[J].红外与激光工程,2009,38(3):
553−558.

[7] 田裕鹏.红外辐射成像无损检测关键技术研究[D],南京:南京航空航天大学,2009.1.

[8] 章小龙.基于粒子群优化算法的像素级图像融合[J].漳州师范学院学报(自然科学版),2009,2:
37−40.

[9] 王爱玲,叶明生,邓秋香.MATLAB R2007 图像处理技术与应用[M].北京:电子工业出版社,2008.

[10] 郭兴旺,董淑琴.基于小波变换的红外热波无损检测融合算法[J].光学技术,2008,34(5):
659−663.

[11] Ranchin T, Wald L. Efficient Data fFusion Using Wavelet Transform:The Case of SPOT Satellite Images.
Proc. of SPIE, 1993, 2034(1):171−178.

[12] 赵有星,李京.基于小波变换的图像融合方法综述[J].计算机与信息技术,2007,29:413.

[13] P Thevenaz, M Unser. A Pyramid Approach to Subpixel Image Fusion Based on Mutual Information [J].
Proc. of IEEE International Conference on Image Processing,Lausanne, Switzerland, 1996, I:265−268.

[14] Chiou−Ting Hsu, Rob A Beuker. Multiresolution Feature−based Image Registration[J]. In Visual Com-
munication and Image Processing, Proc. Of SPIE, 2000, 4067(6):1490−1498.

[15] Lewis J, O'Callghan R J, Nikolov S G, et al. Region Based Fusion Using Complex Wavelets[J]. in Proc.
Of Int. Conf. on Information Fusion, Stockholm, Sweden, 2004:555−562.

[16] A Toet. Mutiscale Contrast Enhancement with Application to Image Fusion[J]. Optical Engineering,
1992, 31(5):1026−1031.

[17] 高继镇.多源图像融合方法及应用研究[D].江南大学,2008.

[18] Jerome M. Shapiro, Embedded Image Coding Using Zerotress of Wavelet Coefficients[J], IEEE Trans. on
Signal Processing, 1993, 41(12):3445−3462.

[19] 王江岸,肖伟岸.区域特征性量测的图像融合方法[J].光学与光电技术,2003,1(2):57−59.

[20] 申晓华.基于区域能量的图像融合[D].河南:河南大学,2007.

[21] 黄建祥.基于 BSS 的红外热波图像增强技术研究[D],西安:第二炮兵工程大学,2011.

[22] 黄建祥,张金玉,黄小荣.基于差值图像的红外热波图像融合增强算法研究[J].第二炮兵工程学院
学报,2011,25(3):35−39.

[23] 黄建祥,张金玉,张勇.基于小波变换的独立分量及其在红外热波图像中的应用[J],无损检测,
2012.5:40−43.

[24] Chen C H and Wang X J. A novel theory of SAR image restoration and enhancement with BSS [C]. IEEE
Geoscience and Romote Sensing Symposium, Anchorage, AmerBSS, 2004,6:3911−3914.

[25] 杨行峻,郑君里.人工神经网络与盲信号处理[M].北京:清华大学出版社,2003.

[26] Antonini M, Barhaud M, Mathieu P, Daubechies I. Image coding using wavelet transform. IEEE Trans .
on Image Processing,1992,1(2):205−220.

［27］Mallat S G A theory for multi resolution signal decomposition：The wavelet representation［J］. IEEE Trans. on Pattern Analysis and Machine Inntelligence,1989,11(7):674－693.

［28］赵有星,李京.基于小波变换的图像融合方法综述［J］.计算机与信息技术,2007,(29):395－413.

［29］季忠，金涛，杨炯明,等.虚拟噪声通道在基于 ICA 消噪过程中的应用［J］.中国机械工程,2005,16(4):350－353.

第七章 热波图像分割技术

图像分割是指把图像分成各具特色的区域并提取出感兴趣目标的技术和过程。这里所说的特色可以是灰度、颜色、纹理等,而目标可以对应单个区域,也可以对应多个区域。图像分割是目标识别的关键和首要步骤,也是一种基本的计算机视觉技术。图像分割的准确性将直接影响后继的工作。因此,分割的方法和精确程度是至关重要的。目前,已提出很多种分割算法,大致可分为基于边缘检测的方法和基于区域的方法。在实际应用中,从不同的理论角度可以分出许多方法,这些方法中主要可划分为三种类型:阈值型、边缘检测型和区域跟踪型。随着新理论和新技术的发展,一些新的图像分割方法也随之出现[1]。

7.1 热波探伤的图像分割概述

红外图像信息处理中,对图像进行分割可理解为将目标区域从背景中分离开来,或将目标及其相类似的物体与背景分离开来,这是图像处理中重要的一步,实际上是对图像初步的识别。图像目标分割是根据图像目标的某些特征或特征集合的相似性准则,对图像像素进行分组聚类,把图像划分成若干"有意义"的区域,使其后的缺陷目标的定量识别等高级处理阶段所要处理的数据量大大减少。

红外目标的分割问题以及其固有的特殊性有别于一般的目标分割,其难点主要体现如下:

(1) 红外成像为热源成像,图像中目标和边界均模糊不清;

(2) 目标自身并无明显形状、尺寸、纹理等信息可以利用;

(3) 目标的成像面积小,往往伴随着信号强度弱,目标分割要在低信噪比条件下进行[1]。

图像分割的应用非常广泛。例如,在遥感应用中,合成孔径雷达图像中目标的分割[2],遥感云图中不同云系和背景分布的分割[3,4]等。在医学应用中,脑部MR 图像分割成灰质(GM)、白质(WM)、脑脊髓(CSF)等脑组织和其他非脑组织区域(NB)[5]等。在航空航天领域朱敏等设计了一种集边缘检测、数学形态学、多阈值分割于一体的自动分割方法,对含有缺陷的固体发动机 CT 图像进行了分割[6];刘波等利用 Canny 边缘算子对飞机碳纤维蜂窝材料脱粘缺陷进行边缘检测和识别,取得了不错的效果[7]。

因此,图像分割算法被广为关注和研究。现有的大部分算法都是集中在阈值确定方法的研究上。阈值分割方法根据图像本身的特点,可分为单阈值分割方法和多阈值分割方法;也可分为基于像素值的阈值分割方法、基于区域性质的阈值分割方法和基于坐标位置的阈值分割方法。若根据分割算法所有的特征或准则,还可以分为直方图与直方图变换法、最大类空间方差法、最小误差法与均匀化误差法、共生矩阵法、最大熵法、简单统计法与局部特性法、概率松弛法、模糊集法、特征空间聚类法、基于过渡区的阈值选取法等[8]。文献[9]将图像分割分为两大类型,即数据驱动与模型驱动。常见数据驱动的图像分割具体分为基于边缘检测的分割、基于区域的分割、边缘与区域相结合的分割;常见的模型驱动分割包括基于动态轮廓(Snakes)模型的分割、基于组合优化模型、目标几何与统计模型的分割方法。基于局部熵和二维最大熵法被应用到图像分割领域,前者利用分割后目标和背景区域的灰度信息和局部熵信息,设计了一个判断是否得到正确分割的准则[10],以及计算图像局部熵进行阈值选择提取目标边缘,最后进行边缘连接分割出目标区域[11],后者利用图像的二维直方图,二维最大熵分割方法不仅考虑了像素的灰度信息,而且还充分利用了像素的空间领域信息,或者首先对图像进行基于二维最大熵的阈值分割,然后对二值图进行顺序滤波消除虚警点[12]。它们之间的区别是阈值的选取方式不同,有的运用 PSO 算法代替穷尽搜索获得阈值向量,有的运用逐步逼近二维最大熵阈值递推搜索算法,因此,选用方式的不同,搜索时间缩短,实时性得到了满足。张兴国等人提出了一种基于数学形态学的红外图像分割方法,利用形态学估计出红外图像的背景图像,并运用形态学的开运算消除高频噪声,对红外目标进行了很好地分割[13]。张宇等人提出了一种缺陷彩色图像分割的新方法,该方法首先采用彩色梯度检测和彩色数学形态学方法对 IC 缺陷图像进行分割,然后将各分割结果合并[14]。汪颖等人设计了一个实现数学形态学基本分割运算的 VC. NET 简易软件,该软件可以选择不同方向和不同形状、大小的结构元并在四邻域或八邻域中实现灰度图像的腐蚀、膨胀和开、闭运算,通过检测相邻像素灰度值的突变获得不同区域之间的边缘并实现了基于数学形态学的边缘检测和滤波,以及分水岭的分割算法[15]。孙伟等人研究了自然背景下红外图像目标分割的问题,提出了一种基于改进分水岭算法的红外图像分割方法。该方法先利用形态学开闭滤波,对红外目标图像中的噪声和微小的干扰区域进行滤除,接着根据提出的计算图像形态梯度的多尺度算法提取图像梯度,而后用改进的分水岭算法对图像进行分割[16]。刘捷等人提出了一种基于数学形态学的血液显微图像红细胞分别与统计方法,用腐性操作消除噪声,用膨胀操作填充"空洞",最后用面积统计法进行红细胞判定与分割[17]。孙伟等提出了一种计算红外图像梯度的多尺度算法提取图像形态学梯度,分析图像分形特征估计方法与形态学梯度的关系,提出了一种新的红外图像分形特征估计法,在此基础上对图像进行分割[18]。谢凤英等提出了一种有效的免疫细胞图像分割方法,即根据数学形态学的知识,利用直方图势函数来提取标记点,并将这些标记点作为种子点来对梯度图进行 Watershed 变换,进而实现了细胞图像的分割[19]。

此外,一些新兴和智能算法越来越多地被引入到图像分割领域,使得图像分割更加快速、有效和智能。比如,靳红梅等提出了基于 SVM 和纹理特征的 SAR 图像分割方法,即首先利用小波变换提取 SAR 图像的纹理特征,通过计算图像的灰度均值,作为图像的灰度特征,然后用完全无监督的聚类算法进行分类,最后将特征值与类别标记作为支持向量机(SVM)的训练样本,用训练后的分类器对图像进行分割[20]。徐海卫等将遗传算法引入到最大类间方差阈值分割法里,提高了最佳分割阈值的搜索时间,使得分割结果更加实时、有效[21]。基于数学形态学的分水岭分割方法[22]是一种以腐蚀和膨胀为基本运算的图像分割方法,分割效果明显,能有效去除背景和噪声。该方法已被成功地应用于医学图像处理、图像编码压缩、食品检验和印制电路自动检测和材料科学等领域。张炜[23]等以数学形态学为基础,采用分水岭图像分割方法,实现了热波检测缺陷特征的提取和分割,并在壳状结构脱粘缺陷的检测中进行了应用,对脱粘缺陷的大小进行了识别。

近年来,图像分割作为计算机视觉研究领域的重要内容,得到了广泛而深入的研究,提出了上千种图像分割算法,但现有方法多是为特定应用设计的,具有很大的针对性和局限性,在热波检测图像分割和损伤识别方面还有待开展深入的研究。

7.2　经典图像分割方法

7.2.1　阈值分割方法

阈值分割法是一种传统的图像分割方法,因为其计算量小、性能稳定、实现简单而成为图像分割中最基本和应用最广泛的分割技术。其基本原理是:确定某个阈值 Th,根据图像中每个像素的灰度值大于或小于该阈值 Th 来进行图像分割。它不仅可以极大的压缩数据量,而且大大简化了图像信息的分析和处理步骤。该方法尤其适用于目标和背景具有不同灰度级范围的图像,方法的核心在于如何选取合适的分割阈值。实际上,任何图像处理的应用中,基本都需要用到阈值化技术。为更有效地分离出目标和背景,当前已有多种的阈值处理技术。简单地说,阈值分割法可以分为全局阈值分割法和局部阈值分割法。

1. 全局阈值分割法

全局阈值分割法在图像处理中的应用较多,该方法对目标和背景有较强对比度的图像分割特别有用。其具体原理是:对待分割的图像设置一个门限值

（阈值），对于图像中灰度值大于等于（或者小于等于）门限值的被判定为目标，剩余的则归为背景。于是，边界就成为这样一些内部点的集合，这些点都至少有一个相邻点不属于物体[24]。阈值分割相当于对图像进行二值化，即将灰度值低于某一阈值的像素灰度值变为1，其他的像素灰度值则变为0。

在用全局阈值法对图像进行处理时，可以利用直方图来选择阈值。20 世纪 60 年代中期，Prewitt 提出了直方图双峰法，即如果灰度级直方图呈明显的双峰状，则选取双峰之间的谷底所对应的灰度级作为阈值。设 $f(x,y)$ 为待分割图像，其直方图如图 7-1 所示。$f(x,y)$ 的灰度范围为 $[Z_1, Z_k]$，由图可知，在灰度级 Z_i 和 Z_j 两处有明显的峰值，而在 Z_t 处是一个谷点。一般情况下，这是一幅在暗的背景上有比较明亮的图像。合理选择 Z_t 使 B_1 带内尽可能包含和背景相关的灰度级，而 B_2 带内尽可能包含和物体相关的灰度级。

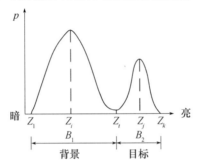

图 7-1 双峰型直方图示意图

在对图像 $f(x,y)$ 进行分割处理时，选择谷底 Z_t 作为分割阈值 Th，即

$$g(x,y) = \begin{cases} 1, f(x,y) < Z_t \\ 0, f(x,y) \geqslant Z_t \end{cases} \qquad (7-1)$$

当待分割图像中背景和目标的先验概率相等时，可以以背景灰度均值与目标灰度均值的均值作为最佳的分割阈值，即

$$TH = \frac{1}{2}\left[\frac{1}{N_1} \sum_j \sum_k F_1(j,k) + \frac{1}{N_2} \sum_j \sum_k F_2(j,k) \right] \qquad (7-2)$$

式中，N_1、N_2 是同类像素数，1、2 分别对应图像中的背景和目标。

但是，在实际的图像处理中，由于噪声影响或背景灰度变化较大时，图像的灰度直方图不是呈现双峰分布而是呈现多峰分布或者峰谷不明显，在这种情况下选取全局阈值分割的阈值将十分困难。不过我们可以采用图像平滑法，先使图像平滑，使其直方图尽可能满足双峰分布的特点，然后再按照全局阈值法对图像进行分割处理。

2. 局部阈值分割法

局部阈值分割法是将待分割的图像划分为较小的图像，然后对划分后的子图像选取相应的阈值(阈值选取方法参照全局阈值分割法)。但是,用这种方法分割后的图像,可能会在相邻的子图像间的边界处产生灰度级的不连续性,因此,必须对分割后的图像采用平滑技术进行排除。局部阈值法常用的方法有灰度差直方图法、微分直方图法等。

局部阈值分割法虽然可以改善图像分割的效果,但是也存在以下缺点:

(1)每幅子图像的尺寸不能太小,否则统计出的结果没有意义;

(2)每幅图像是任意分割的,如果一幅子图像正好落在目标区域或背景区域,如果根据统计的结果对其进行分割,分割的效果更差;

(3)局部阈值法对每一幅子图像都要进行统计,分割速度慢,难以满足实时性的要求。

基于阈值的分割法虽然简单,但图像的分割效果很大程度上受阈值选取的影响,因为它只考虑图像本身的灰度值,而不考虑图像的空间分布,这样的分割法对噪声比较敏感,对从事分割人员的先验知识依赖性较强。目前,虽然提出了多种基于阈值的改进算法,图像分割效果也有所改进,但是在阈值选取的问题上还是没有很好的解决方法。不过,若能够将智能算法应用在分割阈值的筛选上,选取较好的图像分割阈值,这可能是以后基于阈值分割法的发展趋势。

7.2.2 类间方差阈值分割方法

由 Otsu 于 1978 年提出的最大类间方差法,又称为大津阈值分割法,是在判决分析最小二乘法原理的基础上推导得出的,该算法计算简单、稳定有效。

设原始灰度图像灰度级为 L,灰度级 i 的像素点数为 n_i,则图像的全部像素数为

$$N = n_0 + n_1 + \cdots + n_{L-1} \tag{7-3}$$

归一化直方图,则:

$$p_i = \frac{n_i}{N}, \sum_{i=0}^{L-1} p_i = 1 \tag{7-4}$$

按灰度级用阈值 t 划分为两类:$C_0 = (0,1,2,\cdots,t)$,$C_1 = (t+1,t+2,\cdots,L-1,)$,如图 7-2 所示,因此 C_0 和 C_1 类的出现概率及均值由公式(7-5)给出。

$$\left. \begin{array}{l} \omega_0 = p_r(C_0) = \sum_{i=0}^{t} p_i \\[2mm] \omega_1 = p_r(C_1) = \sum_{i=t+1}^{L-1} p_i = 1 - \omega(t) \\[2mm] \mu_0 = \sum_{i=0}^{t} ip_i / \omega_0 = \mu(t)/\omega(t) \\[2mm] \mu_1 = \sum_{i=t+1}^{L-1} ip_i / \omega_1 = \frac{\mu_T(t) - \mu(t)}{1 - \omega(t)} \end{array} \right\} \tag{7-5}$$

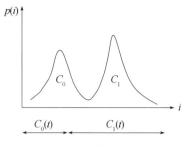

图 7 - 2 最大类间方差阈值

式中, $\mu(t) = \sum_{i=0}^{t} ip_i, \mu_T = \mu(L-1) = \sum_{i=0}^{L-1} ip_i$。

对任何 t 值,下式都能成立:

$$\omega_0\mu_0 + \omega_1\mu_1 = \mu_T, \omega_0 + \omega_1 = 1 \qquad (7-6)$$

C_0 和 C_1 类的方差可由下式求得:

$$\left.\begin{array}{l} \sigma_0^2 = \sum_{i=0}^{t} (i-\mu_0)^2 p_i/\omega_0 \\ \sigma_1^2 = \sum_{i=t+1}^{L-1} (i-\mu_1)^2 p_i/\omega_1 \end{array}\right\} \qquad (7-7)$$

定义类内方差为

$$\sigma_\omega^2 = \omega_0\sigma_0^2 + \omega_1\sigma_1^2 \qquad (7-8)$$

类间方差为

$$\sigma_B^2 = \omega_0(\mu_0-\mu_T)^2 + \omega_1(\mu_1-\mu_T)^2 = \omega_0\omega_1(\mu_1-\mu_0)^2 \qquad (7-9)$$

总体方差为

$$\sigma_T^2 = \sigma_B^2 + \sigma_\omega^2 \qquad (7-10)$$

引入下列关于 t 的等价的判决准则:

$$\lambda(t) = \frac{\sigma_B^2}{\sigma_\omega^2} \qquad (7-11)$$

$$\eta(t) = \frac{\sigma_B^2}{\sigma_T^2} \qquad (7-12)$$

$$\kappa(t) = \frac{\sigma_T^2}{\sigma_\omega^2} \qquad (7-13)$$

这 3 个准则是彼此等效的,把使 C_0 和 C_1 两类得到最佳分离的 t 值作为最佳阈值,因此将 $\lambda(t), \eta(t), \kappa(t)$ 定为最大判决准则。由于 σ_ω^2 是基于二阶统计特性,而 σ_B^2 是基于一阶统计特性, σ_ω^2 和 σ_B^2 是阈值 t 的函数,而 σ_T^2 与 t 值无关,

197

因此 3 个准则中 $\eta(t)$ 最为简单,所以选用其作为准则可得最佳阈值 t^* ,即

$$t^* = \arg \max_{0 \leqslant t \leqslant L-1} \eta(t) \qquad (7-14)$$

7.3 基于数学形态学的图像分割方法

7.3.1 数学形态学基本思想及运算规则

数学形态学图像处理以几何学为基础,其基本思想是[22]:利用一个结构元素(structuring element)去探测一个图像,看是否能够将这个结构元素很好地填放在图像的内部,同时验证填放结构元素的方法是否有效。结构元素是由具有不同结构的元素组成。它分为圆形(圆盘)结构元素、方形结构元素、菱形结构元素等。其原理如图 7 - 3 所示,A 为二值图像,B 为圆形结构元素。结构元素 B 被放在不同的位置,其中一个位置可以很好地放入结构元素,而在另一个位置则无法放入结构元素。通过对图像内适合放入结构元素的位置作标记,便可得到关于图像结构的信息,这些信息的性质取决于结构元素的尺寸和形状。因此,结构元素的选择与从图像中抽取何种信息有密切的关系,构造不同的结构元素,便可完成不同的图像分析,得到不同的分析结果。

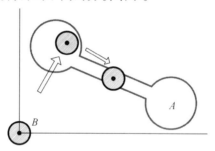

图 7 - 3　形态学基本原理示意图

数学形态学的基本运算包括腐蚀、膨胀、开和闭运算。它们在二值图像和灰度(多值)图像中各有特点。基于这些基本运算还可以推导和组合成各种数学形态学实用算法。

1. 二值形态学的基本运算规则

在数学形态学中,二值数字图像可以用集合 A 来表示,$\overline{A}$ 表示集合 A 的补集。

1)腐蚀运算

集合 A 被集合 B 腐蚀,表示为 $A\Theta B$,其定义式为

$$A\Theta B = \{x : B + x \subset A\} \qquad (7-15)$$

式中,A 为输入图像,B 为结构关系,$\subset$ 表示子集关系。腐蚀还可以用 $E(A,B)$,$\varepsilon(A,B)$ 和 $ERODE(A,B)$ 来表示。$A\Theta B$ 由将 B 平移 x 但仍包含在 A 内的所有点 x

组成。如果将 B 看作为模板,那么,$A\Theta B$ 则由在平移模板的过程中,所有可以填入 A 内部模板的圆点组成。

2) 膨胀运算

A 被 B 膨胀表示为 $A \oplus B$,其定义式为

$$A \oplus B = \{x : (-B + x) \cap A \neq \varnothing\} \tag{7-16}$$

膨胀还可以用 $D(A,B)$,$\varepsilon(A,B)$ 和 $DILATE(A,B)$ 来表示。膨胀用于填充图像中像素之间的缝隙,起到扩展图像的作用。

3) 开运算

利用图像 B 对图像 A 作开运算,用符号 $A \circ B$ 表示,开运算定义式为

$$A \circ B = (A\Theta) \oplus B \tag{7-17}$$

开运算还可以用其他符号表示,如 $O(A,B)$,$OPEN(A,B)$ 和 A_B。开运算的特性是:当结构元素 B 扫过整个图像 A 集合内部,那些使结构元素 B 的任何像素不超出图像 A 边界的图像 A 的像素点的集合,就是 $A \circ B$。开运算的这种基本的几何形状匹配性质在图像处理中是非常有用的。它可以用来分解图像,抽取图像中有意义且独立的图像元。开运算具有两个作用,一是利用圆盘作开运算起到磨光内边缘的作用,即可以使图像的尖角转化为背景,二是圆盘的圆化作用可以得到低通滤波的效果。

4) 闭运算

闭运算定义式为

$$A \bullet B = [A \oplus (-B)]\Theta(-B) \tag{7-18}$$

式中,A 称为输入图像,B 称为结构元素。闭运算还可以表示为 $C(A,B)$,$CLOSE(A,B)$ 和 A^B。闭运算是具有延伸性的运算,对图像的外部作滤波。

总之,腐蚀用于移除图像中的不相关细节,起到收缩图像的作用。膨胀用于填充图像中像素之间的缝隙,起到扩展图像的作用。开运算既可以使图像的尖角转化为背景,又可以得到低通滤波的效果。闭运算是开运算的对偶运算,对图形外部起滤波作用。

2. 灰值形态学的基本运算规则

灰度形态学是二值形态学的推广,它研究的主要对像是灰度图像。与二值形态学相对应,灰度形态学的基本运算规则也分为灰值腐蚀、灰值膨胀以及灰值的开闭运算。由于灰度形态学是二值形态学对灰度图像的自然扩展,所以只需将二值形态学所用到的交、并运算分别用最大、最小极值代替。

1) 灰值腐蚀

利用结构元素 g 对信号 f 的灰度腐蚀定义为

$$(f\Theta g)(x) = \max\{y : g_x + y << f\} \tag{7-19}$$

从几何角度来讲,为了求出信号 f 被结构元素 g 在点 x 腐蚀的结果,可以在空间滑动该结构元素 g,使其原点与 x 点重合,然后上推结构元素 g,使之仍处于信号 f 下方所能达到的最大值,即为该点的腐蚀结果。

2) 灰值膨胀

信号 f 被结构元素 g 灰值膨胀定义为

$$(f \oplus g)(x) = \min\{y:(\hat{g})_x + y >> f\} \tag{7-20}$$

即利用结构元素的反射,将信号 f 限制在结构元素 g 的定义域内时,上推结构元素 g,取其超过信号 f 时的最小值。灰值膨胀从信号上方消除尖角,起到单边滤波作用。

3) 灰值开、闭运算

灰度开运算可以参照二值情况来定义,即先做腐蚀再做膨胀的级联变换;而闭运算恰恰相反,为先做膨胀再做腐蚀的级联变换。

灰值开定义为

$$f \circ g = (f \ominus g) \oplus g \tag{7-21}$$

利用对偶性将灰度闭运算定义为

$$f \bullet g = -[(-f) \circ (-g)] \tag{7-22}$$

3. Top – Hat 变换

从一幅原始图像中减去对其做开运算后得到的图像,可以得到一些重要的标记点,例如高曲率点,这些标记点可以用于识别算法。在灰值图像分析中,这种方法对在较亮的背景中求暗的像素聚集体(颗粒),或在较暗的背景中求亮的像素聚集体非常有效,还可以用于检测噪声污染图像中的边缘。

Top – Hat 变换算子被定义为

$$HAT(f) = f - (f \circ g) \tag{7-23}$$

式中, g 为结构元素。

由于开运算是一种非扩展运算,处理过程处在原始图像的下方,故 $HAT(f)$ 总是非负的。如图 7-4 所示,采用的结构元素 g 为一扁平结构元素,其长度较原始信号的跳跃尖峰的宽度稍大一点。由图可知,信号中的峰值已被检测出来了。对 Top – Hat 图像作阈值处理,便可以将其标记出来。

所定义的 Top – Hat 算子的对偶算子称为波谷检测器 $(f \bullet g) - f$,由于闭运算是扩展的,所以输出结果也是负的,即闭运算结果位于图像的上部。根据开闭与运算之间的对偶关系,得:

$$(f \bullet g) - f = -f - [(-f) \circ g] = HAT(-f) \tag{7-24}$$

在一些文献中,将公式(7-23)称为白 Top – Hat 变换,用 WTH 表示,将式(7-24)称黑 Top – Hat 变换,用 BTH 表示。

为了检测图像中的峰和谷,可以利用 Top – Hat 变换求出图像中的峰,再取阈值求出峰标记,利用 Top – Hat 变换的对偶求出图像中的谷,再取阈值求出谷的标记,然后,求两标记图像的并。

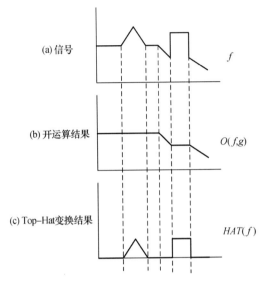

图 7 – 4　Top – Hat 变换

在使用 Top – Hat 变换时,结构元素的选取对结果影响很大,下面结合图 7 – 5所示的边缘检测例子来说明。如果采用较短的扁平结构元素,那么,开运算后的信号将与输入信号相同,从而 Top – Hat 图像将为零。但是,如果采用锥形结构元素,并忽略开运算的边界效应,则所得结果如图 7 – 5 所示。适当地选取阈值,便可得到边缘图像。

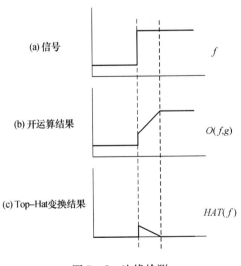

图 7 – 5　边缘检测

201

7.3.2　基于分水岭的图像分割方法

基于分水岭的图像分割方法是数学形态学在图像处理中最主要的应用之一。主要由分水线、流域、极小区域组成。首先假设待分割的图像由不连接的物体组成。形态学梯度将由环绕暗（低梯度）内部区域的白（高梯度）外环组成,且这些外环都位于暗（低梯度）背景之上。极小区域指图像中具有均匀低灰度值的区域。相对于极小区域图像中有三种空间点:①属于极小区域的点;② 将一个水珠放在梯度图像上的该点处,它必定滚入某一个极小区域的点;③ 水珠在该点滚入一个以上极小区域的可能性相同的点。对于一个给定的极小区域,水珠会滚入该区域的所有点构成的集合,称为该极小区域的集水域或流域。水珠从拓扑表面上沿脊线滚入一个以上极小区域的可能性均等的点所构成的点集,称为分水线（或流域分界线）。图形的形态学梯度的分水线,即为原始图像的细化边缘图像。求取分水线的过程就是基于分水岭的图像分割,如图 7 - 6 所示。

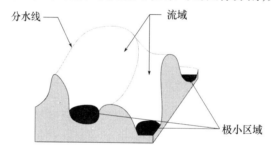

图 7 - 6　分水岭图像分割原理图

7.3.3　基于分水岭的热波探伤图像分割

采用基于分水岭的图像分割方法处理红外热波探伤图像,通过分割图像和特征提取,从而得到缺陷的特征量,包括缺陷面积和坐标位置等参数。其流程包括[23]:读取图像→创建结构元素→增强图像对比度→转换感兴趣对象→检测谷点→分水岭变换→提取特征。

1. 算法计算过程

1）结构元素的选取

在形态学图像处理中,结构元素又被形象地称为刷子,是腐蚀和膨胀操作的最基本组成部分,用于探测图像。通过对图像内适合放入结构元素的位置作标记,便可得到关于图像结构的信息。这些信息与结构元素的尺寸和形状都有关。如前所述,结构元素分为菱形、圆形、线形、八角形、方形和矩形等结构。因而根据不同的图像信息,具体构造不同的结构元素,完成不同的图像分析。

结构元素的类型及其大小的确定对图像分割非常重要。在这里,分水岭分割法有两处需要用到结构元素:一是分水岭变换前的 Top – Hat 变换;二是灰值开运算。根据实验实际,二者都选用圆盘形结构元素,只是前者的圆盘大小可用图像中的对象的平均半径来估计;后者的圆盘大小需通过实验来确定,经实验分析,圆盘结构元素的大小和图像的局部极小值有关系。

2)增强图像对比度

采用 Top – Hat 和 Bottom – Hat 变换(即高低帽变换)将红外热波增强图像进行对比度增强,其定义为

$$HAT(A) = A - (A \circ B) \tag{7 - 25}$$

$$HAT'(A) = (A \cdot B) - A \tag{7 - 26}$$

将式(7 – 21)代入式(7 – 25)得:

$$HAT(A) = A - (A \circ B) = A - (A \ominus B) \oplus B \tag{7 - 27}$$

将式(7 – 22)代入式(7 – 26)得:

$$HAT'(A) = (A \cdot B) - A = - A - [(-A) \circ B] = HAT(-A)$$

$$\tag{7 - 28}$$

在灰值图像分析中,Top – Hat 变换能在暗的背景下检测出较亮的物体,又叫波峰检测器;Bottom – Hat 变换能在亮的背景下检测出较暗的物体,又叫波谷检测器。所以利用 Top – Hat 和 Bottom – Hat 变换能检测出图像中的波峰和波谷点。

3)谷点检测

谷点检测主要包括增大对象间的间隙、转换感兴趣的对象和谷点检测等。增大对象间的间隙和转换感兴趣的对象目是照亮图像中的谷点,以便对谷点更好地检测,便于分水岭变换。

4)分水岭变换和灰值开运算

经过上述步骤的预处理,便可对谷点检测后的探伤图像进行分水岭变换操作,需要注意的是,在分水岭区域的像素其像素值将全部设置为1,否则设置为0,在二值图像中1代表亮值,0代表暗值。分水岭变换并不是图像分割的最终目的,即经过分水岭分割后的图像还不能完好地显示我们所感兴趣的对象——缺陷,因此,还必须采用灰值开运算去除缺陷部位以外的"线条"和"枝节"。

2. 实验分析

根据上述方法以及 N. M. Nandhitha 和 N. Manoharan 等的思想进行编程,可去除红外热波图像上除缺陷外的噪声和背景。通过基于分水岭的数学形态学方法,编程实现特征的提取和分割。按照上述的分水岭分割步骤进行具体实现,分别对含脱粘缺陷、含夹杂缺陷的玻璃纤维复合材料以及钢壳体试件红外探伤图像进行图像分割。由于某一缺陷类型的探伤所得各帧图像差别不是很大,因此,在图像分割过程中只选取其中一帧,而其他帧的分割方法与该帧相同。

1) 含脱粘缺陷探伤图像的分水岭分割

实验材料为含脱粘缺陷的玻璃纤维复合材料,具体对象为采用高频强调滤波增强处理后的红外热波探伤图像,分水岭分割的全过程效果图如图7-7所示。

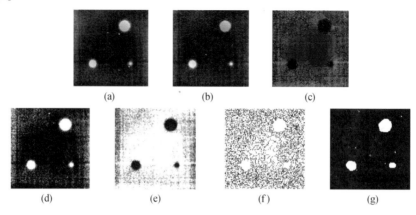

图7-7 脱粘缺陷的分水岭分割效果图

从图7-7中易看出,图(a)为基于高频强调滤波增强处理后的探伤图像,也即分水岭分割的初始图,且初始图还含有部分噪声和背景。图(b)为Top-Hat变换图,该变换能在暗的背景下检测出较亮的物体,在此,涉及结构元素大小的确定,如前所述,结构元素可通过图像中的对象的平均半径来估计,平均半径为40。图(c)为Bottom-Hat变换图,Bottom-Hat变换与Top-Hat变换相反,能在亮的背景下检测出较暗的物体,结构元素也为40。图(d)为对象间的间隙增大效果图,即由于Top-Hat图像包含了匹配结构元素的对象,但对象间比较密切,间隙较小,所以需增大对象间的间隙。具体方法是先将Top-Hat变换所得到的图像与原始图像相加,然后再减去Bottom-Hat变换所得到的图像,就可以有效地增加对象和间隙的对比度。图(e)为谷点检测效果图。如果将灰度图像视为三维图像,其中用 x 和 y 轴来描述像素位置,而 z 轴则表示每一个像素的亮度。在这种表示方式下,灰度值就类似于地图中的高度值,图像的高灰度值和低灰度值处就相当于地图的峰和谷。在编程实现过程中,可使用 imextendedmin 和 imimposemin 函数来检测谷点,需要补充的是,imextendedmin 函数可确定所有小于指定值的局部极小值,以灰度图像作为输入参数,并返回一个二进制图像。而 imimposemin 函数在用于强调图像中所指定的某个极小值时,使用形态学重构来消除图像中除指定极小值以外的所有其他极小值。图(f)为分水岭变换图,分水岭变换返回一个非负元素的标签矩阵,该矩阵与分水岭区域相对应,不在分水岭区域的像素值将全部设置为0。(g)为灰值开运算效果图。灰值开运算实现了缺陷区域的分割和特征提取,有效去除了缺陷附近的"线条"和"枝

204

节"。应该注意的是,灰值开运算也需要确定圆盘形结构元素的大小,经多次尝试,其直径大小为 16 比较合适。

2）含夹杂缺陷探伤图像的分水岭分割

实验材料为含夹杂缺陷的玻璃纤维复合材料,分水岭分割过程如图 7 - 8 所示。

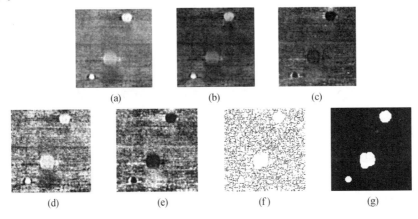

图 7 - 8 夹杂缺陷的分水岭分割效果图

图 7 - 8 中,图(a)为基于高频强调滤波增强处理后的探伤图像;图(b)为 Top - Hat 变换图;图(c)为 Bottom - Hat 变换图;图(d)为对象间的间隙增大效果图;图(e)为谷点检测效果图;图(f)为分水岭变换图;图(g)为灰值开运算效果图。和脱粘缺陷的分水岭分割不同的是:图(b)、图(c)中变换所需要的圆盘形结构元素直径大小为 55。

3）钢壳体材料探伤图像的分水岭分割

实验材料为含脱粘缺陷的钢壳体材料,具体对象为第三章采用高频强调滤波增强处理后的红外热波探伤图像,分水岭分割的全过程如图 7 - 9 所示。

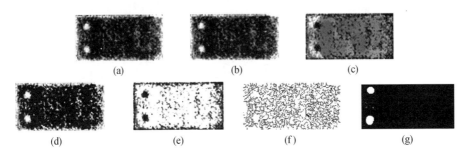

图 7 - 9 钢壳体(夹脱粘缺陷)的分水岭分割效果图

图 7 - 9 中,图(a)为基于高频强调滤波增强处理后的探伤图像;图(b)为 Top - Hat 变换图;图(c)为 Bottom - Hat 变换图;图(d)为对象间的间隙增大效

果图;图(e)为谷点检测效果图;图(f)为分水岭变换图;图(g)为灰值开运算效果图。和脱粘缺陷的分水岭分割不同的是:图(b)、图(c)中变换所需的圆盘形结构元素直径大小为30;灰值开运算也需要确定圆盘形结构元素的大小,经多次尝试,其直径大小为10比较合适。

3. 实验比较

为了体现分水岭分割法的有效性,采用经典的图像分割方法重复上述实验。这些分割方法包括直方图阈值法和Otsu算法(最大类间方差法或称大津阈值分割法)。

图7-10、图7-11和图7-12分别是三种缺陷的经典分割图像处理方法,其中,图(a)为红外热波探伤图像增强后的图像,图(b)为直方图阈值分割图像,图(c)为Otsu算法分割图像。如前所述,直方图阈值分割法主要是利用灰度直方图求双峰或多峰之间的谷底作为阈值,若灰度值低于阈值,取其值为阈值;若灰度值高于阈值,则不变。Ostu算法是使类间方差最大而推导出的一种能自动确定阈值的方法,它以类间方差作为分类的测度准则,最佳的阈值在该测度函数取最大时得到,要求分割区域内目标、背景大小比例适中。经过分析,分割前的探伤图像双峰不明显,且目标(即缺陷)和背景比例太大,上述两种方法分割都存在缺点,分割结果不理想,背景不仅没被去除,而且缺陷还存在失真现象。和直方图、Ostu算法分割相比,分水岭分割方法分割效果较好,去除了除缺陷外的背景,充分体现出了该方法的有效性和优越性,为后期缺陷识别打下了基础。

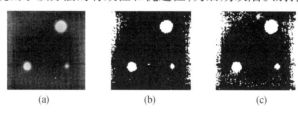

    (a)   (b)   (c)

图7-10 含脱粘缺陷的玻璃纤维复合材料经典分割法

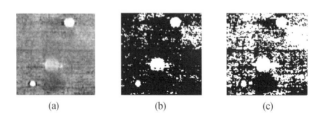

    (a)   (b)   (c)

图7-11 含夹杂缺陷的玻璃纤维复合材料经典分割法

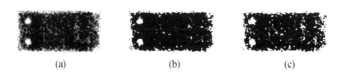

    (a)   (b)   (c)

图7-12 含脱粘缺陷的钢壳体经典分割法

7.3.4 结论

以数学形态学为基础,采用分水岭法的图像分割方法,实现了缺陷特征的提取和分割。研究结果表明:该方法直观、去噪能力强,能够有效地对缺陷进行特征提取和定量分析,计算结果的绝对误差都小于 7.5%,与实际缺陷基本吻合,充分解决了去除噪声不彻底和不能定量分析缺陷的问题,具有工程应用价值。

7.4 基于边缘检测的热图像分割

图像的边缘是指图像灰度发生空间突变的像素的集合。基于边缘检测的图像分割方法的基本思路是先确定图像中的边缘像素,然后把边缘接连在一起组成所需的边界。

7.4.1 梯度边缘检测

1. Sobel 边缘检测算子

Sobel 算子是以 $f(x,y)$ 为中心计算 3×3 邻域的 x, y 方向的偏导数,并为了抑制噪声对中心点相应加了一定的权值,它的数字梯度近似方程为

$$G_x = \{f(x+1,y-1) + 2f(x+1,y) + f(x+1,y+1)\} - \\ \{f(x-1,y-1) + 2f(x-1,y) + f(x-1,y-1)\} \quad (7-29)$$

$$G_y = \{f(x-1,y+1) + 2f(x,y+1) + f(x+1,y+1)\} - \\ \{f(x-1,y-1) + 2f(x,y-1) + f(x+1,y-1)\} \quad (7-30)$$

其梯度大小一般为

$$g(x,y) = \sqrt{G_x^2 + G_y^2} \quad (7-31)$$

也可以取近似表示:

$$g(x,y) = |G_x| + |G_y| \quad (7-32)$$

它的卷积模板算子为

$$T_x = \begin{bmatrix} -1 & 0 & 1 \\ -2 & 0 & 2 \\ -1 & 0 & 1 \end{bmatrix} \qquad T_y = \begin{bmatrix} -1 & -2 & -1 \\ 0 & 0 & 0 \\ 1 & 2 & 1 \end{bmatrix}$$

如果用 Sobel 算子检测图像 M 的边缘的话,我们可以用横向模板 T_x 和纵向模板 T_y 分别与图像进行卷积,在不考虑边界的情况下,得到的是和原图像同样大小的两个有向梯度矩阵 M_1 和 M_2,然后把两个梯度相加得到总的梯度值 G,然后就可以通过阈值处理得到图像边缘。

2. Roberts 交叉算子

1963 年 Roberts 提出了边缘检测的这个简单算子。Roberts 算子是利用局部

差分寻找边缘的算子,它在 2×2 邻域上计算对角导数,定义梯度为

$$R(x,y) = \sqrt{(f(x,y) - f(x+1,y+1))^2 + (f(x,y+1) - f(x+1,y))^2}$$

$$(7-33)$$

在实际应用中,为了简化计算,用梯度函数的绝对值近似:

$$R(x,y) = |(f(x,y) - f(x+1,y+1)| + |f(x,y+1) - f(x+1,y)|$$

$$(7-34)$$

Roberts 交叉算子的卷积模板实现为

$$H_x = \begin{bmatrix} 1 & 0 \\ 0 & -1 \end{bmatrix} \qquad H_y = \begin{bmatrix} 0 & 1 \\ -1 & 0 \end{bmatrix}$$

由上面两个卷积算子对图像进行卷积运算后,代入式(7-33)或式(7-34),即可求得图像梯度值,然后适当选择阈值 T,使得梯度值 $R(x, y) > T$ 的像素点置1,否则置0,即为边缘图像。Roberts 算子是直观的和简单的,但效果不好,其主要问题是计算邻域 2×2 太小,以致对噪声过于敏感且检测的边缘不具有连续性。

3. Prewitt 算子

Prewitt 算子和 Sobel 算子的原理是一样的,都是基于 3×3 邻域的有向差分,但和 Sobel 算子不同的是,它在边缘像素方向设的权值为1,而 Sobel 算子的为2,这就使得 Prewitt 算子更适合于具有随机噪声的边缘,而 Sobel 算子则对边缘方向外的噪声有更好的抑制作用。

Prewitt 算子的计算公式为

$$G_x = \{f(x+1,y-1) + f(x+1,y) + f(x+1,y+1)\} - \{f(x-1,y-1) + f(x-1,y) + f(x-1,y-1)\} \quad (7-35)$$

$$G_y = \{f(x-1,y+1) + f(x,y+1) + f(x+1,y+1)\} - \{f(x-1,y+1) + f(x,y-1) + f(x+1,y-1)\} \quad (7-36)$$

其卷积模板为

$$H_x = \begin{bmatrix} -1 & 0 & 1 \\ -1 & 0 & 1 \\ -1 & 0 & 1 \end{bmatrix} \qquad H_y = \begin{bmatrix} -1 & -1 & -1 \\ 0 & 0 & 0 \\ 1 & 1 & 1 \end{bmatrix}$$

事实上,Prewitt 算子和 Sobel 算子有以下一些共同的缺点。

(1)它们的结果对噪声很敏感。

(2)可以通过先对图像做平滑以改善结果,但是又会产生一个问题,即会把一些靠在一起的边缘平滑掉,而且会影响对边缘的定位。

4. 基于遗传算法的 Sobel 图像边缘检测方法

如何快速、准确地提取图像的边缘信息一直是国内外研究的热点,前人已经

提出了许多边缘检测算法,Sobel 算子就是其中的一种经典的算法。边缘检测算法的关键是阈值的选择与确定,阈值的设定直接决定了边缘检测的成败,如何自动地获得最佳阈值一直是边缘检测的难点之一。如果阈值选得太低,不但会产生假的边缘,而且得到的边缘很厚,必须作细化处理,而细化后的边缘位置往往不够精确。如果阈值选择太高,那么许多边缘可能检测不到,或边缘出现过多的断裂部分。目前,很多人运用最大熵法、最大类间方差方法进行阈值分割,取得了良好的效果,但是还存在计算复杂和计算效率低等缺点[2-4]。我们提出了一种基于遗传算法的最大类间方差阈值确定方法[5],应用于 Sobel 算子的边缘检测中。实验证明,阈值选择合适,效果良好,且提高了运算效率。

5. 改进的 Sobel 边缘检测算子

Sobel 算法的优点是计算简单。但由于只采用了两个方向的模板,只能检测水平方向和垂直方向的边缘,因此,这种算法对于纹理较复杂的图像,其边缘检测效果欠佳。针对 Sobel 算法这一缺点,为了能够更准确地描述出图像边缘点,减少噪声对检测结果的影响,提高算子的抗噪能力,重新构造了 4 个方向的5×5大小的模板 $T_x, T_y, T_{45}, T_{135}$,模板中各个位置的权重是由该位置到中心点的距离以及该位置在模板中所在的方位决定的。等距离的点,具有相同的权重[6]。

$$T_x = \begin{bmatrix} 2 & 3 & 0 & -3 & -2 \\ 3 & 4 & 0 & -4 & -3 \\ 6 & 6 & 0 & -6 & -6 \\ 3 & 4 & 0 & -4 & -3 \\ 2 & 3 & 0 & -3 & -2 \end{bmatrix} T_y = \begin{bmatrix} 2 & 3 & 6 & 3 & 2 \\ 3 & 4 & 6 & 4 & 3 \\ 0 & 0 & 0 & 0 & 0 \\ -3 & -4 & -6 & -4 & -3 \\ -2 & -3 & -6 & -3 & -2 \end{bmatrix}$$

$$T_{45} = \begin{bmatrix} 0 & -2 & -3 & -2 & -6 \\ 2 & 0 & -4 & -6 & -2 \\ 3 & 4 & 0 & -4 & -3 \\ 2 & 6 & 4 & 0 & -2 \\ 6 & 2 & 3 & 2 & 0 \end{bmatrix} T_{135} = \begin{bmatrix} -6 & -2 & -3 & -2 & 0 \\ -2 & -6 & -4 & 0 & 2 \\ -3 & -4 & 0 & 4 & 2 \\ -2 & 0 & 4 & 6 & 2 \\ 0 & 2 & 3 & 2 & 6 \end{bmatrix}$$

在本算法中,我们选用有最高输出模板所对应边缘梯度值来作为像元的边缘梯度强度。

7.5 基于改进遗传算法的二维最大类间方差热图像分割

7.5.1 二维最大类间方差算法

设图像的尺寸为 $M \times N$,图像灰度变化范围为 0 到 $L-1$。定义坐标(m, n)的像原点的邻域平均灰度 $g(m, n)$ 如下:

$$g(m,n) = \frac{1}{k} \sum_{i=-(k-1)/2}^{(k-1)/2} \sum_{j=-(k-1)/2}^{(k-1)/2} f(m+i,n+j) \qquad (7-37)$$

式中,k 为邻域像素数。

在每个像素点处计算其邻域平均灰度,形成一个灰度二元组。用 C_{ij} 表示向量 (i,j) 发生的频数,那么向量 (i,j) 发生的频率 P_{ij},由下式确定:

$$P_{ij} = \frac{C_{ij}}{M \times N} \qquad (7-38)$$

式中,$0 \leqslant i,j < L$,并且 $\sum_{i=0}^{L-1} \sum_{j=0}^{L-1} P_{ij} = 1$。

假设在二维直方图中存在两类 C_0 和 C_1,它们分别代表目标和背景,且具有两个不同的概率密度函数分布。如利用二维直方图阈值向量 (s,t) 对图像进行分割(其中 $0 \leqslant s,t < L$),则两类的概率分别为

背景发生的概率:

$$\omega_0 = P(C_0) = \sum_{i=0}^{s} \sum_{j=0}^{t} P_{ij} = \omega_0(s,t) \qquad (7-39)$$

物体发生的概率:

$$\omega_1 = P(C_1) = \sum_{i=s+1}^{L-1} \sum_{j=t+1}^{L-1} P_{ij} = \omega_1(s,t) \qquad (7-40)$$

两类对应的均值向量为

$$\boldsymbol{\mu}_0 = (\mu_{0i},\mu_{0j})^{\mathrm{T}} = \left[\sum_{i=0}^{s} \sum_{j=0}^{t} iP_{ij}/\omega_0(s,t), \sum_{i=s+1}^{L-1} \sum_{j=t+1}^{L-1} jP_{ij}/\omega_0(s,t) \right]^{\mathrm{T}}$$
$$(7-41)$$

$$\boldsymbol{\mu}_1 = (\mu_{1i},\mu_{1j})^{\mathrm{T}} = \left[\sum_{i=0}^{s} \sum_{j=0}^{t} iP_{ij}/\omega_1(s,t), \sum_{i=s+1}^{L-1} \sum_{j=t+1}^{L-1} jP_{ij}/\omega_1(s,t) \right]^{\mathrm{T}}$$
$$(7-42)$$

则总体均值:

$$\boldsymbol{\mu}_\tau = (\mu_{\tau i},\mu_{\tau j})^{\mathrm{T}} = \left[\sum_{i=0}^{L-1} \sum_{j=0}^{L-1} iP_{ij}, \sum_{i=0}^{L-1} \sum_{j=0}^{L-1} jP_{ij} \right]^{\mathrm{T}} \qquad (7-43)$$

定义离散度矩阵:

$$\boldsymbol{\sigma}_B = \omega_0 \left[(\boldsymbol{\mu}_0 - \boldsymbol{\mu}_\tau)(\boldsymbol{\mu}_0 - \boldsymbol{\mu}_\tau)^{\mathrm{T}} \right] + \omega_1 \left[(\boldsymbol{\mu}_1 - \boldsymbol{\mu}_\tau)(\boldsymbol{\mu}_1 - \boldsymbol{\mu}_\tau)^{\mathrm{T}} \right]$$
$$(7-44)$$

以离散度矩阵的迹 $tr(\boldsymbol{\sigma}_B)$ 做为背景和目标类间的距离测函数:

$$tr(\boldsymbol{\sigma}_B) = \omega_0 \left[(\mu_{0i} - \mu_{\tau i})^2 - (\mu_{0j} - \mu_{\tau j})^2 \right] + \omega_1 \left[(\mu_{1i} - \mu_{\tau i})^2 - (\mu_{1j} - \mu_{\tau j})^2 \right]$$
$$(7-45)$$

当上述离散度矩阵的迹取最大值时所对应的分割阈值就是最优阈值(S, T)，即

$$tr(\boldsymbol{\sigma}_B(S,T)) = \max_{0 \leqslant s,t < L}\{tr(\boldsymbol{\sigma}_B(S,T))\} \qquad (7-46)$$

带有噪声的热图像经二维最大类间方差方法分割后，与其他一维阈值分割方法相比效果更好。但计算量却以指数形式增长，这是因为最佳阈值的选择是遍历全部的s和t，其中$0 \leqslant s,t < L$。图像灰度级越多，阈值选取的时间也越长，是以指数级别增长的。这样的计算速度在实际应用中是无法满足需要的。

7.5.2　算法实现的步骤

（1）用 Logistic 映射方程初始化种群。

选用最常用的混沌映射 Logistic 映射。染色体的编码采用实数编码方式，每个个体由混沌变量S和T组成，其中，S、$T \in (0, 1)$。因为灰度图像中$L = 256$，所以公式（7 - 39）、式（7 - 40）中的s和t需要通过混沌变量映射转换得到，即$s = S \times 255, t = T \times 255, s、t \in (0, 255)$。

（2）计算其适应度。

定义适应度函数为

$$tr(\boldsymbol{\sigma}_B) = \omega_0\big[(\mu_{0i} - \mu_{\tau i})^2 - (\mu_{0j} - \mu_{\tau j})^2\big] + \omega_1\big[(\mu_{1i} - \mu_{\tau i})^2 - (\mu_{1j} - \mu_{\tau j})^2\big]$$
$$(7-47)$$

对适应值最大的30%的个体不做混沌扰动，只对其余的70%的个体做混沌扰动。

（3）当满足停机条件时，输出最优个体，算法结束，否则继续。

（4）对种群进行选择、交叉、变异运算。

（5）转第（3）步，重复执行。

实验结果表明变异概率很小时，解群体的稳定性好，但一旦陷入局部极值就难跳出来，产生未成熟收敛的概率很大；变异概率取得太大，遗传算法就退化为随机搜索了。因此，仍采用自适应的变异率P_m，令

$$P_m = \begin{cases} 0.1, \dfrac{f_{\max} - f}{f_{\max} - \bar{f}} > 1 \\[3mm] 0.01, \dfrac{f_{\max} - f}{f_{\max} - \bar{f}} < 1 \end{cases} \qquad (7-48)$$

式（7 - 48）中$f_{\max}$是当前群体中适应度函数的最大值，$\bar{f}$表示当前群体的适应度函数的平均值。f表示当前产生变异的个体的适应度值。

为了使算法更有效地搜索到全局最优解，本算法主要做了如下技术改进：

（1）编码技术及初始种群。采用 Logistic 映射方程来初始化种群，保证种群

211

多样性。

（2）交叉操作。在选择操作形成的繁殖个体时,每次选取两个个体按设定的交叉概率进行交叉操作。对于二维阈值,不适合采用简单的单点交叉,因为前8位和后8位分别代表不同的分割阈值。因此采用双点交叉方法,随机产生两个交叉点位于前8位和后8位,将它们以事先设定好的交叉概率进行重组,产生两个新个体。

（3）变异算子。前面论述中已谈到,变异操作在遗传操作中的重要性。为提高算法性能,我们采用自适应的变异率。

（4）种群更新机制。为防止种群退化,影响收敛速度,采用新的种群更新机制,计算新的群体中个体适应度值最小的个体,来和原群体中个体适应度值最大的个体比较,如果新群体中个体最小适应度值小于原来群体中最大适应度值,则用原来群体中适应度值最大的个体替换新群体中适应度值最小的个体,形成新的群体。

（5）终止规则。总代数和当前群体的平均适应度值与上一代群体的平均适应度值的比值范围[1.0,1.005]作为终止条件。

7.5.3　实验结果

为了检验算法的效果,用 MATLAB 默认阈值的图像分割(以下简称为 A 算法)和基于二维最大类间方差算法(以下简称 B 算法)对两幅热图像进行了分割实验比较。

图7－13中原图1是一幅较为清晰的热图像,用该方法可以将图像内的缺陷位置清晰地分割出来,图7－14中原图2是一幅信号模糊、含有极大噪声的热图像,用一般的一维阈值分割方法,很难摆脱噪声的影响,不能达到分割的效果。

原图1

B算法分割

图7－13　噪声较小的热像分割结果

原图2

A算法分割

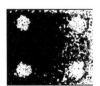
B算法分割

图7－14　大噪声的热像分割结果

212

从上述实验结果我们可以看出,B 算法比 A 算法在图像的左半部分更好地抑制了热图像中的噪声,得到了更为清晰的分割结果。

由于将遗传算法与传统的二维最大类间方差分割方法结合起来,计算时间得到了很大提高,表 7 – 1 是两种算法分割大小为 198 × 173 图像时的运行时间比较,效果十分显著。

表 7 – 1 算法运行时间比较

所用方法	10 次分割处理平均时间
改进方法	4.83s
传统二维最大类间方差方法	1.5h

7.6 基于人工免疫技术的热波图像处理

由前述可知,采用阈值分割方法的关键是找到实现分割的阈值。近年来人们提出了很多关于阈值的选取标准[7-12],如 Pun 的最大化后验熵阈值法、Kapur 的最大熵阈值法、最小交叉熵阈值法等。但这几种熵的定义都采用的是 Shannon 熵形式,忽略了目标和背景灰度概率分布之间的相关性。受多分形概念的启发,Tsallis 等考虑了目标和背景之间的相互作用,提出了能够描述具有长相关、长时间记忆和分形结构的物理系统的 Tsallis 熵。

人工免疫系统是模仿自然免疫系统功能的一种智能方法,通过模仿免疫系统的学习机理,能够实现优化、分类、机器学习等功能。我们将其与阈值分割方法结合[25],以期实现图像分割中阈值最优选取的关键问题。

7.6.1 二维最小 Tsallis 交叉熵

1. Tsallis 交叉熵

设 $p = \{p_i\}$ 是一个离散概率分布,且 $0 \leqslant p_i \leqslant 1$, $\sum_{i=1}^{k} p_i = 1$, 该分布的 Tsallis 熵定义为

$$S_q = \frac{1 - \sum_{i=1}^{k} (p_i)^q}{q - 1} \tag{7 – 49}$$

式中,q 是一个实数。

Tsallis 熵考虑了图像中存在非可加性信息的影响,给出了 Tsallis 交叉熵定义。设 $P = \{p_i\}, i = 1, \cdots, N$ 和 $Q = \{q_i\}, i = 1, \cdots, N$ 是任意两个概率分布,并满足 $0 \leqslant p_i, q_i \leqslant 1$, $\sum_{i=1}^{k} p_i = \sum_{i=1}^{k} q_i = 1$, 则 P 和 Q 之间的 Tsallis 熵形式为

$$D_q = \sum_{i=1}^{k} p_i \frac{\left(\dfrac{q_i}{p_i}\right)^{1-q} - 1}{q-1} + \sum_{i=1}^{k} q_i \frac{\left(\dfrac{p_i}{q_i}\right)^{1-q} - 1}{q-1} \qquad (7-50)$$

Tsallis 交叉熵具有非广延性,当一个系统分解为两个独立的子系统 A 和 B,则系统总的 Tsallis 交叉熵可以表示为

$$D_q(A+B) = D_q(A) + D_q(B) + (1-q)(D_q(A) + D_q(B)) \qquad (7-51)$$

Tsallis 交叉熵还考虑了两个概率分布之间 Tsallis 熵意义下的信息量差异,是 Shannon 熵意义下 Kullback 距离的推广。

2. 二维最小 Tsallis 交叉熵阈值选取

设 $f(x,y),1 \leqslant x \leqslant M,1 \leqslant y \leqslant N$ 是一个大小为 $M \times N$ 的图像。其灰度级别为 L,即 $0 \leqslant f(x,y) \leqslant L-1$,$g(x,y)$ 表示当前像素 $f(x,y)$ 的 3×3 区域内灰度平均。设 r_{ij} 为 $f(x,y)$ 中灰度为 i 和 $g(x,y)$ 中灰度为 j 的像素个数,则图像的二维直方图可表示为

$$p_{ij} = \frac{r_{ij}}{M \times N}, i,j = 0,1,\cdots,L-1 \qquad (7-52)$$

如果 (s,t) 是阈值向量,则将直方图分割为 A、B、C、D 四区,如图 $7-15$ 所示,其中 A 和 C 代表背景或目标类,区域 B 和 D 代表边界点或噪声点。由于边界点和噪声点占少数,可设其概率为 0。而代表目标和背景的区域 A 和 C 的概率为

$$P_A = \sum_{i=0}^{s} \sum_{j=0}^{t} p_{ij} \qquad (7-53)$$

$$P_C = \sum_{i=s+1}^{L-1} \sum_{j=t+1}^{L-1} p_{ij} \qquad (7-54)$$

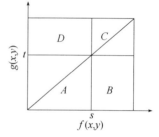

图 7-15 二维直方图

则分割后区域 A 和 C 的二维 Tsallis 交叉熵分别为

$$D_q^A = \sum_{i=0}^{s} \sum_{j=0}^{t} \left(ij p_{ij} \frac{\left(1 - \dfrac{ij}{\mu_1(s,t)}\right)^q}{q-1} + \mu_1(s,t) p_{ij} \frac{\left(1 - \dfrac{\mu_1(s,t)}{ij}\right)^q}{q-1} \right)$$

$$\qquad (7-55)$$

$$D_q^C = \sum_{i=s+1}^{L-1} \sum_{j=s+1}^{L-1} \left(ij p_{ij} \frac{\left(1 - \dfrac{ij}{\mu_2(s,t)}\right)^q}{q-1} + \mu_2(s,t) p_{ij} \frac{\left(1 - \dfrac{\mu_2(s,t)}{ij}\right)^q}{q-1} \right)$$

$$\qquad (7-56)$$

式中,$\mu_1(s,t)$,$\mu_2(s,t)$ 是目标和背景的均值。

$$\mu_1(s,t) = \frac{\sum\limits_{i=0}^{s}\sum\limits_{j=0}^{t} ijp_{ij}}{P_A} \qquad (7-57)$$

$$\mu_2(s,t) = \frac{\sum\limits_{i=s+1}^{L-1}\sum\limits_{j=t+1}^{L-1} ijp_{ij}}{P_C} \qquad (7-58)$$

图像的总二维 Tsallis 熵为

$$D_q(s,t) = D_q^A + D_q^B + (1-q)D_q^A D_q^B \qquad (7-59)$$

最优的分割阈值选取即寻找一阈值向量(s,t),使$D_q(s,t)$最小。该过程的实现即依赖于人工免疫算法的优化。

7.6.2　基于人工免疫算法的分割阈值优化

人工免疫算法可有目的地利用待求问题中的一些特征信息来抑制优化过程中的退化现象。变异与引入的随机变量可有效地防止陷入局部极小值,因此非常有利于阈值分割中选取最优阈值。其过程如图 7 – 16 所示。

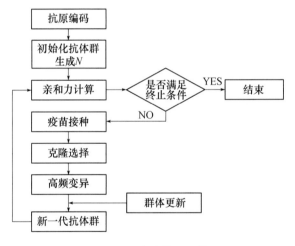

图 7 – 16　人工免疫算法寻优过程

1. 抗体编码

L 级的灰度图采用像素灰度值和邻域灰度值(s,t)来表示分割阈值对。对于 256 级(2^8)的图像(s,t)需要 16 位二进制编码。像素灰度值 s 安排在高 8 位,邻域灰度值 t 安排在低 8 位。用 x 表示:

1	0	1	1	0	0	0	1	0	0	0	0	1	0	1	0	1	0	0	1

2. 亲和力计算

亲和力是衡量"抗体"成熟与否的标准。一个分割阈值对即为一个抗体。

215

采用二维 Tsallis 熵作为评价指标,即当使图像二维 Tsallis 熵最小时的阈值对即为所求最优分割阈值(s,t)。具体的计算公式如式(7-59)所示。

3. 疫苗接种

1)选择疫苗

在随机生成的 N 个抗体 x_i,$i = 1,2,\cdots,m$,中通过亲和力计算选择出两个亲和力最大的抗体 R_1、R_2 当疫苗。

2)接种疫苗

计算该代抗体种群的平均亲和力,将小于平均亲和力的抗体接种。即:参照疫苗,将被接种疫苗抗体 M 某些位置上的码值改为疫苗对应位置的码值。

第 t 代接种抗体数的确定:

$$Wn = \frac{\alpha \times Ps}{1 + e^{-\beta \times t}}, 0 < \alpha, \beta \leq 1 \tag{7-60}$$

式中,Ps 为每代种群大小(已知);α,β 为设定参数。

接种位数的确定:

$$Vn = C \times e^{-\frac{t^2}{2\sigma^2}}, \sigma = \frac{m}{3} \tag{7-61}$$

式中,C 为二进制编码长度(已知);m 为最大迭代次数(已知)。

4. 接种后操作

采用 R_1、R_2 对 M 接种后得到 M_1、M_2,计算 M_1、M_2 和原抗体 M 的亲和力,选择亲和力最大的进行后续操作。

5. 克隆选择、高频变异、群体更新

1)克隆选择

根据亲和力的大小进行克隆繁殖

$$n_{ti} = \text{int}\left(\frac{f_{ti}}{\bar{f_t}} + 0.5\right), i = 1,2,\cdots,Ps \tag{7-62}$$

式中,f_{ti} 为 t 代抗体 i 的亲和力,$\bar{f_t}$ 为 t 代群体亲和力均值。并将亲和力最大的送入记忆库中。

2)高频变异

变异率:

$$P_{ti} = \begin{cases} 0.5 \times \dfrac{f_{\max} - f_{ti}}{f_{\max} + f_{ti}} f_{ti} > \bar{f_t} \\ 0.5, f_{ti} \leq \bar{f_t} \end{cases} \tag{7-63}$$

3)群体更新

为保证群体的多样性,将亲和力最小的一些抗体用随机抗体代替。而后进入下一代。

7.6.3　结果分析

运用基于人工免疫的分割阈值优化算法对热波图像进行处理,分割的效果及其三维显示如图 7 - 17 所示。

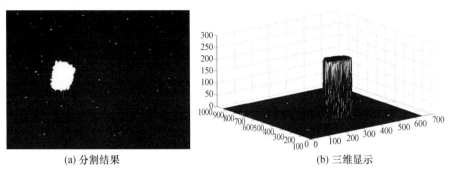

(a) 分割结果　　　　　　　　　　　　　　(b) 三维显示

图 7 - 17　人工免疫优化算法分割结果

7.7　基于尖点突变理论的红外热图像损伤边缘检测与分割

突变理论(Catastrophe theory)是由法国数学家 René. Thom 于 1972 年创立的一种研究跃迁、不连续性和突然质变现象的一个新兴数学分支,它以系统的结构稳定性为出发点,综合运用拓扑学、奇点理论和结构稳定性等数学工具,处理现实生活中具有矛盾性的不连续现象[25]。在处理非连续性变化时,突变理论不需要考虑任何特殊的内在机制,而是根据一个系统的势函数把它的临界点进行分类,研究各个临界点附近的非连续变化特征,以此为基础探索自然和社会中的突变现象。图像分割则是依据图像中不同区域具有的灰度、颜色、纹理等特征的不连续性,将图像中具有相似特征的相邻像素提取出来的过程,而在区域之间的边界上一般具有灰度不连续性,因此,可采用突变理论方法获取图像中某种特征(如灰度、纹理等)发生突变的临界点,实现图像边缘的检测[26]。

突变理论利用势函数描述系统的变量有两类:一种是状态变量,描述系统中可能出现突变的量,表示系统的行为状态;另一种是控制变量,指的是系统中作为突变原因的连续变化的因素,表示的是影响状态变量的各种因素。Thom 已经证明,当控制变量不超过 4 个时,只有 7 种基本突变形式,现已归纳出了若干个初等突变模型[27]。

在一幅图像中,区域之间的状态转换不是渐进过程,而是一种突变,把图像中的信息看成是突变与非突变两种状态,这与尖点突变模型的双模态特征相一致。因此,将突变理论中的尖点突变模型引入到热波图像的分割中。

尖点突变模型的基本思想是:通过对突变模型的势函数 $f(x)$ 求一阶导数,令 $f'(x)=0$,得到它的平衡曲面;而平衡曲面的奇点集可通过二阶导数 $f''(x)=0$ 求得,联立两式消去状态变量,便能得到只含控制变量的分歧方程。当控制变量满足分歧方程,系统就会发生突变,从而得知各个控制变量对突变产生所起到的作用。

尖点突变模型的势函数为

$$f(x) = x^4 + ux^2 + vx \tag{7-64}$$

突变流形为

$$4x^3 + 2ux + v = 0 \tag{7-65}$$

分叉集为

$$8u^3 + 27v^2 = 0 \tag{7-66}$$

式中,x 为图像的状态信息,是状态变量;u 代表图像的相位信息;v 代表图像的幅度信息,两者是控制变量。

为了区分原始图像中的突变数据与正常数据,使其满足分叉集方程,需对图像进行坐标变换和坐标旋转,其具体实现过程为

1. 坐标变换

$$\begin{cases} x_1 = x - v_m \\ u_1 = u - q_m \\ v_1 = v - o_m \end{cases} \tag{7-67}$$

式中,v_m 代表图像最大相位对应的最小边缘;q_m 代表最大相位;o_m 代表最大相位对应的最大幅度。

2. 坐标旋转

$$\begin{cases} x_2 = x_1 \\ u_2 = u_1\cos\theta - mv_1\sin\theta \\ v_2 = u_1\sin\theta - mv_1\cos\theta \end{cases} \tag{7-68}$$

式中,θ 为旋转的角度(依据待处理的图像特点具体选择);m 是 q_m 和 o_m 的比值。

经过相应的坐标变换之后,图像尖点突变模型的突变流形和分叉集方程变为

$$x_2^3 + u_2x_2 + v_2 = 0 \tag{7-69}$$

$$4u_2^3 + 27v_2^2 = 0 \tag{7-70}$$

采用尖点突变理论进行图像边缘检测的具体实施步骤如下:

(1)由于原始图像存在"高噪声、低对比度"等问题,在分割之前利用滤波器对原始图像进行平滑滤波处理,降低图像噪声,提高图像中损伤区域的对

218

比度。

（2）利用有限差分法计算图像幅值和相位，计算公式为

$$m[i,j] = \sqrt{p[i,j]^2 + q[i,j]^2} \qquad (7-71)$$

$$\theta[i,j] = \arctan\left(q[i,j]\Big/p[i,j]\right) \qquad (7-72)$$

式中，$p[i,j]$表示图像在 x 方向上的偏导数，$q[i,j]$表示图像在 y 方向上的偏导数，$m[i,j]$代表图像的幅度信息，$\theta[i,j]$代表图像的相位信息。

（3）利用第二步中计算出的图像的幅度、相位信息及图像本身信息建立尖点突变模型。

（4）利用坐标变换式（7-65），对尖点突变模型进行坐标变换。

（5）利用归一化公式将模型中控制变量由不同的性质转化为同一种性质的变量，然后利用尖点突变模型的判决式将变量进行归一化，由公式 $u_2^3 - v_2^2 < 0$ 来判决图像中灰度值发生突变的点。

对经过预处理之后的热波检测图像，利用式（7-71）和式（7-72）分别计算图像的幅值和相位，在得到其幅值和相位的基础上，建立尖点突变模型。然后对模型根据式（7-67）和式（7-68）进行坐标变换（其中 $\theta = \pi/3$），提取图像中灰度值突变的点，提取结果如图7-18所示。

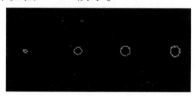

图7-18　图像中像素突变点的提取结果

从图中看出，基于突变理论对热图边缘识别后，图像中像素值突变点出现了骨架不连续的问题，为了实现对损伤区域大小的识别，对边缘识别后的图形进行膨胀运算，使突变点连接而将损伤区域划分出来，膨胀后的结果如图7-19(a)所示。在图像中像素值突变点膨胀的结果图上，对突变点内的区域进行填充，填充结果即为经过尖点突变理论分割提取后的损伤区域，如图7-19(b)所示。

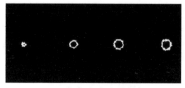

(a)突变点膨胀结果　　　　　　　　　(b)损伤区域填充结果

图7-19　像素值突变点膨胀及损伤区域填充结果

由此可知,基于突变理论边缘检测结果进行图像分割时,还应有以下两个步骤:

(6) 将得到的突变点进行膨胀运算,得到图像中损伤的基本轮廓。

(7) 提取膨胀后的损伤边缘的骨架,然后提取图像中的损伤区域。

7.8 基于粒子群优化模糊聚类的红外热图像分割

7.8.1 粒子群算法

粒子群算法(Particle Swarm Optimization,PSO)是由 Kennedy 和 Eberhart 于 1995 年提出的一种基于群智能演化计算技术,目前已在函数优化、神经网络训练、模式分类、图像处理以及其他工程领域得到了广泛的应用[28]。在 D 维空间中,其标准粒子群算法的进化方程为

$$v_{id} = \omega v_{id} + c_1 r_1 (p_{id} - x_{id}) + c_2 r_2 (p_{gd} - x_{id}) \tag{7-73}$$

$$x_{id} = x_{id} + v_{id} \quad i = 1,2,\cdots,n, d = 1,2,\cdots,D \tag{7-74}$$

式中,ω 为惯性权重,通常是从 0.9 线性减小到 0.2;c_1 为自身经验的偏好度;c_2 是对群体经验的偏好度;r_1 和 r_2 是取值介于(0,1)之间的随机数;v_{id} 是速度向量且 $v_{id} \in [-v_{max}, v_{max}]$,其中 v_{max} 是常数,一般根据具体问题设定,设定的过小,收敛速度会减慢,影响收敛效率。

迭代终止条件根据具体问题一般选为最大迭代次数或粒子群迄今为止搜索到的最优位置满足预定最小适应阈值。

根据粒子群算法的原理及其计算流程的描述,得到该算法的流程图如图 7 – 20所示。

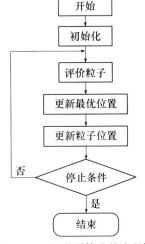

图 7 – 20　粒子群算法的流程图

7.8.2 模糊聚类算法

传统的聚类算法中,每个数据通过计算最终都将属于一个且唯一的一个聚类,这样的算法可以视为"硬"聚类算法。然而在现实世界中大量存在着界限并不分明的聚类问题,模糊聚类扩展了传统聚类的思想,通过使用隶属函数,使得可以把每一个数据分配给所有的聚类[29]。把目标数据集 x(含有 n 个样本)聚成 c 类(其中 $2 \leqslant c \leqslant n$)的 FCM 算法的基本思想是找到隶属度函数 $(u_{ij})_{c \times n}$ 以及 c 个类的中心 $B = (v_i, \cdots, v_c)$,使得给定的目标函数 $J = \sum\limits_{i=1}^{c} \sum\limits_{j=1}^{n} (u_{ij})^m d^2(x_i, x_j)$

最小,式中,$m \in [1, \infty)$ 是加权指数,是可以控制聚类结果的模糊程度的常数;$d(x_i, x_j)$ 是第 j 个样本到第 i 类的欧氏距离。

根据拉格朗日乘数法,在满足 $\sum_{i=1}^{c} u_{ij} = 1$ 时,目标函数取得极小值的必要条件为

$$u_{ij} = 1 \bigg/ \sum_{k=1}^{c} \left[\frac{d_{ij}}{d_{kj}} \right]^{\frac{2}{m-1}} \qquad (7-75)$$

$$v_i = \frac{1}{\sum_{j=1}^{n} (u_{ij})^m} \sum_{k=1}^{n} (u_{ik})^m x_k \qquad (7-76)$$

若数据集 X、聚类类别数 c 和权重 m 已知时,就可以由上面的两个公式确定最佳的分类矩阵和聚类中心。

7.8.3 基于粒子群优化的模糊聚类算法

由于图像信息本身的复杂性和相关性,使得在图像处理的过程中出现不确定性和不精确性,这些不确定性和不精确性主要体现在灰度的模糊性、几何模糊性以及知识的不确定性等。这种不确定性并不是随机的,因此不适合用概率论的知识来处理[30]。模糊集理论对图像的不确定性描述能力较强,并且对于图像中的噪声有较好的鲁棒性,所以国内外许多学者都将模糊理论用于图像分割中。目前结合模糊集合概念的图像分割方法较为常用的是模糊 C - 均值聚类算法分割技术。但是,模糊 C - 均值聚类算法中自变量(待聚类点的坐标值)与目标函数都是离散的量,存在着许多极值,容易陷入局部最优,并且该算法对初始值和噪声比较敏感,聚类速度和图像分割效果都受影响。为了解决这个难题,将群智能算法中的粒子群算法引入到模糊聚类算法中,提出 PSO - FCM 算法,以期达到全局寻优、快速收敛的目的。

将模糊 C - 均值用于图像分割时,引入图像灰度直方图来代替图像的数据样本,使得计算量较少,提高了计算速度。基于灰度直方图的快速 FCM 算法的目标函数为

$$W_m(U, V) = \sum_{k=0}^{L} \sum_{i=1}^{C} (u_{ik})^m (d_{ik})^2 h(k) \qquad (7-77)$$

式中,$h(k)$ 为待处理图像的灰度直方图,$k = 0 \sim L$,L 为图像灰度的最大值;u_{ik} 为第 k 个灰度级在第 i 个类中的隶属度;d_{ik} 为第 k 个灰度级与第 i 个聚类中心的距离,定义为 $(d_{ik})^2 = \| k - z_i \|^2$,其中 z_i 是第 i 个聚类中心的灰度值。

将粒子群模糊 C - 均值算法引入到图像分割中,对于每个像素的评价可以采用适应度函数 $f(x_i)$,其定义为

$$f(x_i) = \frac{\lambda}{J_m(u,v)} \qquad (7-78)$$

式中,λ 为常数;$J_m(u,v)$ 为总的类间离散度和。$J_m(u,v)$ 越小,聚类效果越好,个体适应度 $f(x_i)$ 就越高。该算法的实现步骤如下:

(1)给定分类类别数 c,模糊指数 m,群体规模 n,学习因子 c_1 和 c_2,惯性权重 ω。

(2)初始化 n 个聚类中心并编码,形成第一代粒子。

(3)计算聚类中心,$v_i = \dfrac{1}{\sum\limits_{k=0}^{L} (u_{ik})^m} \sum\limits_{k=0}^{L} (u_{ik})^m h(k)$。

(4)对每一个聚类中心求隶属度 u_{ik}。

(5)按式(7-78)求出每个像素的适应值,若好于该像素当前最好位置的适应度,则更新该像素个体的最好位置;若所有像素最好位置的适应度都好于当前全局最好位置的适应度,则更新全局的最好位置。

(6)利用式(7-73)和式(7-74)更新每个像素的速度和位置,产生下一代粒子群。

(7)如果当前的迭代次数达到预先设定的最大次数,则停止迭代。在最后的一代中寻找最优解,否则转到步骤(3)继续。

7.8.4 实验结果与分析

按照上述的粒子群模糊聚类方法的理论和步骤,对去除噪声和背景后的热波检测图像进行分割处理。对于经过增强处理后的小曲率钢壳体/绝热层脱粘试件热图像、平板钢壳体/绝热层平底洞试件热图像和含夹杂缺陷的玻璃纤维壳体试件热图像分别采用基于阈值分割方法、基于传统 FCM 聚类算法和本算法进行分割对比,其中阈值分割中,三幅图像的阈值分别选取为 210、220 和 180(经过实验处理,这 3 个阈值的选取是较为理想的);而基于粒子群聚类算法的图像分割中,其相关参数的设置为:分类类别数 $c=3$,群体规模 $n=40$,学习因子 $c_1 = c_2 = 2$,惯性权重 $\omega_{max} = 0.9$,$\omega_{min} = 0.4$,模糊指数 $m=2$,最大迭代次数为 500,算法用 MATLAB7.0 编程实现,根据粒子群算法计算出来的聚类中心值进行图像分割,分割结果如图 7-21、图 7-22 和图 7-23 所示[24,25]。

(a)增强后的图像　　(b)阈值分割　　(c)传统FCM分割　　(d)粒子群聚类分割

图 7-21　小曲率钢壳体/绝热层脱粘试件热图像分割结果图

(a) 增强后的图像   (b) 阈值分割   (c) 传统FCM分割   (d) 粒子群聚类分割

图 7 - 22　平板钢壳体/绝热层平底洞试件热图像分割结果图

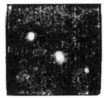 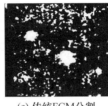 

(a) 增强后的图像   (b) 阈值分割   (c) 传统FCM分割   (d) 粒子群聚类分割

图 7 - 23　含夹杂缺陷的玻璃纤维壳体试件热图像分割结果图

　　为了评价三种算法的性能,我们引入"正确分割率"的概念,其定义为:正确分割率 $=\dfrac{\text{正确分割的像素}}{\text{所有的像素}}\times100\%$,对于三种算法分割结果的正确率及聚类算法与本算法分割的时间对比如表 7 - 2 所列。

表 7 - 2　三种算法分割图像结果对比

图像分割算法	被分割的图像	分割正确率/%	运行时间/s
阈值分割法	小曲率钢壳体/绝热层脱粘试件热图像	90.44	—
	平板钢壳体/绝热层平底洞试件热图像	77.58	—
	含夹杂缺陷的玻璃纤维壳体试件热图像	87.10	—
传统 FCM 分割法	小曲率钢壳体/绝热层脱粘试件热图像	91.42	51.8403
	平板钢壳体/绝热层平底洞试件热图像	87.95	72.1253
	含夹杂缺陷的玻璃纤维壳体试件热图像	93.75	77.4461
基于粒子群的模糊聚类算法	小曲率钢壳体/绝热层脱粘试件热图像	96.43	10.2003
	平板钢壳体/绝热层平底洞试件热图像	95.53	12.8406
	含夹杂缺陷的玻璃纤维壳体试件热图像	97.86	15.7419

　　实验处理结果为:该方法较传统的模糊 C - 均值算法速度提高了 5 倍,而且在图像分割正确率方面本方法也是最好的。分割结果表明该算法不仅能够克服模糊 C - 均值对噪声敏感、易于陷入局部极值的缺点,还能提高图像分割的速度和准确性,达到较好的分割效果,为下一步缺陷的定量识别奠定基础。

7.9　本　章　小　结

本章主要研究热波图像的分割方法。从数字图像分割的一般方法入手,着重讨论了基于阈值分割、数学形态学、边缘检测、改进遗传算法、人工免疫技术、尖点突变理论以及粒子群优化的热图像分割方法。

在基于阈值的热图像分割中,主要论述了全局阈值和局部阈值分割方法。根据热图像含噪声大的特点,在最大类间方差方法的基础上,引出二维最大类间方差的阈值分割方法。由于其极大地增大了运算量,效率低下,难以在实际中应用,将其与遗传算法结合,提出了改进遗传算法的二维最大类方差算法。通过遗传算法对其进行运算优化,提高了运算效率,使其达到了工程应用的要求。

在基于边缘检测的热图像分割中,主要分析了最常用的 Sobel、Roberts 和 Prewitt 等算子的梯度边缘检测基本方法。但大多数梯度边缘检测存在检测边缘不连贯和对噪声比较敏感等缺陷。在热波图像处理中,热图像大多含有大量噪声,虽然可以对其进行滤波,但不能保证完全滤除热图像所包含的噪声,这就限制了对热图像进行梯度边缘检测的应用。因此,提出了基于遗传算法的 Sobel 算子边缘检测方法,较好地克服了边缘检测不连贯的现象,同时,将最大类间方差分割方法与遗传算法结合起来,提高了梯度图像的阈值分割质量,缩短了运算时间,得到了比较满意的结果。

在研究了基本图像分割方法的基础上,提出了基于人工免疫算法和二维最小 Tsallis 交叉熵的分割算法,通过克隆选择增强对最优阈值的搜索能力,引入高频变异及群体更新防止了算法退化陷入局部最优。将热图像中的损伤边缘信息看作一种突变,建立了基于尖点突变模型的热图像边缘识别方法,经过分叉集提取获得了缺陷的边缘。针对模糊 C - 均值聚类算法存在着许多极值、容易陷入局部极值的不足,最后又提出了一种基于粒子群优化的模糊聚类热波图像分割算法。

参 考 文 献

[1] 张坤华,王敬儒,张启衡. 复杂背景下扩展目标的分割算法研究[J]. 红外与毫米波学报,No.3,233 - 237,2002.

[2] 薛景浩,章毓晋,林行刚. SAR 图像基于 Ray leigh 分布假设的最小误差阈值化分割[J]. 电子科学学刊,No.2,219 - 225,1999.

[3] Tian B, Shaikh M A, Azimi - Sadjadi M R, et al. A Study of Cloud Classification with Neural Networks U- sing Spectral and Textural Features. IEEE, Trans. Neural Networks, No.1, 138 - 151,1999.

[4] 陈哲,冯天谨. 基于小波分形特征提取的图像分割方法[J]. 中国图像图形学报,No.12,1072 - 1077,1999.

［5］ Zhang Jinyu, Chen Yan, Huang Xian－Xiang, IR Thermal Image Segmentation Based on Enhanced Genetic Algorithms and Two－Dimensional Classes Square Error, ICIC 2009, The Second International Conference on Information and Computing Science, 21－22 May 2009, Manchester, England, UK.

［6］ Zhang Jinyu, Chen Yan, Huang Xian－Xiang, Edge Detection of Images Based on Improved Sobel Operator and Genetic Algorithms, IEEE 2009 International Conference on Image Analysis and Signal Processing, April 11－12, Taizhou, China.

［7］ 刘波,张存林,冯立春,等. 热波检测碳纤维蜂窝材料脱粘缺陷的边缘识别[J]. 红外与激光工程,No. 2,2007.

［8］ 乐宋进,武和雷,胡泳芬. 图像分割方法的研究现状与展望[J]. 南昌水专学报,No. 2,2004.

［9］ 王爱民,沈兰荪. 图像分割研究综述[J]. 测控技术,No. 5,2000.

［10］ 李言俊,丁德锋. 基于灰度和局部熵迭代的红外目标分割算法[J]. 红外技术,No. 11,2006.

［11］ 张永亮,卢焕章. 基于图像局部熵的红外图像分割方法[J]. 红外技术,No. 11,2006.

［12］ 郭清风,王建国. 基于二维最大熵和顺序滤波的红外图像分割[J]. 红外技术,No. 2,2008.

［13］ 张兴国,李靖,刘上乾,等. 一种基于数学形态学的红外图像分割方法[J]. 制导与引信,No. 4,2006.

［14］ 张宇,王俊平,郭清衍,等. 彩色梯度和数学形态学的缺陷图像分割方法[J]. 2008 通信理论与技术新发展——第十三届全国青年通信学术会议论文集(T),1103－1106,2008.

［15］ 汪颖,刘奇,李成鑫,等. 基于数学形态学的分水岭图像分割方法[J]. 四川大学学报(自然科学版),No. 41(增刊),2004.

［16］ 孙伟,王宏飞,邵锡军. 基于改进分水岭算法的红外图像分割[J]. 红外与激光工程,No. 35(增刊),2006.

［17］ 刘捷,涂威,樊德宁,等. 基于形态学的血液显微图像红细胞分割与统计方法[J]. 中国电子学会第十五届信息论学术年会暨第一届全国网络编码学术年会,2008.

［18］ 孙伟,夏良正. 基于形态学梯度的红外图像分割算法[J]. 信号处理,No. 1,2004.

［19］ 谢凤英,姜志国,周付根. 基于数学形态学的免疫细胞图象分割[J]. 中国图像图形学报,No. 7(A版),11,2002.

［20］ 靳红梅,张俊梅,梁荣. 基于 SVM 和纹理特征的 SAR 图像分割方法[J]. 图像图形技术与应用进展——第三届图像图形技术与应用学术会议论文集,107－110,2008.

［21］ 徐海卫,牛朝,周倩. 基于遗传算法的最大类间方差图像分割及实现[J]. 系统仿真技术及其应用:第10卷.

［22］ 崔屹. 图像处理与分析——数学形态学方法及应用[M]. 北京:科学出版社,2000.

［23］ 张炜,蔡发海,马宝民,杨正伟.基于数学形态学的红外热波图像缺陷的定量分析,无损检测,2009,31(8):596－599.

［24］ 王冬冬. 红外热波探伤图像非均匀校正及缺陷重建方法研究[D]. 西安:第二炮兵工程大学,2010.

［25］ 金国锋. 长贮推进剂贮箱腐蚀的热波检测与剩余寿命预测研究[D]. 西安:第二炮兵工程大学,2013.

［26］ 邹俊成,赵占军. 基于突变理论的图像匹配[J]. 北方工业大学学报,2010,22(1):1－7.

［27］ Martin Golubitsky. An introduction to catastrophe theory and its applications [J]. Society for Industrial and Applied Mathematics, 1978, 20(20): 352－387.

［28］ 戴涛. 聚类分析算法研究[D]. 北京:清华大学,2004.

［29］ 刘晓龙. 基于模糊聚类图像分割方法研究[D]. 合肥:合肥工业大学,2006.

［30］ 寇蔚,孙丰瑞,杨立. 粒子群优化算法用于缺陷的红外识别研究[J]. 激光与红外,2006,36(8):710－714.

第八章　热波图像的缺陷特征提取及定量识别

红外热波检测过程中获取的红外热图序列含有丰富的缺陷信息,热图中的温度异常区域与缺陷大小有着直接的关系,而温度序列的时间特征与缺陷深度密切相关。因此,基于热图序列可以实现缺陷特征的提取和参数识别。

随着数字图像处理技术的发展和实际应用的需要,要把图像中某一类信息从复杂的背景下自动抽取出来,以利于人们更好的解读图像信息,这种把图像进行区别分类的方法就是图像的模式识别。模式识别应用非常广泛。例如要从遥感图像中分割出各种农作物、森林资源、矿产资源等,并进一步判决其产量或蕴藏量;由气象云图结合其他气象观察数据进行自动天气预报;用人工地震波形图寻找有油的岩层结构;根据医学 X 光图像断层分析各种病变;邮政系统中的信函自动分拣等[1]。对于红外热波检测,研究热图像模式识别的目的,就是要在热图像中区分开缺陷和背景,并自动识别出典型缺陷的种类、尺寸等信息。

8.1　缺陷形状的图像识别

对模式识别而言,无论是数据、信号还是平面图形或立体景物,都是除掉它们的物理内容而找出它们的共性,把具有同一性的归为一类,而具有另一共性的归为另一类。模式识别研究的目的是研制能够自动处理某些信息的机器系统,以便代替人完成分类和辨识的任务。人们使用了种种数字图像处理的方法进行模式识别。传统的方法是从图像出发,进行图像分割、特征抽取等。

给出一个图形模式 H,比如一个规则图形或不规则图形或者一幅图像,这个模式经过几何变换 $R(m,x,y,a)$,如放大 m 倍,平移 (x,y),旋转 a 弧度,会改变 H 的几何位置和尺寸,得到图形 H'。如果首先给出参数(放大倍数 m,平移距离 (x,y),旋转角度 a,那么就很容易可以得到变换之后的图形 H'。

模式识别问题,实际上就是已知一个含子图 H' 的图形 HZ 和模式 H,要求确定参数 m,x,y,a,使得通过变换 $R(m,x,y,a)$,将 H 匹配 H'。而且经过计算具体的适应度函数值,可以看到这是一些多峰的目标函数,那么很明显这是一个含上、下限约束多参量的多峰值函数的优化问题,解决这类问题正是遗传算法的长处所在[2]。

早在 20 世纪 70 年代,Caricchio 就将遗传算法(GA)用于模式识别,但由于当时 GA 还不成熟,仅仅使用 GA 设计了一组用于匹配的检测器。其后 20 年,用 GA 来处理模式识别的研究逐渐增多[3~9],使得 GA 的匹配性能有了很大提高。

8.1.1　规则图形的识别

1. 基本概念

　　圆、三角形、矩形和椭圆等都是常见的几何图形,可以通过简单的几个参数生成,这类图形称作规则图形。对这类图像的模式识别是基本工作。针对这类图形模式的特殊性,可以通过直接构造这些图形模式相应的生成函数,通过参数的匹配,来进行模式匹配。如图 8 - 1 所示。

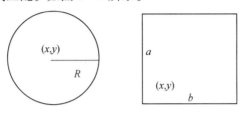

图 8 - 1　规则图形

2. 基于 GA 的规则图形的识别算法

　　(1) 染色体的编码方式。很自然的,模式 H 的生成函数的参数表可以作为该问题的染色体表示,如果是圆的匹配,染色体采用三维向量 $\{x,y,r\}$ 表示,如果是矩形,染色体采用四维向量 $\{x,y,a,b\}$ 表示,一般要求把向量维数控制在四维以内,若超过用复杂图像处理方法处理。

　　(2) 用 Logistic 映射方程初始化种群。

　　(3) 适应值函数的构造。对于一个特定模式 H,给出一个染色体 k,实际上就可生成一个图形 $H(k)$。如果在原图 HZ 中恰好含有子图 $H(k)$,则称找到了模式 H 的一个匹配,此时要求图形 $H(k)$ 中有线条的位置,HZ 中恰好也有线条。这里使用二值图形,凡是有线条经过的像素点像素值取值 0,其他的点取值 1。

　　图形 $H(k)$ 中有线条经过的点的位置由染色体参数很容易计算出来,设这些点组成的集合为 $G(k)$,则 $G(k) = \{(x,y):$ 在图 $H(k)$ 中点 (x,y) 位置有线条通过 $\}$,记 $L(HZ,x,y)$ 表示图 HZ 中 (x,y) 位置的像素值,这样可以构造染色体 k 的适应值函数为

$$F(k) = \sum_{(x,y) \in G(k)} L(HZ,x,y) \qquad (8-1)$$

即是统计 $H(k)$ 中有线条经过的点与 HZ 中有线条经过的点重合的数量。

　　对适应值最大的 30% 的个体不做混沌扰动,只对其余的 70% 的个体做混沌扰动。经过混沌扰动产生的新种群经过交叉、变异和选择操作重新进行适应值

的计算,直到搜索到最优结果。

（4）遗传算子的实现。采用适应于浮点数的算术交叉、随机变异和基于染色体累积概率的轮盘选择算子,以及最优保存选择算子。

（5）参数设置。实验种群规模取 50,变异概率取 0.1,杂交概率取 0.9,迭代次数取 250。

图 8-2 是一幅包括多种图形的示意图,其中右下方的圆是感兴趣的图形,在 MATLAB 环境下编程对其进行识别,并以识别的结果得到的参数在原图上以反色调作图。如图 8-3 所示,可以看到,经过 250 代迭代,遗传算法成功收敛。识别结果所画出的圆与目标圆精确重合。

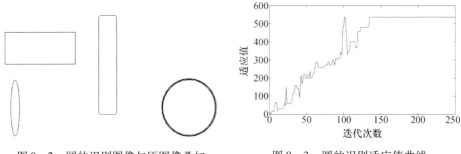

图 8-2　圆的识别图像与原图像叠加　　　　图 8-3　圆的识别适应值曲线

8.1.2　复杂图形的识别

1. 复杂图形的概念

热像中有很多缺陷并非典型的简单图形,而是一些种类有限比较典型不规则图形,称之复杂图形。譬如有一些曲线构成的图形,它们很不规则,不能像规则图形那样,通过几个参数就可以确定。考虑二值图像,如图 8-4 所示。

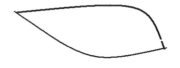

图 8-4　复杂图形

模式 H 当中点的像素值为 0 或 1,一方面为了减小计算量,另一方面为了准确识别,在这种情况下,只考虑像素值为 1 的点,把它们的坐标记录为二维点列 $G(H)$,因此不规则图形模式 H 可以描述为下式:

$$G(H) = \{(x,y) \mid pixe(x,y) = 1 \text{ 且 } (x,y) \in H\} \qquad (8-2)$$

式中,(x_i,y_i) 为相对于模式原点的坐标,$pixel(.)$ 为相应的灰度值,将模式 H 经过变换 $R(m,x,y,\theta)$,$(m \geqslant 0)$ 即放大或缩小 m 倍,旋转 θ 角度,并将模式原点平移至点 (x,y) 之后,点列 $G(H)$ 变成点列 $Q(H,R)$:

228

$$Q(H,R) = \{q(x_1,y_1), q(x_2,y_2), \cdots, q(x_M,y_M)\} \qquad (8-3)$$

设二维点列 $G(H)$ 中点数为 N，则当 $m < 1$ 时，点数 M 可能小于 N，而当 $m \geqslant 1$ 时，点数 M 等于 N，任取点 $(s,t) \in Q(H,R)$，必有 $(u,v) \in G(H)$ 满足：

$$\begin{bmatrix} s \\ s \end{bmatrix} = m \cdot \begin{pmatrix} \cos\theta & -\sin\theta \\ \sin\theta & -\cos\theta \end{pmatrix} \cdot \begin{pmatrix} u \\ v \end{pmatrix} + \begin{pmatrix} x \\ y \end{pmatrix} \qquad (8-4)$$

2. 基于 GA 的复杂形状的识别算法

（1）染色体的编码方式。由于模式 P 采用点集描述，不再含有变换信息，因此染色体直接定义为四维向量：

$$(m, x, y, \theta)$$

式中，参数分别代表放大倍数、平移距离和旋转角度。采用实数编码，此时染色体可视为四维空间中的一个点。

（2）初始种群的产生。用 Logistic 映射方程初始化种群。

（3）适应值函数的构造。对于复杂图形的一个特定模式 H 实际上就是一个点集 $G(H)$，一个染色体 k 确定了一个变换 $R(k)$，$G(H)$ 在 $R(k)$ 作用之下生成一个点集 $Q(H,k)$，只要将点集中的所有点在一个空白图中表出，就确定了一个图形 $G(H,k)$。如果在原图 HZ 中恰好含有子图 $G(H,k)$，则称找到了模式 H 的一个匹配。此时要求图形 $G(H,k)$ 中有线条的位置，HZ 中恰好也有线条。记 $L(HZ,x,y)$ 表示图 HZ 中 (x,y) 位置的像素值 0 或 1，对于这种二值图像，可以构造染色体 k 的适应值函数为

$$F(k) - \sum_{(x,y) \in G(H,k)} L(HZ,x,y) \qquad (8-5)$$

即是统计 $G(H,k)$ 中有线条经过的点与 HZ 中有线条经过的点重合的数量。对适应值最大的 30% 的个体不做混沌扰动，只对其余的 70% 的个体做混沌扰动。

（4）遗传算子采用的是算术交叉、随机变异和基于染色体累积概率的轮盘选择算子，以及最优保存选择算子。

（5）参数设置，实验表明种群规模取 50，变异概率取 0.1，杂交概率取 0.9，迭代次数取 2000。

运用与图 8-4 具有相似性的模板图 8-5 对其进行匹配。由于不规则图形的识别需要确定 4 个参数，即在四维空间寻优，导致解空间太大，遗传算法在 2000 代内很多情况下不能收敛，收敛情况如图 8-6 所示。如果提高遗传代数，则必须以牺牲运算时间为代价，以至于程序运算成本大大提高，不能满足实用的要求。

图 8 - 5   识别模板

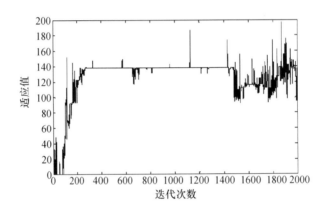

图 8 - 6   遗传算法历代最优值

8.1.3 改进的图形识别算法

由于不规则图形的识别需要确定 4 个参数,及在四维空间寻优,导致了解空间太大,而遗传算法在 2000 代内很多情况下不能收敛,因此,将着力减少不规则图形的识别所需要的参数。可以将一副图形的重心表述为

$$\bar{x} = \frac{1}{S} \sum_{R(x,y) \in R} x \qquad \bar{y} \frac{1}{S} \sum_{R(x,y) \in R} y \tag{8-6}$$

虽然区域中各点的坐标为整数,但计算到的重心位置通常不为整数。运用重心坐标的近似整数坐标作为图形的近似重心。

将改进后的图形识别算法描述如下:

(1)首先求出模板图形的重心(x_1, y_1),然后求出待识别图形的重心(x_2, y_2),必有:

$$\begin{bmatrix} x_2 \\ y_2 \end{bmatrix} = \begin{bmatrix} x_1 \\ y_1 \end{bmatrix} + \begin{bmatrix} a \\ b \end{bmatrix} \tag{8-7}$$

230

将模板图形上的每一个像素平移(a,b),使模板重心与待识别图像的重心重合。

（2）染色体的编码方式。由于模式H采用点集描述,不再含有变换信息,因此染色体直接定义为二维向量:(m,θ)。式中,参数分别代表放大倍数和旋转角度。采用实数编码,此时染色体可视为二维空间中的一个点。

（3）初始种群的产生。用 Logistic 映射方程初始化种群。

（4）适应值函数的构造。不规则图形模式H可以描述为下式:

$$G(H) = \{(x,y) \mid pixel(x,y) = 1 \text{ 且 } (x,y) \in H\} \qquad (8-8)$$

式中,(x_i,y_i)为相对于模式原点的坐标,$pixel(.)$为相应的灰度值,将模式H经过变换$R(m,\theta)$,$(m \geqslant 0)$即放大或缩小m倍,旋转θ角度,点列$G(H)$变成点列$Q(H,R)$:

$$Q(H,R) = \{q(x_1,y_1),q(x_2,y_2),\cdots,q(x_M,y_M)\} \qquad (8-9)$$

设二维点列$G(P)$中点数为N,则当$m<1$时,点数M可能小于N,而当$m \geqslant 1$时,点数M等于N,任取点$(s,t) \in Q(H,R)$,必有$(u,v) \in G(H)$满足:

$$\begin{bmatrix} s \\ t \end{bmatrix} = m \cdot \begin{pmatrix} \cos\theta & -\sin\theta \\ \sin\theta & -\cos\theta \end{pmatrix} \cdot \begin{pmatrix} u \\ v \end{pmatrix} \qquad (8-10)$$

对于复杂图形的一个特定模式H实际上就是一个点集$G(H)$,一个染色体k确定了一个变换$R(k)$,$G(H)$在$R(k)$作用之下生成一个点集$Q(H,k)$,只要将点集中的所有点在一个空白图中表出,就确定了一个图形$G(H,k)$。如果在原图HZ中恰好含有子图$G(H,k)$,则称找到了模式H的一个匹配。此时要求图形$G(H,k)$中有线条的位置,HZ中恰好也有线条。记$L(HZ,x,y)$表示图HZ中(x,y)位置的像素值 0 或 1,对于这种二值图像,可以构造染色体u的适应值函数为

$$F(k) = \sum_{(x,y) \in G(H,k)} L(HZ,x,y) \qquad (8-11)$$

即是统计$G(H,k)$中有线条经过的点与HZ中有线条经过的点重合的数量。

对适应值最大的 30% 的个体不做混沌扰动,只对其余的 70% 的个体做混沌扰动。经过混沌扰动产生的新种群经过交叉、变异和选择操作重新进行适应值的计算,直到搜索到最优结果。

（5）遗传算子采用的是算术交叉、随机变异和基于染色体累积概率的轮盘选择算子,以及最优保存选择算子。

（6）参数设置,实验表明种群规模取 40,变异概率取 0.1,杂交概率取 0.9,迭代次数取 100。

如图 8-7 和图 8-8 所示,对给定模板的模拟热图进行模式识别,遗传算法在 100 代内成功收敛得到识别结果为:$M=1.99$,$\theta=5.5$。可以发现复杂图

形被迅速识别,图形完全重合,算法的收敛曲线符合预期效果,收敛效果明显
改善。

图 8 - 7　复杂图形识别绘图与原图叠加

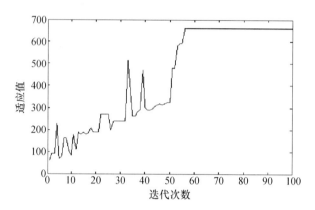

图 8 - 8　复杂图形识别适应值曲线

8.1.4　复杂图形的尺寸提取

对于简单图形,可以方便的求出它的参数,但是,对于复杂图形,这些参数是
不存在的。通常用长轴、短轴、面积来描述它的尺寸参数。

对于热图像缺陷,很容易求出它的面积,下面介绍如何求出缺陷的长短轴。

(1)首先对热图像进行滤波、校正、分割、边缘检测等先期处理,形成一个闭
合的缺陷边缘。

(2)求出缺陷边缘图形的重心(x,y)。

(3)设 P 为缺陷边缘图形,$(u,v) \in P$。设点 $(s,t) \in H$,

$$\begin{bmatrix} s \\ t \end{bmatrix} = \begin{pmatrix} \cos\theta & -\sin\theta \\ \sin\theta & -\cos\theta \end{pmatrix} \bullet \begin{pmatrix} u \\ v \end{pmatrix} \qquad (8-12)$$

即将原图像 P 旋转 θ 角形成新图像 H。

(4)以重心(x,y)为中点,向两侧分别搜寻,分别得到第一个像素为 1 的两
个坐标为(x,y_1)、(x,y_2)的点,得到一个轴长 $L = y_2 - y_1$;

(5)将 θ 依次从 0 变换到 2π,得到一个数组 L,求出其中的最大最小值,即
长轴和短轴。

依此方法对图 8 - 4 进行求解,得到其长轴 $L_{max} = 340$,短轴 $L_{min} = 115$。

8.2 缺陷尺寸(大小)识别

如图 8－9 所示,缺陷的大小与热像仪采集到的表面温度场的异常区域(热斑)面积有很大的关系:缺陷大小与热斑的大小是成正比关系,缺陷越大,热斑的面积也越大(见图 8－9)。所以,根据热斑的大小就可以来研究二者之间的对应关系,从而确定缺陷的尺寸。

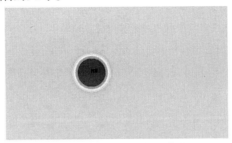

图 8－9　缺陷对应表面热斑

图 8－10 是峰值时间对应的沿缺陷热图像直径方向的温度分布曲线,横轴以像素代表位置,纵轴 ΔT 代表缺陷对应表面的相对温度(即相对于无缺陷部位对应表面温度的差值)。图中 ΔT_m 为最大表面温差,已经通过实验发现 $\Delta T_m/e$ 对应的热斑边缘与真实的缺陷尺寸非常接近,由图 8－10 可知 ΔT_m 为 0.8577℃,而 $\Delta T_m/e$ 为 0.3132℃,所对应的缺陷边缘分别为 n_1 和 n_2,因此可以根据 $n_1 - n_2 = 3.8519\text{mm}$ 来估算缺陷的大小。实际上缺陷的直径为 4mm,利用上述方法估算缺陷直径误差为 3.7%,因此,这种方法是适用的。

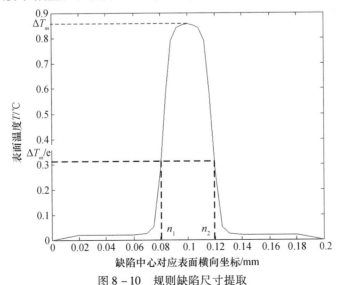

图 8－10　规则缺陷尺寸提取

对于比较规则的缺陷,例如长方形,也可以利用上述方法来确定其尺寸。但是实际上缺陷的形状大都不规则,再加上由于热扩散、环境辐射等不稳定因素的影响,热斑的形状比较复杂,需要通过图像分割方法把缺陷区域从背景中提取出来,然后计算缺陷的大小、面积等参数[25-28]。

8.2.1 二值链码技术

缺陷的形状是由其边界描述的,分割后的图像可采用二值链码技术确定缺陷的大小和位置[22]。在图像平面中,由一个像素连接到另一个像素可以有 8 个不同的路径,给每个路径一个代号,就形成链码,如图 8-11 所示。

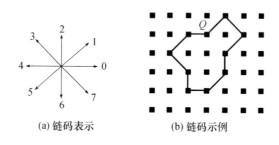

(a) 链码表示　　　　　(b) 链码示例

图 8-11　8-方向链码及示例

在图 8-10(a)中,按不同的角度定义了 8 个链码 0~7。图(b)为以链码表示缺陷区域的示例,设起点为 Q,由 Q 为起点构成的链码与链码的行进方向有关,若选取逆时针方向,则 Q 的链码为

$$Q \rightarrow 4576012135$$

若选取顺时针方向,则 Q 的链码为

$$Q \rightarrow 1756542310$$

这样 Q 的坐标及 Q 的链码就完整地包含了缺陷区域的形状和位置信息。因此,可利用链码计算缺陷区域的面积、重心、周长、长径、短径和平均直径等[10]。

(1) 面积 A。用缺陷区域 R 含有的像素点数表示,其计算公式为

$$A = \sum_{(x,y) \in R} 1 \tag{8-13}$$

(2) 重心 $M(\overline{X}, \overline{Y})$。对 $M \times N$ 的数字图像,其重心计算公式如下:

$$\left. \begin{array}{l} \overline{X} = \dfrac{1}{MN} \displaystyle\sum_{x=1}^{M} \sum_{y=1}^{N} xf(x,y) \\[2mm] \overline{Y} = \dfrac{1}{MN} \displaystyle\sum_{x=1}^{M} \sum_{y=1}^{N} yf(x,y) \end{array} \right\} \tag{8-14}$$

（3）长径 L 和短径 S。以缺陷的重心为旋转中心，按照一定的旋转步长（即每次旋转的角度），使缺陷逆时针旋转 90°，每旋转一次，计算一次缺陷外接矩形的面积，面积最小的外接矩形的长和宽即是缺陷的长径和短径。

（4）周长 P。用八邻域搜索算法跟踪出缺陷的边缘，并用 Freeman 链码表示出来，然后根据链码值，奇数链码长度为 $\sqrt{2}$，偶数链码长度为 1，将链码对应的长度相加，便得到周长。周长 P 计算公式如下：

$$P = \frac{\sqrt{2}+1}{2}n - \frac{\sqrt{2}-1}{2}\sum_{i=1}^{n}(-1)^{C_i} \qquad (8-15)$$

式中，n 为边缘像素总数；C_i 为链码的方向数（0~7）。

8.2.2　缺陷大小的测量

1. 含脱粘缺陷的玻璃纤维试件的缺陷识别

含脱粘缺陷的玻璃纤维试件的具体参数，长 281mm，宽 281mm，厚 8mm，背面加工有 3 个深度均为 4.9mm，直径大小分别为 11mm，20mm，30mm 的脱粘缺陷。含脱粘缺陷的玻璃纤维试件的分割图像如图 8 - 12 所示，计算缺陷大小时，首先将各个缺陷逐一提取，然后再进行缺陷尺寸和位置的确定。

1）缺陷提取

图 8 - 12 为缺陷提取过程图，图（a）为分割图像原图，图（b）、图（c）、图（d）为缺陷的逐一提取。其具体实现过程为：首先显示分割图像（a），初步确定 3 个缺陷点（332,105）、（131,340）、（378,337），然后进行提取。在二值图像中，缺陷是像素值为 1 且连接在一起的所有元素的集合。因此，在进行缺陷提取时，只要指定一些像素，提取函数就会提取出包含指定像素的缺陷。

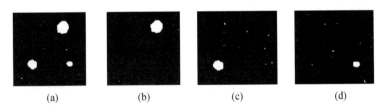

| (a) | (b) | (c) | (d) |

图 8 - 12　缺陷提取过程图

2）缺陷尺寸和位置的确定

缺陷尺寸和位置的确定是缺陷识别的重要内容，也是检验前面图像增强和分割效果的手段。如前所述，缺陷尺寸和位置的确定方法有两种，简称第一种为比例关系法，第二种为二值图像函数法，采用第二种方法。利用 MATLAB7.0 编程实现链码技术，从而计算图像的区域属性，这些属性包括测量指定图像区域的面积、重心和周长等参数，如表 8 - 1 所列。

表 8-1   红外探伤原始图像的缺陷参数/像素

缺陷	面积	重心	周长	平均直径	长径	短径
1	5107	[332.6665,101.3577]	265.0366	80.6377	84.3268	77.4670
2	2903	[128.6104,338.9576]	198.9949	60.7965	65.1164	57.1276
3	1140	[376.9658,336.5816]	122.0833	38.0985	43.2393	33.7432

3）误差分析

以平均直径为例，进行图像缺陷直径大小的误差分析。红外探伤原始图像的缺陷直径大小如图 8-13 所示。

图 8-13   红外探伤原始图像的缺陷直径大小/像素

由图 8-13 易知，红外探伤原始图像的缺陷直径大小从大到小依次为：80.01、60.00、38.01，而图像分割并提取缺陷后的直径大小依次为：80.6377、60.7965、38.0985，对比二者，可求得相对误差依次为：0.78%、1.31%、0.23%，如表 8-2 所列。

表 8-2   红外探伤原始图像的缺陷直径误差分析

直径/像素		相对误差/%
红外热波探伤原始图像	图像分割后的缺陷	
80.01	80.6377	0.78
60.00	60.7965	1.31
38.01	38.0985	0.23

2. 含夹杂缺陷的玻璃纤维试件的缺陷识别

含夹杂缺陷的玻璃纤维试件的具体参数，即长 251mm，宽 251mm，厚 5mm，含有直径大小分别为 12mm，20mm，33mm 的夹杂缺陷。含脱粘缺陷的玻璃纤维试件的分割图像如图 8-14 所示，计算缺陷大小时，首先将各个缺陷逐一提取，然后再进行缺陷尺寸和位置的确定。

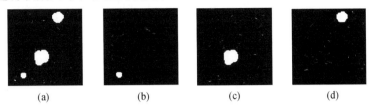

图 8 - 14　缺陷提取过程图

1）缺陷提取

图 8 - 14 为缺陷提取过程图，图（a）为分割图像原图，图（b）、图（c）、图（d）为缺陷的逐一提取。其具体实现过程为：首先显示分割图像（a），初步确定 3 个缺陷点（90，366）、（193，268）、（289，47），使用提取函数进行提取。

2）缺陷尺寸和位置的确定

同上，可计算出图像的区域属性，这些属性包括测量指定图像区域的面积、重心、周长等参数，如表 8 - 3 所列。

表 8 - 3　红外探伤原始图像的缺陷参数/像素

缺陷	面积	重心	周长	平均直径	长径	短径
1	848	[88.5000 366]	103.2548	32.8589	33.3972	32.4377
2	5457	[190.6934 267.3570]	283.8650	83.3551	90.0857	78.8595
3	3079	[286.6518 46.6080]	203.4802	62.6123	64.9706	60.6655

3）误差分析

以平均直径为例，进行图像缺陷直径大小的误差分析。红外探伤原始图像的缺陷直径大小如图 8 - 15 所示。

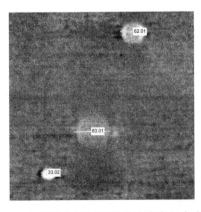

图 8 - 15　红外探伤原始图像的缺陷直径大小/像素

237

由图8-15易知,红外探伤原始图像的缺陷直径大小从大到小依次为:83.01、62.01、33.02,而图像分割并提取缺陷后的直径大小依次为:83.3551、62.6123、32.8589,对比二者,可求得相对误差依次为:0.42%,0.97%,0.49%,如表8-4所列。

表8-4 红外探伤原始图像的缺陷直径误差分析

直径(像素)		相对误差/%
红外热波探伤原始图像	图像分割后的缺陷	
83.01	83.3551	0.42
62.01	62.6123	0.97
33.02	32.8589	0.49

3. 含脱粘缺陷的钢壳体试件缺陷大小的测量

含脱粘缺陷的钢壳体试件的具体参数为长221mm,宽119mm,厚7mm,背面加工有2个深度均为3mm,直径均为14mm的平底洞。含脱粘缺陷的钢壳体试件的分割图像如图8-16所示,计算缺陷大小时,首先将各个缺陷逐一提取,然后再进行缺陷尺寸和位置的确定。

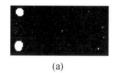 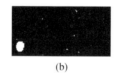 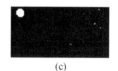

(a)　　　　　　　　　(b)　　　　　　　　　(c)

图8-16 缺陷提取过程图

1)缺陷提取

图8-16为缺陷提取过程图,图(a)为分割图像原图,图(b)、图(c)、图(d)为缺陷的逐一提取。其具体实现过程为:首先显示分割图像(a),初步确定两个缺陷点(294,32)和(290,138),使用提取函数进行提取。

2)缺陷尺寸和位置的确定

同上,可计算出图像的区域属性,这些属性包括测量指定图像区域的面积、重心、周长等参数,如表8-5所列。

表8-5 红外探伤原始图像的缺陷参数/像素

缺陷	面积	重心	周长	平均直径	长径	短径
1	712	[293.3792 31.8525]	96.4264	30.1089	33.3723	27.3331
2	502	[290 137.5000]	78.7696	25.2817	26.1237	24.5432

3)误差分析

以平均直径为例,进行图像缺陷直径大小的误差分析。红外探伤原始图像的缺陷直径大小如图 8-17 所示。

图 8-17　红外探伤原始图像的缺陷直径大小/像素

由图 8-17 易知,红外探伤原始图像的缺陷直径为:30.52 和 25.52,而图像分割并提取缺陷后的直径大小依次为:30.1089 和 25.2817,对比二者,可求得相对误差依次为:1.35%,0.93%,如表 8-6 所列。

表 8-6　红外探伤原始图像的缺陷直径误差分析

直径/像素		相对误差/%
红外热波探伤原始图像	图像分割后的缺陷	
30.52	30.1089	1.35
25.52	25.2817	0.93

通过对上述红外热波探伤图像的缺陷识别,研究结果表明:经过图像增强、图像分割的图像处理,能有效识别缺陷的大小和位置,而且误差都比较小。

8.3　基于最佳检测时间的缺陷深度测量

8.3.1　导热系数比较小的材料(非金属或复合材料)缺陷深度的判别

缺陷深度是指试件缺陷距表面的深度,其物理模型如图 8-18 所示。其中,试件被分为两个区域:A 区域和 B 区域,A 区域为无缺陷区域,B 区域为缺陷区域。q 为热流密度,h_1 为缺陷深度,h_2 为缺陷厚度,h 为试件总厚度。在脉冲式红外热波探伤缺陷深度的测量中,峰值时间 t_{peak} 是一个非常重要的参数,所谓峰值时间是指缺陷对应表面相对温度达到最大值时所对应的时间。直观上,峰值时间也就是在热波探伤图像上缺陷部位的灰度值与背景灰度值差异最大的热斑所对应的时间。

红外热波无损探伤技术的理论基础是热传导方程,由热传导方程结合媒介边界条件可得到温度到达峰值的时间 t_{peak} 与缺陷深度 h_1 之间的关系[11-13]:

$$t_{peak} = \frac{2h_1^2}{\alpha} \tag{8-16}$$

式中,$\alpha = \lambda / \rho c$,$\alpha$ 为热扩散系数,λ 为热导率,ρc 为体热容。

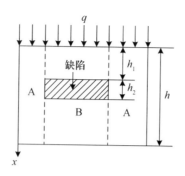

图 8 - 18　试件的物理模型

由公式(8 - 16)推得缺陷深度为

$$h_1 = \sqrt{\frac{\kappa}{2\rho c} t_{peak}} \qquad (8-17)$$

由实验易知,含脱粘缺陷、夹杂缺陷的复合材料试件以及含脱粘缺陷的钢壳体试件的峰值时间 t_{peak} 依次为 20s、5s 和 2s,并将含缺陷的复合材料和钢壳体试件的材料参数 κ、ρ、c 和 t_{peak} 代入公式(8 - 17),即可求出缺陷深度 h_1,如表 8 - 7 所列。

表 8 - 7　缺陷深度的测量

参数	含脱粘缺陷复合材料	含夹杂缺陷复合材料	钢壳体材料
峰值时间 t_{peak}/s	20	5	2
缺陷深度 h_1/mm	4	—	3
缺陷深度测量值/mm	3.66	1.83	3.166
误差/%	8.5	—	5.5

在表 8 - 7 中,"—"表示预埋夹杂缺陷的深度未知。计算结果表明,只要知道峰值时间和材料特性,就可以计算出缺陷的探伤深度,而且误差较小。在对含夹杂缺陷复合材料的计算过程中,尽管无法知道夹杂缺陷的预埋深度,误差计算不出来,但是不会影响探伤深度的计算。

8.3.2　导热系数较大的金属材料的缺陷深度的判断方法

对于金属材料等热的良导体材料,峰值时间比较短,如图 8 - 19 某金属的峰值时间为 0.055s,很难通过热像仪准确地获取。因此,无法通过峰值时间来准确求解缺陷的深度。为此需要寻找一个既能避开峰值时间又能被红外热像仪探测和记录的新参数,从而达到测量缺陷深度的目的。

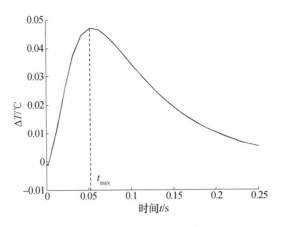

图 8 - 19 表面温差时间曲线

由图 8 - 20 可知,如果把峰值时间 t_{max} 改为求曲线的拐点的时间,在对应的时间 t_g 相对于 t_{max} 将大大地延迟,这对估计缺陷的深度是有利的。t_g 的物理意义是:缺陷对应表面中心的相对温度对时间的倒数 $\dfrac{\mathrm{d}\Delta T}{\mathrm{d}t}$ 取极值时对应的时间。

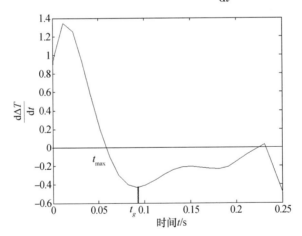

图 8 - 20 表面温差一阶微分时间曲线

由第二章可知脉冲热波检测缺陷表面对应的相对温度为

$$\Delta T = \frac{q}{\sqrt{\pi\rho ckt}} \mathrm{e}^{-\frac{h^2}{at}} \qquad (8-18)$$

上式对时间 t 两次求导,令其等于零,则得到:

$$3t^2 - \frac{12h^2}{a}t + \frac{4h^4}{a^2} = 0 \qquad (8-19)$$

求解得到两组解:

$$t_1 = \frac{h^2}{3.633a}, \quad t_2 = \frac{h^2}{0.367a} \tag{8-20}$$

其中,t_1 位于峰值时间之前,舍去;t_2 位于峰值时间之后,即

$$t_g = t_1 = \frac{h^2}{0.367a} \tag{8-21}$$

上式就是计算缺陷深度的公式。对第四章某金属数值模拟的结果代入上式进行计算,得到缺陷的深度为 1.424mm,实际的缺陷深度为 1.5mm,误差仅为 5.07%,说明利用上述公式求解金属等传热系数比较大的材料的缺陷深度是比较准确的。

8.3.3 多元非线性回归求缺陷深度

由上述讨论知道:峰值时间 t_{max} 是热波检测过程中一个非常重要的信息,其不仅仅与缺陷的深度 h 和材料的热扩散系数 α 有关,而且还与缺陷尺寸(直径 d)、厚度 L、缺陷的传热系数以及环境辐射有关。所以,前面利用一维情况下推导的峰值时间与缺陷深度之间的关系来确定缺陷的深度,存在着较大的误差。峰值时间与上述因素之间存在着复杂的非线性关系,因此,利用非线性的方法来建立各个因素之间的关系,应当有比较高的精度。事实上,缺陷的大小、深度和材料的传热系数对峰值时间影响比较大,其他因素的影响可以忽略不计,通过模拟的结果就可以确定它们之间的关系。

t_{max} 是 α, h, d 的函数,采用多项式逼近(二次),即

$$t_{max} = a_0 + a_1\alpha + a_2\alpha^2 + a_3h + a_4h^2 + a_5d + a_6d^2 + a_7\alpha h + a_8\alpha d + a_9hd$$
$$\tag{8-22}$$

为方便计算,分别记 $\alpha, \alpha^2, h, h^2, d, d^2, \alpha h, \alpha d, hd$ 为 $x_1, x_2, \cdots, x_9$。即

$$t_{max} = a_0 + a_1x_1 + a_2x_2 + a_3x_3 + a_4x_4 + a_5x_5 + a_6x_6 + a_7x_7 + a_8x_8 + a_9x_9$$
$$\tag{8-23}$$

把 $n(n \geq 10)$ 组 $(x_{i1}, x_{i2}, \cdots, x_{i9})(i = 1, 2, \cdots, n)$ 数据代入上式,可得:

$$\begin{cases} a_0 + a_1x_{11} + a_2x_{12} + a_3x_{13} + a_4x_{14} + a_5x_{15} + a_6x_{16} + a_7x_{17} + a_8x_{18} + a_9x_{19} = t_{max}^1 \\ a_0 + a_1x_{21} + a_2x_{22} + a_3x_{23} + a_4x_{24} + a_5x_{25} + a_6x_{26} + a_7x_{27} + a_8x_{28} + a_9x_{29} = t_{max}^2 \\ \cdots\cdots\cdots\cdots\cdots\cdots\cdots\cdots\cdots\cdots\cdots\cdots\cdots\cdots\cdots\cdots\cdots\cdots \\ a_0 + a_1x_{n1} + a_2x_{n2} + a_3x_{n3} + a_4x_{n4} + a_5x_{n5} + a_6x_{n6} + a_7x_{n7} + a_8x_{n8} + a_9x_{n9} = t_{max}^3 \end{cases}$$
$$\tag{8-24}$$

利用最小二乘法对上述方程进行求解,正规方程组为

$$\left\{ \begin{array}{l} na_0 + a_1 \sum_{i=1}^{n} x_{i1} + a_2 \sum_{i=1}^{n} x_{i2} + a_3 \sum_{i=1}^{n} x_{i3} + \cdots + a_9 \sum_{i=1}^{n} x_{i9} = \sum_{i=1}^{n} t_{\max}^{i} \\ a_0 \sum_{i=1}^{n} x_{i1} + a_1 \sum_{i=1}^{n} x_{i1}^2 + a_2 \sum_{i=1}^{n} x_{i1}x_{i2} + \cdots + a_9 \sum_{i=1}^{n} x_{i1}x_{i9} = \sum_{i=1}^{n} t_{\max}^{i} x_{i1} \\ \cdots\cdots\cdots\cdots\cdots\cdots\cdots\cdots\cdots\cdots\cdots\cdots\cdots\cdots\cdots\cdots\cdots\cdots\cdots\cdots \\ a_0 \sum_{i=1}^{n} x_{i9} + a_1 \sum_{i=1}^{n} x_{i9}x_{i1} + a_2 \sum_{i=1}^{n} x_{i9}x_{i2} + \cdots + a_9 \sum_{i=1}^{n} x_{i9}^2 = \sum_{i=1}^{n} t_{\max}^{i} x_{i9} \end{array} \right\}$$

$$(8-25)$$

求解上述方程组,即可得到 $a_0, a_1, \cdots, a_9$ 的估计值,材料的热扩散系数 α 已知,又根据表面的热斑求得了缺陷的尺寸以及通过热像仪获取了峰值时间,就可以代入方程求得缺陷的深度。下面利用某复合材料热波检测数值模拟的计算结果来求峰值时间与上述因素之间的关系。已知材料的热扩散系数 α 为 $2.5534 \times 10^{-7} \mathrm{m}^2/\mathrm{s}$,其他参数如表 8-8 所列。

表 8-8　多项式拟合数据

参数 模型	$t_{\max}/\mathrm{s}$	深度 h/mm	h^2	直径 d/mm	d^2	$\alpha h \times 10^{-7}$	$\alpha d \times 10^{-7}$	dh
模型 1	8.372	0.5	0.25	2	4	1.2767	5.1068	1
	19.36	1	1	2	4	2.5534	5.1068	2
	27.35	1.5	2.25	2	4	3.83	5.1068	3
	30.85	2	4	2	4	5.1068	5.1068	4
模型 2	15.58	2	4	0.5	0.25	5.1068	5.1068	1
	20.08	2	4	1	1	5.1068	5.1068	2
	30.06	2	4	2	4	5.1068	5.1068	4
	35.06	2	4	3	9	5.1068	5.1068	6
模型 3	12.10	2	4	2	4	5.1068	5.1068	4
	15.10	2	4	2	4	5.1068	5.1068	4
	17.09	2	4	2	4	5.1068	5.1068	4
	19.09	2	4	2	4	5.1068	5.1068	4

把 12 组数据利用最小二乘的方法代入上述方程组求解,即可得到:

$$\begin{aligned} t_{\max} = 10^5 \times (&1.1391 + 0.492h - 0.0001h^2 - 0.5495d \\ &- 0.4077\alpha h - 0.0079\alpha d + 0.2747hd) \end{aligned} \quad (8-26)$$

有了峰值时间和各个因素之间的关系式,就可以根据热波检测得到的峰值时间以及根据表面热斑得到的缺陷尺寸来求解缺陷的深度。

8.4　基于 BP 神经网络的缺陷定量识别

人工神经网络(Artificial Neural Networks,ANN),简称为神经网络,作为对人脑最简单的一种模拟和抽象,是人类探索智能奥秘的有力工具。神经网络技术是一门很活跃的交叉学科,它涉及生物、计算机、电子、数学、物理等学科。它的应用范围十分广泛,几乎渗透到各个领域,主要应用领域有[14]:①自动控制;②模式识别;③优化组合;④ 语声与视觉;⑤ 信号处理;⑥医疗诊断;⑦时间序列估计等。

BP 神经网络通常是指基于误差反向传播算法(BP 算法)的多层前向神经网络,它是 D. E. Rumelhart 和 J. L. McCelland 及其研究小组在 1986 年研究设计出来的。目前,在神经网络的实际应用中,绝大部分采用的是 BP 神经网络和它的变化形式,BP 神经网络是前向网络的核心部分,并是 ANN 的精华所在[15]。

8.4.1　BP 神经元的传递函数

BP 神经网络的传递函数一般采用可微的单调递增函数,如对数 sigmoid 函数 logsig,正切 sigmoid 函数 tansig 和线性函数 purelin 等。sigmoid 函数具有非线性放大增益,对任意输入的增益等于在输入/输出曲线中该输入点处的曲线的斜率。当输入由 $-\infty$ 增大到 0 时,其增益由 0 增至最大,当输入由 0 增至 $+\infty$ 时,其增益由最大降至 0,并总为正值,因为该函数两边的低增益区正好适用于处理大信号的输入,中间高增益区又解决了处理小信号的问题,所以利用该函数可以使神经网络既能处理小信号,又能处理大信号。

8.4.2　BP 神经网络的结构及算法

BP 神经网络通常具有一个或多个隐层。图 8 – 21 是一个典型的单隐层神经网络,其中 p 表示输入矢量,IW 表示输入层和隐层的权值矩阵,LW 表示隐层和输出层的权值矩阵,b_1 和 b_2 分别为隐层和输出层的阈值矢量,(1)表示隐层激活函数,(2)表示输出层的激活函数," + "表示加权和。如果隐层激活函数为 sigmoid 函数,输出层激活函数为 purelin 函数(线性函数),则图 8 – 21 的输出和输入的函数关系为

$$y = purelin(LW \times tansig(IW \times p + b_1) + b_2) \qquad (8 - 27)$$

BP 算法是一种有监督学习算法,主要由两部分组成:信息的正向传播和误差的反向传播。在正向传播过程中,信息先输入隐层,并逐层计算传向输出层,每一层神经元的输出作用于下一层神经元的输入,如果在输出层没有得到期望的输出,则计算输出层的误差变化值,然后反向传播,通过网络将误差信号沿原来的连接通路反传回来,以修改各层神经元的权值和阈值,如此循环直到达到期

244

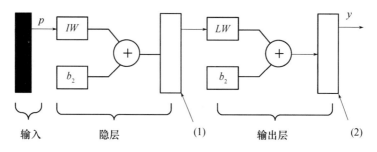

图 8-21　BP 神经网络示意图

望目标。BP 算法的具体过程如下：

设有一 Q 层的 BP 神经网络，第一层为输入层，第 Q 层为输出层，中间各层为隐层。设第 q 层($q = 1, 2, \cdots, Q$)的神经元个数为 n_q，输入到第 Q 层的第 i 个神经元的连接权系数为 $w_{ij}^{(q)}$($i = 1, 2, \cdots, n_q; j = 1, 2, \cdots, n_{q-1}$)。

则该神经元的净输入为

$$net_i^{(q)} = \sum_{j=0}^{n_{q-1}} w_{ij}^{(q)} x_j^{(q-1)} \ (x_0^{(q-1)} = \theta_i^{(q)}, w_{i0}^{(q)} = -1) \qquad (8-28)$$

设各层传递函数均为 tansig 函数，所以：

$$x_i^{(q)} = f(net_i^{(q)}) = \frac{1}{1 + e^{-\mu net_i 2}} \ (i = 1, 2, \cdots, n_q; j = 1, 2, \cdots, n_q; q = 1, 2, \cdots, Q)$$

$$(8-29)$$

设给定 p 组输入样本和输出样本 $x_i^{(0)} = [x_{p1}^{(0)}, x_{p2}^{(0)}, \cdots, x_{pn_0}^{(0)}]^{\mathrm{T}}$，$d_p = [d_{p1}, d_{p2}, \cdots, d_{pQ,}]^{\mathrm{T}}$，取误差的代价函数为

$$E = \frac{1}{2} \sum_{p=1}^{p} \sum_{i=1}^{n_Q} (d_{pi} - x_{pi}^{(Q)})^2 = \sum_{p=1}^{p} E_p \qquad (8-30)$$

问题是怎样调整连接权系数以使代价函数 E 最小。BP 算法一般采用最速下降法[16]。

BP 算法的步骤如下。

(1) 对网络进行初始化。

(2) 重复下述过程，直到收敛：

对 $p = 1 \sim p$

正向计算：计算 $net_i^{(q)}, x_i^{(q)}, (i = 1, 2, \cdots, n_q; q = 1, 2, \cdots, Q) E_P$；

反向计算：对 $q = Q, Q-1, \cdots, 1$ 计算，$\delta_{pi}^{(q)} \left(\delta_{pi}^{(q)} = -\dfrac{\partial E_p}{\partial net_{pi}^{(Q)}} \right)$；

修正权值：$W_{ij}^{(q)}(k+1) = w_{ij}^{(q)}(k) + \alpha D_{ij}^{(q)}(k+1)$ ($\alpha > 0$)。

8.4.3 基于 BP 神经网络的缺陷定量识别

使用 BP 神经网络实现定量识别,需要确定输入量,输入量有两个基本要求:

(1)其输入量的个数必须大于或等于输出量的个数;

(2)影响输出量的因素较少,这样对检测条件要求低,容易实现。

要实现对缺陷深度和直径的定量识别,需要两个输入量,脉冲热像法中可以将最佳检测时间和最大温差作为输入量,当检测对象确定时,最佳检测时间因素主要受缺陷尺寸影响,最大温差主要受缺陷尺寸和热激励信号强度的影响,输入量与输出量之间关系较简单。虽然最大温差受信号强度影响较大,但最大温差与热激励信号强度之间近似成正比,在需要时可以进行近似的换算。在下面的研究中,将热激励信号强度和检测时间统一如下:取热激励信号强度为 2 500 000W/m^2,加热时间为 0.002s,冷却时间为 40s。

1. 缺陷直径的定量识别

在实际情况中,有时缺陷的深度是已知的,只需要对缺陷的直径进行识别。固体火箭发动机是当今各种导弹武器的主要动力装置,在航空航天领域也具有相当广泛的应用。固体火箭发动机由壳体、绝热层、衬层和药柱构成,各结构的尺寸是已知,在确定缺陷所属层面后,其深度便是已知,此时可以以此为基础,对缺陷的其他尺寸进行识别。

以发动机的脱粘缺陷为研究对象,发动机的脱粘分为 5 种情况[17],即,

(1)一界面脱粘,即壳体与绝热层之间的脱粘。其形成原因主要是由于绝热层在贴片过程中壳体清理不干净造成的粘结质量问题,此外如果固化加温加压控制不好、粘结剂质量较差或储存老化同样会形成此类缺陷。

(2)二界面脱粘,即绝热层与衬层之间的脱粘。如果衬层喷涂前,绝热层表面清理不干净,衬层与绝热层材料的化学相容性不好,发动机储存自然老化,这些都容易导致二界面脱粘。

(3)三界面脱粘,即衬层与推进剂药柱之间的脱粘。储存老化或储存过程中的过度应力都容易导致三界面脱粘。

(4)层间脱粘,由于绝热层往往是二层或多层结构,若绝热材料各层粘结不牢就会产生脱粘。

(5)层间粘结界面疏松,即绝热材料各层粘结不牢产生的疏松或固化压力不足所导致的分层和微孔现象。

通过模拟计算,使用脉冲热像法可以对一界面脱粘实现检测,以一界面脱粘为研究对象,建立有限元模型,由于脉冲热像法很难对缺陷厚度进行检测,所以

仅对缺陷直径进行检测。设壳体材料为某复合材料(物理参数如表 2-1 所列),壳体厚度为 3mm,绝热层为 3mm,其材料为 9621(物理参数如表 8-9 所列),缺陷在壳体和绝热层之间,缺陷厚度为 0.5mm,直径为:4mm、5mm、6mm、8mm、10mm、13mm,则各缺陷下表面最大温差和最佳检测时间如表 8-10 所列,归一化后的数据如表 8-11 所列,归一化的计算方法为 $x = (x - x_{\max})/(x_{\min} - x_{\max})$。

表 8-9 9621 物理参数

材料名称	物理参数		
	密度/(kg/m³)	定压比热容/(J/kg·K)	导热系数/(W/m·K)
9621	1600	1200	0.26

表 8-10 各缺陷直径下表面最大温差和最佳检测时间

直径/mm	4	5	6	8	10	13
表面最大温差/℃	0.0922	0.1076	0.1182	0.1338	0.1437	0.1523
最佳检测时间/s	5.6	7.2	8.0	10.4	13.6	17.6

表 8-11 归一化后的各数据

直径/mm	1	0.889	0.778	0.625	0.375	0
表面最大温差/℃	1	0.759	0.567	0.309	0.143	0
最佳检测时间/s	1	0.867	0.8	0.6	0.333	0

将缺陷直径 5mm 时的数据作为检测数据,其他数据作为训练样本。分别将表面最大温差和最佳检测时间作为输入量,对神经网络进行训练。

网络输入层和输出层单元数都为 1,因为数据量小,确定隐层为一层,由参考文献[15]可知,隐层的单元数在 3 和 12 之间,设定循环语句,经计算,隐层单元最佳个数为 6。隐层神经元的传递函数为 tansig,输出层神经元的传递函数为 logsig,这是因为目标向量的元素都位于区间[-1,1],满足函数 tansig 的输出要求,训练函数为 trainlm,网络训练次数为 6000 次,训练目标误差为 10⁻⁴。

以表面最大温差为输入量,经过 5000 次训练后,达到训练目标误差。将检测数据输入后,网络输出值为 0.888,误差为 0.001,换算后输出直径为 5.008mm,误差为 0.008mm。可知,以表面最大温差为输入量,使用 BP 神经网络可以较为精确地预测缺陷直径。

以最佳检测时间为输入量,经过 3400 次训练后,达到训练目标。将检测数据输入后,网络输出值为 0.898,误差为 0.01,换算后输出直径为 4.92mm,误差为 0.08mm。可知,以最佳检测时间为输出量,使用 BP 神经网络可以达到较好计算效果。

2. 缺陷深度与直径定量识别

在缺陷深度未知时,需要对缺陷深度和直径两个量进行预测,以复合材料的空隙缺陷为例,以脉冲热像法为例,以最佳检测时间和最大表面温差为输入量,利用 BP 神经网络对其缺陷深度和直径进行计算。

有限元模型尺寸为:$300 \times 100 \times 8$(单位:mm),经过计算,不同深度和不同直径的缺陷所对应的最佳检测时间和表面最大温差如表 8 – 12 所列。归一化后的数据如表 8 – 13 所列,归一化的计算方法同样为 $x = (x - x_{max})/(x_{min} - x_{max})$。隐层的单元数在 4 和 14 之间,设定循环语句,经计算,隐层单元最佳个数为 8。隐层神经元的传递函数为 tansig,输出层神经元的传递函数为 logsig,训练函数为 trainlm,网络训练次数为 6000 次,训练目标误差为 10^{-4}。将缺陷直径为 30mm、深度为 4mm 和缺陷直径为 5mm、深度为 2mm 得到的检测数据作为测试网络的数据,经过 5900 次训练,达到训练目标误差,使用训练后网络进行预测,得到的结果如表 8 – 14 所列,还原正常值如表 8 – 15 所列。

表 8 – 12 不同缺陷深度和直径下的最佳检测时间和表面最大温差

缺陷尺寸		检测量	
缺陷直径/mm	缺陷深度/mm	表面最大温差/℃	最佳检测时间/s
30	1	1.5610	5.2
	2	0.6798	9.4
	3	0.3806	11.8
	4	0.2264	13.6
	5	0.1339	15.2
	6	0.0722	16.6
20	1	1.4816	3.2
	2	0.5862	5.4
	3	0.3065	7.4
	4	0.1745	9.2
	5	0.0985	10.6
	6	0.0500	12.4
10	1	1.3539	2.2
	2	0.4907	4
	3	0.2387	5.8
	4	0.1262	7.8
	5	0.0685	9.4
	6	0.0339	11

缺陷尺寸		检测量	
缺陷直径/mm	缺陷深度/mm	表面最大温差/℃	最佳检测时间/s
5	1	0.8967	1.2
	2	0.2544	2.4
	3	0.1048	4.2
	4	0.0473	5.8
	5	0.0229	7.4
	6	0.0103	9

表 8-13　归一化后的数据

缺陷尺寸		检测量	
缺陷直径/mm	缺陷深度/mm	表面最大温差/℃	最佳检测时间/s
0	1	0	0.7403
	0.8	0.5683	0.4675
	0.6	0.7612	0.3116
	0.4	0.8606	0.1948
	0.2	0.9203	0.0909
	0	0.9601	0
0.4	1	0.0513	0.8702
	0.8	0.6286	0.7273
	0.6	0.8090	0.5974
	0.4	0.8941	0.4805
	0.2	0.9431	0.3896
	0	0.9744	0.2728
0.8	1	0.1336	0.9351
	0.8	0.8902	0.8182
	0.6	0.8527	0.7013
	0.4	0.9253	0.5714
	0.2	0.9625	0.4675
	0	0.9848	0.3636
1	1	0.4284	1
	0.8	0.8426	0.9221
	0.6	0.9391	0.8052
	0.4	0.9761	0.7013
	0.2	0.9919	0.5542
	0	1	0.4935

表 8-14 网络预测值与实际值的对比

实际值		预测值	
直径/mm	深度/mm	直径/mm	深度/mm
0.4	0.4	0.372	0.3976
1	0.8	1.04	0.7994

表 8-15 网络预测值与实际值还原后的对比

实际值		预测值		误差	
直径/mm	深度/mm	直径/mm	深度/mm	直径误差/%	深度误差/%
20	4	20.7	4.012	3.5	0.3
5	2	4	2.003	20	0.15

由表 8-15 可知,当缺陷直径为 5mm 时,该数值处于直径数据边缘,其直径误差为 20%,其他数据均在样本数据范围中,预测值误差均在 3.5% 以内,这说明使用 BP 神经网络,当所测对象缺陷直径和深度在制作样本数据的范围之内时,识别精度较高。所以使用 BP 神经网络对其进行预测,仍需要进一步改进。

8.5 缺陷三维显示和重建

在实际的无损检测过程中,通过 CT、红外热像仪等设备获得的灰度图像,虽然可以从其上直观地观察到缺陷的形状、位置等相关信息,但不能得到被检测物体的整体描述,技术人员只能依据获得的二维灰度图利用自己已有的相关知识在人脑中综合复原为物体的三维结构。这种方法在使用过程中存在一定的局限性和主观性,在缺陷的识别过程中无法给出具体的空间参数,为了能直观地、精确地显示出被测物体内部缺陷的结构信息,在前面图像分割和缺陷识别的基础上,利用相关技术进行缺陷的重建[23]。

对于物体三维重建的研究,最早开始在医学领域,主要是对 CT 扫描过程中的断层数据进行处理,获得整个组织的三维图像。尽管不同图像的三维空间数据类型不同,数据的空间分布及连接关系差别很大,但对于从图像中提取出三维数据进行重建的过程却是基本相同,其主要的处理步骤表示如图 8-22 所示。

在缺陷重建过程中第一步是从处理后的图像中提取出重建所需的空间数据。该步骤可以通过在计算机上读取图像产生数据,然后根据自己的需要保存为相应的文件格式。

第二步是数据的精炼与处理。该步根据处理对象的不同,采取的处理方法也有所不同。对于大数据量的原始数据,必须经过相应的选择和删减,以减少重建过程中处理的数据量,但在精炼和删减数据的过程中,要最大限度的保持原有信息,尽量减少丢失有用信息;对于重建数据分布过于稀疏影响到重建效果时,此时就需要对重建的原始数据进行有效的插值处理。在重建的原始数据中,一般不包含每个数据点所在的方向,但是在重建过程中需要用到,这就要先将数据点的方向计算出来。

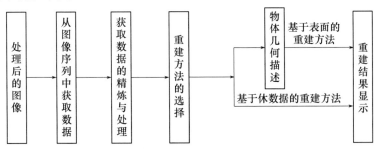

图 8 - 22　三维空间数据重建的步骤

第三步是重建方法的选择。目前对于分布在空间的三维数据来说,有两类不同的数据处理方法,一类是直接对从图像获取的体数据进行重建而不构造中间面,称为体绘制(Volume Rendering),或是容积重建;另一类是用计算机图形学的方法通过构造断层轮廓的表面,称为面绘制(Surface Rendering)[18]。

体绘制的方法是利用人类的视觉原理,通过对原始数据的重新采样重建图像的三维信息。该方法将数据场中的体素看成是一种半透明的物质,并赋予它一定的颜色和阻光度,模拟体数据中各个采样点的数值和采样点的梯度等特性,对体数据进行分类,确定每类体素的颜色和不透明度的变换函数。再根据体绘制方程及光照模型计算光照亮度,投影到图像平面上,累加所有的颜色和光照亮度,得到成像结果[18]。体绘制方法具有细节显示效果好、重建结果质量高、可以并行处理等优点。但是,该方法也存在一些问题,如计算量大,难以利用传统的图形硬件实现绘制,计算时间较长[19]。目前较为常用的体绘制方法有:投影成像法、光线投射法和频域变换法等。

面绘制方法是一种表面的提取和显示技术。面绘制是一种普遍应用的三维重建技术,其原理是首先从体数据中抽取一系列相关表面,并用多边形拟合近似后,再通过传统的图形学算法显示出来[20]。该方法主要包含两个步骤:等值面的提取和图形的模型化表达。面绘制可以通过模型化的方式对感兴趣的等值面产生清晰的图像,但绘制出的图形模型并不能反映体数据的真实表面及内部细节,这一缺陷限制了面绘制的应用[20]。常用的面绘制方法有:四面体步进法(MT 法)、立方体步进法(MC 法)和剖分立方体法。

基于以上介绍的体绘制和面绘制的原理及两种方法的优缺点,在定量缺陷识别的基础上,利用面绘制重建算法对处理后的热波检测图像中的缺陷进行重建。

第四步是重建结果的显示。在该过程中,将第三步重建后的三维体数据利用 Tecplot 软件进行重建后图像的输出和显示。

8.5.1 缺陷的三维显示

基于以上面绘制法和体绘制法的优缺点,采用体绘制法对红外探伤图像进行三维显示。具体步骤如下:

1. 三维体数据的生成

读入红外探伤图像,前面介绍过图像在 MATLAB 中是以矩阵的形式读入和显示的。因此,三维体数据是以矩阵的行和列构成三维体数据的平面坐标、像素值为三维体数据的纵坐标构成的。图像大小视原始材料的大小而定,其中,含脱粘缺陷的玻璃纤维试件的探伤图像分辨率大小为 486×480,含夹杂缺陷的玻璃纤维试件的探伤图像大小为 424×424,含脱粘的钢壳体试件的探伤图像大小为 439×213。

2. 三维体数据的精炼与处理

三维体数据的精炼与处理过程在三维显示中非常重要。红外探伤图像的数据量较大,采用体绘制法时受到一定的限制,因此,进行三维显示前可进行体数据的精炼与处理。在不影响实验结果的情况下,可采用适当的数据抽取,比例视体数据大小进行调节。函数代码如下:

$$[x,y,z,I] = \text{reducevolume}(I,[Rx,Ry,Rz])$$

其中,x,y,z 为三维显示的坐标;I 为红外探伤图像;reducevolume 为体数据比例抽取函数;Rx,Ry,Rz 为 x,y,z 对应抽取值。

3. 体数据的三维显示

由于探伤图像数据量不是特别大,所以三维显示前可不必抽取数据。使用函数 **mesh** 进行三维显示,它的参数 x,y,z 分别用矩阵数据的横纵坐标和该像素值(即亮度值)来表示。此种显示方法可用来观察图像处理的好与坏,直观,有效,如图 8 – 23、图 8 – 24、图 8 – 25 所示。

通过以上含缺陷玻璃纤维和钢壳体试件的三维显示图,可清楚地看到缺陷的立体空间构造。图 8 – 23、图 8 – 24 和图 8 – 25 中的(a)图都为红外热波探伤图像原始的三维图,可看到缺陷周围布满了噪声,受噪声影响较大。(b)图显示表明,经过高频强调滤波的图像增强处理后,缺陷周围的噪声受到了有效地抑制,这也从另一个方面说明图像增强方法的有效性和正确性。(c)图显示表明,采用基于分水岭的数学形态学分割法对(b)图进行分割后,能较好地保持缺陷形状以及去除缺陷以外的噪声和背景。上述三维显示处理图中,尤其以钢壳体材料试件效果明显,图 8 – 23 中的原图(a)根本无法识别缺陷,噪声和背景都特别大,但是通过采用高频强调滤波法进行图像增强处理后,能明显的识别出预埋的缺陷,图像增强效果明显。

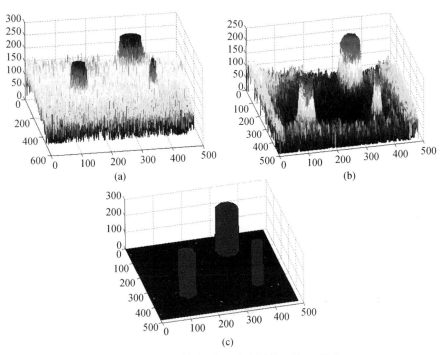

图 8 - 23　含脱粘缺陷的玻璃纤维三维显示图

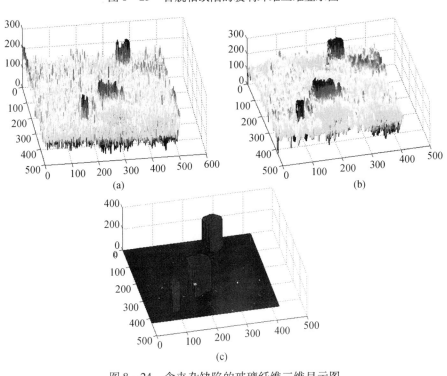

图 8 - 24　含夹杂缺陷的玻璃纤维三维显示图

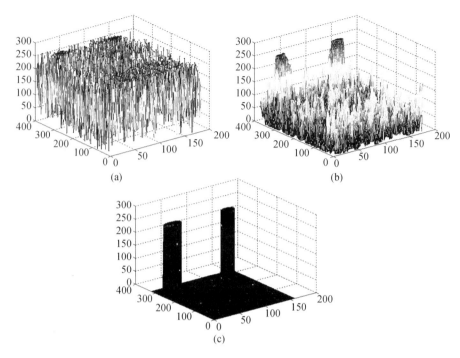

图 8 – 25　含脱粘缺陷的钢壳体三维显示图

8.5.2　缺陷的三维重建

Tecplot 是 Amtec 公司推出的一个功能强大的科学绘图软件,它提供了丰富的绘图格式,包括 $x-y$ 曲线图,多种格式的 2 – D、3 – D 面绘图和 3 – D 体绘图格式。Tecplot 能有效地处理现实生活中相关的复杂数据结构,只要把数据加载到 Tecplot 中便可开始图像的显示,Tecplot 具有网格图形连接、色染、函数等值线等控件,还具有大量的图形操作功能。但是 Tecplot 处理的数据有一定的格式要求,可以直接读入 *.cas 和 *.dat 文件,也可以在 Fluent 软件中选择输出的面和变量,然后直接输出 tecplot 格式文档。利用 C++编程软件对重建后的三维体数据进行格式转化等相应的处理,然后将转化后的文件导入到 Tecplot 中,进行重建后缺陷的显示,其重建结果如图 8 – 26、图 8 – 27、图 8 – 28 所示。

通过以上对热波探伤图像中缺陷的三维重建结果,可以清楚地观察到缺陷的位置和尺寸(图中的圆柱区域为缺陷,缺陷本身的深度即缺陷的厚度间接测量得到,对于钢壳体试件,已知试件本身的厚度和通过一维深度计算公式算出的缺陷深度,两者相减就得到缺陷的厚度;对于含夹杂缺陷的复合材料试件,对试件的正反两面分别进行两次实验,根据一维情况下的深度计算公式,分别算出缺陷的深度,用试件的厚度减去两次计算的深度得到缺陷本身的厚度)。上述 3幅图中,(a)图为试件重建的整体效果图;图 8 – 26(b)中为了更好地观察重建

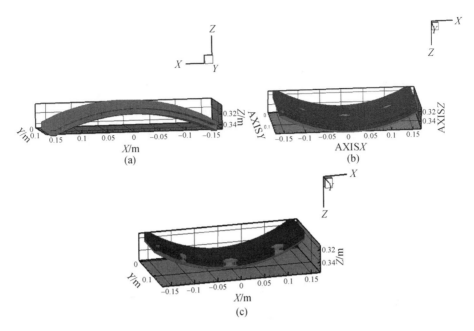

图 8 - 26　小曲率钢壳体/绝热层脱粘缺陷的重建效果图

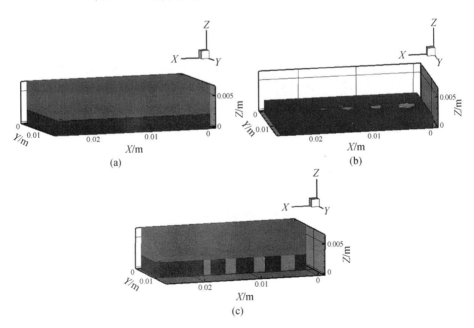

图 8 - 27　平板钢壳体/绝热层平底洞缺陷的重建效果图

后的缺陷位置与尺寸,将试件重建的整体效果图进行翻转显示;图 8 - 26(c)为
试件重建后的切割图,从图中可以直观地观察到缺陷的深度;图 8 - 27(b)中为
试件重建后的切割俯视图,从图中可以清楚的看到缺陷的位置和尺寸;图 8 - 27

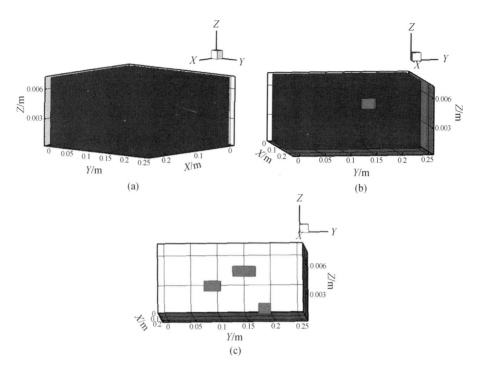

图 8-28　玻璃纤维壳体夹杂缺陷的重建效果图

（c）中为试件重建后的侧视切割图,从图中可以清楚的观察到缺陷的深度;在玻璃纤维壳体试件的重建中,因为试件中 3 个缺陷的位置不在同一条直线上,为了能够对重建后的缺陷有一个直观的印象,将重建后的整体图去除无缺陷区域,从图 8-28（c）中可以清楚的观察到缺陷的位置、尺寸和深度。从 3 个试件的重建结果中,不仅可以直观地观察到缺陷的位置和尺寸,还有利于检测人员对缺陷的定性分析。

8.6　本章小结

　　红外热波无损探伤技术的最高阶段是实现缺陷的定量识别。缺陷的识别主要包括缺陷类型、缺陷深度及大小的确定,而缺陷深度和大小的测量是最为主要的。针对分割后的图像仍然存在局部噪声对缺陷识别的影响,经分割后的图像进行局部处理,转化为二值图像,应用二值链码技术对图像中缺陷的尺寸和位置进行识别研究;根据检测过程中峰值时间与缺陷深度的关系,对热图像中的缺陷深度进行测量。考虑到缺陷参数和检测参数之间的复杂非线性关系,采用 BP 神经网络方法实现了缺陷大小和深度的判别。最后,对缺陷的重建方法进行研究,在缺陷定量识别的基础上,对缺陷进行三维显示和重建。

参 考 文 献

[1] 沈清,汤霖.模式识别导论[M].长沙:国防科技大学出版社.1991.

[2] 郑攀葆,郑宏.基于遗传算法的影象纹理分类[J].武汉测绘科技大学学报.1998,4.

[3] 杨前邦,李介谷.Voroni图和遗传算法在对象识别中的应用[J].红外与毫米波学报.1998,5.

[4] 王煦法,杨奕若,张小俊,杨未来.遗传算法在模式识别中的应用[J].小型计算机系统.1997,10.

[5] 田英利,马颂德.物体三维形状恢复的遗传算法方法[J].中国图像图形学报.1999,9.

[6] 卢询,李世铮,张波涛.一种有效的模式识别方法[J].激光与光电子学进展.1999,9.

[7] 周宏文,李见为,许盛.基于统计模式识别的彩色图像分割方法[J].光电工程.1999,10.

[8] 王任.一种基于遗传算法的立体匹配方法[J].西安邮电学院学报.1998,4.

[9] 贺尚红,唐华平.基于遗传算法的连续系统模型辨识[J].中南工业大学学报.2001,3.

[10] 刘直芳,王运琼,朱敏.数字图像处理与分析[M].北京:清华大学出版社,2006.

[11] 王永茂,郭兴旺,李日华.红外检测中缺陷大小和深度的测量[J].激光与红外,No.6,404-406,2002.

[12] 李艳红,张存林,金万平,等.碳纤维复合材料的红外热波检测[J].激光与红外,No.4,262-264,2005.

[13] 李艳红,金万平,杨党纲,等.蜂窝结构的红外热波无损检测[J].红外与激光工程,No.1,45-48,2006.

[14] 闻新,周露,王丹力,等.神经网络应用设计[M].北京:科学出版社.2001.5(1).

[15] Martin T. Hagan, Howard B. Demuth, Mark H. Beale.神经网络设计.机械工业出版社.2005.8(1).

[16] 智会强.神经网络和遗传算法在导热反问题中的应用[D].天津:河北工业大学,2004.

[17] 李涛,张乐,赵锴,等.固体火箭发动机缺陷分析及其无损检测技术[J].无损检测.2006.28(10):541-544.

[18] 郑丽萍,李光耀,沙静.医学图像三维重建研究综述[J].第十一届中国体视学与图像分析学术年会论文集,2006,10:533-536.

[19] 唐泽圣.三维数据场可视化[M].北京:清华大学出版社,1999,12.

[20] 黄辉,陆利忠,闫镔,等.三维可视化技术研究[J].信息工程大学学报,2010,4:218-222.

[21] 金国锋,张炜,杨正伟,宋远佳,田干.界面贴合型缺陷的超声红外热波检测与识别[J].四川大学学报(工程科学版),2013,45(2):167~175.

[22] 蔡发海.主动式红外热波探伤图像处理与缺陷识别研究[D].西安:第二炮兵工程大学,2009.

[23] 王冬冬.红外热波探伤图像非均匀校正及缺陷重建方法研究[D].西安:第二炮兵工程大学,2010.

[24] 金国锋.长贮推进剂贮箱腐蚀的热波检测与剩余寿命预测研究[D].西安:第二炮兵工程大学,2013.

[25] 杨正伟,张炜,王焰,等.同态增晰技术在红外热波探伤图像校正中的应用[J].红外与激光工程,2011,40(1):22-27.

[26] 杨正伟,张炜,田干,等.红外热波方法检测壳状结构脱粘缺陷[J].红外与激光工程,2011,40(2):186-191.

[27] 杨正伟,张炜,田干,等.固体导弹发动机脱粘的热波检测[J].无损检测,2010,32(4):277-279.

[28] 宋远佳,张炜,杨正伟.固体火箭发动机壳体脱粘缺陷的热波检测[J].深圳大学学报,2012,29(6):252-257.

内 容 简 介

全书从红外热波无损检测原理的一般理论与方法的介绍出发,首先探讨脉冲热像机理及其仿真分析,然后对脉冲红外热波图像序列一般处理方法及数据拟合、热像压缩与重建方法进行研究和探讨,进而对红外热波图像序列的配准、增强、融合、分离、分割等关键技术进行系统论述,最后对热波图像的特征提取、缺陷检测以及识别进行探讨,重点阐述红外热像处理与识别的新理论、新方法和新应用。

本书内容新颖,实用性强,理论紧密联系实际,能反映红外热波无损检测技术的最新进展,具有很强的针对性。既可作为高等院校相关专业的研究生和高年级本科生的教材,也可供从事装备无损检测、装备管理与维护工作以及红外热像处理与研发的广大工程技术人员参考。

From the thereviewing of the general theory and method of infrared thermal wave nondestructive testing, this book first discusses the mechanism and Simulation of pulsed thermography, then deeply investigates the specific processing methods of the thermographic sequences such as the basic processing methods, data fitting, image compression and reconstruction. Further, the key technologies of the thermographic sequences such as registration, enhancement, data fusion and separation and partition are systematically discussed. Finally, the feature extraction, defect detection and recognition of thermal wave images are discussed. The book focuses on the new theory, new method and new application of thermographic processing and recognition.

The content is novel, practical, reflects the newest progress of infrared thermal wave nondestructivetechnologies. It can be used as a textbook of professional college graduate and senior undergraduate, but also can be used in the equipment of nondestructive testing, equipment management and maintenance work and as a reference of the engineers and technicians of infrared thermal image processing and development.